影响力·意志力·创新力

邢群麟　编著

浙江工商大学出版社
ZHEJIANG GONGSHANG UNIVERSITY PRESS

图书在版编目（CIP）数据

影响力·意志力·创新力 / 邢群麟编著 . —杭州：
浙江工商大学出版社，2018.6
ISBN 978-7-5178-2451-0

Ⅰ . ①影… Ⅱ . ①邢… Ⅲ . ①成功心理—通俗读物
Ⅳ . ① B848.4-49

中国版本图书馆 CIP 数据核字（2017）第 282943 号

影响力·意志力·创新力

邢群麟 编著

责任编辑	沈明珠
封面设计	思梵星尚
责任印制	包建辉
出版发行	浙江工商大学出版社
	（杭州市教工路 198 号　邮政编码 310012）
	（E-mail: zjgsupress@163.com）
	（网址：http://www.zjgsupress.com）
	电话：0571-88904980，88831806（传真）
排　　版	北京东方视点数据技术有限公司
印　　刷	北京彩虹伟业印刷有限公司
开　　本	710mm×1000mm　1/16
印　　张	20
字　　数	325 千
版 印 次	2018 年 6 月第 1 版　2018 年 6 月第 1 次印刷
书　　号	ISBN 978-7-5178-2451-0
定　　价	59.00 元

前　言

对众多成功人士（科学家、企业家、思想家、政治家、艺术家）的成功过程及其成功素质的研究表明，成功的途径虽然千差万别，但大多数成功者都具备一些相同的内在素质，其中有三个决定性素质是基本一致的，那就是强大的影响力、坚忍不拔的意志力和源源不断的创新力。成功人士一般都至少具备其中的一种素质，一些非常杰出的人，可能具备其中的两种甚至三种。实际上，成功的过程同时也是成就一个人自身的过程，人自身成功到什么程度，事业就能成功到什么程度。

影响力是一种独特的魅力，时时刻刻影响着周围的人，并且给予对方一种神奇的力量，甚至可以影响身边人的终生。影响力也是一种出色的个人能力和综合素质，是一个人在群体中价值的集中体现。拥有影响力的人，往往也是社会上最具成功素质的人士。

有人说，影响力本质上就是一种控制力。更确切地说，影响力是一种让人乐于接受的控制力，它与权力不同，不是强制性的，它发挥作用的过程很微妙，是以一种潜意识的方式来改变他人的行为、信念和态度。

社会中人与人之间的竞争，常常是他们影响力的较量，只有影响力大的人，才能成为生活的强者，才能取得人生的成功。

意志力是一种发自于内心的、自我驱动的力量，是对于自己所选择的目标抱有的坚定信念。顽强的意志力是每个成功人士都拥有的最主要的精神特质，它决定了一个人的成功之路可以走多远。成就一番伟业，需要经历一个相对漫长的连续奋斗的时期，其间会遇到许多意想不到的困难，推进一个事业，需要长年累月大量地劳动。没有一项事业是一蹴而就、轻而易举地完成的。这种长期的艰苦劳动，对于许多意志薄弱的人来说，是一件生命不能承受的重负，但对于成功者来说，这恰恰是乐趣的来源。

人的意志力好比充电电池，其放电量的大小取决于它的容量和它的疏导系统。它可以积聚很多能量，在恰当的操作下可以释放出强劲的电流。因而，一个能自觉修炼自我意志的人，在某个事件或者某种特殊的情况刺激下将获得无比巨大的力量。这种力量不仅能够完全地控制一个人的精神世界，而且能够引导人的心智达到前所未有的高度——意志力会帮助他克服各种困难，并最终到达成功的彼岸。

创新力是人类能力中层次最高的一种能力，它是一种对现状的突破力，是一种不走寻常路的魄力，是一种勇于超越的能力。在这个优胜劣汰、竞争空前激烈的现代社会，创新力就是制约个人、企业、社会生存与发展的诸多因素中最关键的因素，是促进组织或个人成功的有效工具。个人能否在职场竞争中出类拔萃，企业能否在市场洪流中脱颖而出，社会能否在历史浪潮中阔步前进，从根本上取决于有没有创新力，以及创新力的强弱。虽然创新力的强弱在不同的环境下形式和内容各不相同，但不论对个人、对社会，还是对国家而言，创新力越强，其所拥有的竞争力就越强，所占有的优势就越明显。

很多人误以为创新力是少数天才人物才具有的特殊天赋，实际上，我们每个人都拥有无穷无尽的创新潜能，它可以随时随地在我们的生活、工作和学习当中进发出创意的火花。创新力是每个人与生俱来的潜力，然而能真正把这种天性发挥得淋漓尽致的人却极少。永远不产生疑问，永远不思考，创造力的齿轮自然而然就会生锈。而善于把握日常所有的机会去磨炼思维，吸取经验的人，创新力就会毫不羞怯地延伸发展，成为永不枯竭的财富。

总之，影响力、意志力与创新力是人们在现代社会获取成功的最重要的三大能力。本书在总结众多成功人士经验的基础上，全面、深入地揭示了影响力、意志力和创新力的内涵和现实意义，为政治、经济、管理、行政、职场等不同领域和不同层次的人们详尽提供了发掘和提升影响力、意志力和创新力的有效方案和途径，帮助他们在今后的生活实践中，打造强大影响力，锤炼坚忍不拔的意志力，培养良好的创新力，从而有效应对纷繁复杂和竞争激烈的时代，拓展事业和生活空间，实现人生目标，成就辉煌事业和美好人生。

目 录

影 响 力

意 志 力

影响力

　　拿破仑·希尔曾经说过："在别人的影响下生活着，就等于被别人的意志给俘虏了，这样的人即使再优秀，也不会登上一把手的宝座。"影响力本质上是一种让人乐于接受的控制力，它以一种潜意识的方式来改变他人的行为、态度和信念。没有人能够抗拒它，因为它来得悄无声息，等你察觉时，早已被它俘获了。

走进影响力

政治家运用影响力赢得选举，企业家运用影响力赢得市场，明星运用影响力打动观众，推销员运用影响力让你乖乖地掏腰包。

什么是影响力？影响力的本质是什么？我们在这一篇会为大家做出详细的介绍。

你为什么需要影响力

影响力是一种独特的魅力，时时刻刻影响着周围的人，并且给予对方一种神奇的力量，甚至可以影响身边人的终生。拥有影响力的人，往往也是社会中最具成功素质的人士。

■ 你为什么需要影响力

人与人的交往不仅仅是沟通与交流，有的时候也是意志力与意志力的对抗，不是你影响别人，就是你被别人影响。拿破仑·希尔曾经说过："在别人的影响下生活着，就等于被别人的意志给俘虏了，这样的人即使再优秀，也不会登上一把手的宝座。"

只有影响力大的人才能成为最强者

有这样一个笑话：刘亦民是台湾的农民，从来没有出过远门。他攒了半辈子的钱，终于参加一个旅游团出了国。

国外的一切都是非常新鲜的，关键是，刘亦民参加的是豪华团，一个人住一个标准间。这让他新奇不已。

早晨，服务生来敲门送早餐时大声说道："Good morning, sir！"

刘亦民愣住了。这是什么意思呢？在自己的家乡，一般陌生人见面都会问："您贵姓？"

于是刘亦民大声叫道："我叫刘亦民！"

如此这般，连着三天，都是那个服务生来敲门，每天都大声说："Good morning, sir！"而刘亦民亦大声回道："我叫刘亦民！"

但他非常生气。这个服务生也太笨了，天天问自己叫什么，告诉他又记不住，很烦的。终于他忍不住去问导游，"Good morning, sir!"是什么意思，导游告诉了他。天啊！真是丢脸死了。

刘亦民反复练习"Good morning, sir！"这句话，以便能体面地应对服务生。

又一天早晨，服务生照常来敲门，门一开刘亦民就大声叫道："Good morning, sir！"

与此同时，服务生叫的是："我叫刘亦民！"

这个笑话告诉我们，人与人交往，常常是意志力与意志力的较量。而我们要想成功，一定要培养自己的影响力，只有影响力大的人才可以成为最强者。

八百里水泊梁山，一百单八位英雄好汉，坐头把交椅的是又黑又矮的宋江。论武艺，他比不上林冲、武松、鲁智深等人，就连缺心眼的李逵，沂岭上连杀四虎，勇猛过人，也比他强多了。论文采，他比不上会写苏、黄、米、蔡四家字体的"圣手书生"萧让。论计谋，他比不上"智多星"吴用、"神机军师"朱武。就算是依照前首领晁天王晁盖的遗言，也应该是由活捉了史文恭的卢俊义接任。不管怎么说，都轮不到又黑又矮武艺稀松的宋江。可是众英雄就是只服他一个人，言听令从。就算后来对他的招安路线心怀不满，也没有人弃之而去，还跟着他南征北讨。到最后马革裹尸，断臂出家，毒酒穿肠，也没有一个人对他心怀仇怨。为什么？

宋江能坐第一把交椅，靠的就是他的影响力。想当年，早在山东郓城做押司的时候，他就声名在外。提起"及时雨"宋公明，江湖的豪杰好汉谁人不知，谁人不晓。等到他在江州问斩，许多英雄前去劫法场相救，其影响力之大可见一斑。

这就是影响力的威力。有人说，影响力本质上就是一种控制力。更准确地说，影响力是一种让人乐于接受的控制力。它与权力不同，不是强制性的。它发挥作用的过程很微妙，它以一种潜意识的方式来改变他人的行为、态度和信念。没有人能够抗拒它，因为它来得悄无声息，等你察觉时，早已经被它虏获了。

影响力取代权威

现在已经不是"有权不用过期作废"的时代了，特别在组织结构扁平化的企业，权力就像一只干瘪的皮球，如果不充气的话，就无法指望皮球会弹起来。而影响力却是很好的气筒，它能够令干瘪的皮球重新膨胀起来，并且焕发活力。或者说，激发权力的关键过程是施加影响，它的能力则包括沟通、理解、适应和自我表现等。我们认为，随着权威式的由上至下的金字塔形管理被逐步扬弃后，取而代之的必然是影响力领导的崛起。

权力伴随着每个组织的产生而产生，不管是大公司还是小型的生产企业，即使是企业里基层的员工都可以找到自己的权力。文员有处理文件和发送传真的权力，保安员守卫大门时有询问的权力……只要有职位就会有相应的权力。换句话说，在围绕企业目标的执行过程中，权力也可以说是一个人在某个位置上的义务。只有个人力量才是来自于个性所产生的影响力。

一个领导者光有权力是不够的，关键要看他是否具备影响力。企业家有远大的战略眼光，却很难提拔一批企业所需的管理人才，这一常见矛盾既说明"放权"的必要性，又强调"影响力"的补缺作用。万科公司的精神领袖王石，就是一位非常注重影响力的领导者。随着公司的快速发展，他毫不担心地将手中总经理的大权下放给自己培养起来的职业经理，让他们更自由地运营公司。与此同时，王石无论是给摩托罗拉公司拍广告，还是登上珠穆朗玛峰，都使自己得到了更大的"权力"——影响力。

当一个人假借权力而获得权威，人们通常会鄙视他，或称他狐假虎威。虽然权力本身的各种形式能促使别人做事或者改变他们的行为，但是不管是职位的优势还是技术专长的力量，在一定程度上都是具有强制性的。其结果只能改变别人的表面行为，而不能获他们内心感觉和信念的真正认同。与此相反，影响力却是以一种潜意识的方式来改变他人的行为、态度和信念，这种力量不仅使他人感受到你的吸引力，而且还激励他人做你想要他们做的事。所以说，影响他人的能力同样是成功管理的重要组成部分。

原通用电气的首席执行官杰克·韦尔奇以及IBM公司的董事长郭士纳，他们都是在国际商业界极具影响力的人物。前者运用温和的影响战略来对他的组织进行改革并最终获得成功，从而革除了 GE 典型的"大棒加铁链"式的权力模式；后者则用影响的杠杆撬动了 IBM 这样的庞然大物，使得"大象能够跳舞，蚂蚁就必须离开舞台"成为至理名言。许多事实证明，高度官僚化的、森严的命令和控制结构已经不适应今天的企业，而影响力因素必将盖过权力因素，成为管理精英的明智选择。

最具内涵的管理技巧无疑是影响别人的能力，而非滥用权力或者权威的蔓延。不断变化的社会环境、技术进步，以及组织结构的精简都使正式权威的效力大为降低，而影响力却正在发挥隐藏的巨大作用。越来越多的事实告诉我们，为了取得高效率，领导者必须抛弃所谓的权威，依靠自己的影响力去重新审视别人，并把事情做好。只有具有影响力的领导者，才能成为别人心目中的权威人士。

■ 测出你的影响力

下面我们将提出一个"管理者的影响力计分表"，上面列有三种基本类别的管理特征，每一特征都有最高的分数，每一类别下面也都有多余的空间让你另外填入其他特征。

您在表上可以看到标记为"管理者的知识和技能以及运用的能力"这一类，满分是 75 分。这表示在 100 分的基础上，一位在这方面完美无缺的管理者，最高能达到 75% 的效能，只了解自己的工作并不能产生充分的影响力，也不足以使行事有效能。

那么在这一类特征中只能得到 50 分的管理者又会如何呢？他能有效地管理吗？当然他能。这是大家都见过的，他是利用他在人格特质和态度类别中增加的分数，弥补了他在这方面的缺憾。

一般来说，有效管理者既能对本身工作具有相当的知识，又有能力处理自己的工作。他们的优点多于缺点。他们能获取权力，也能聪明地运用权力。他们还能取得部属、同僚和上司的接受和尊重。

并不是说管理者很快就能具备相当的影响力，在公司中如鱼得水。不能按自己的梦想迅速晋升到高级职位，可能令许多手执文凭的"青年才俊"泄气。一位有效管理者最初的影响力也许只是来自他对某一行业的专业知识，也许只是因为他的头衔受到同僚和部属的接受。在很多情况下，这种影响力也可能会随着他显示出某些反面的特质和态度而逐渐受到侵蚀。我们都曾见过很多管理者开始时被人接受，周围像有一个耀眼的光圈，但随着大家对他的认识加深，他最后又失去了本来具备的影响力。当然，还是会有一些自始至终都得到大家赞赏和尊敬的高层管理者。时间是评价影响力的一项重要因素。

我们可以看出：从整体的角度去观察一个人，我们都会有意或无意地加分或减分，不管是加分也好，减分也好，最后的结果——影响力——才是效能的关键。

如果对这点达成了共识，计分可能就变得不再那么重要了。衡量标准的目的只是表达各种因素相互之间的关系。一旦做到了这一点，它就达到了目的。下面我们就来看"影响力计分表"吧！

计分表右边所表示的是最高分。你若觉得完全欠缺某一项能力，则以 0 分计之。计分完后全部加起来，把总分填入最后"总分"中。

您的知识、技能以及应用的能力加分

——技术性知识 (对所做工作的基本了解)(5)

——组织的知识 (制度以及制度之运用)(10)

——政治意识 (如何在制度中推动工作)(10)

——沟通能力 (说、听、读和写的能力)(20)

——组织和规划能力 (能够构思和分派工作)(5)

——一般商业知识 (对经济学、会计、行销和法律等的了解)(5)

您的个人特质以及运用的能力加分 (每项 2 分)

——仪表——视野

——服饰——预测能力

——社交能力——耐力

——坚忍力——创造力

——理解力——人格

——探究心——记忆力

——彻底——乐观／幽默感

——决断

您在行动中表现出来的态度（每项 3 分）

——自信——愿意花钱／时间

——野心——愿意接受不愉快的工作

——决心——客观

——关心质量标准——公平

——关心数量标准——对上或对下的忠诚

——关心生产力——关心别人的福利和前途

——愿意承担责任——愿意共享光荣

——愿意冒险

总分

接下来请考虑下面"反面性影响力项目"。只要在某项上符合一点，就要扣减 3 分。如果符合的程度较深，则要扣减 4 分或 5 分。

影响力的扣减项目减分（3 到 5 分）

——狂妄自大——独特

——报复心理——占有欲

——鲁莽——不愿负责

——自私自利——偏心

——懒惰——孤立

——随便——缺乏同情心

——与人易生摩擦

——缺乏节制

——轻率

正数总分   负数总分

净管理影响力总分

非权力影响力——凝聚众人的能力

随着社会的发展，非权力影响力渐渐地走进管理者的工作中，这种影响力受到人的品格、才能、知识和情感因素的左右，同时，这种影响力要经过管理者不断地修炼而获得。

■ 非权力影响力——个人感召力

感召力是管理者个人素质的综合体现

个人感召力是非权力影响力的一种体现，同时也是管理者个人素质的综合体现。这些素质主要是指管理者的个人品格、作风(思想作风和工作作风)、办事风格、群体中的声望、社会身份与地位、心理品质(创新而不守旧、眼光敏锐犀利、谦虚与自信、仁义敦厚、忠实诚恳、热诚豁达、坚忍等)。

管理中的感召力，就是管理者的各种素质在感召过程中经过融合之后而综合表现出来的。

这些素质在感召过程中不断进行有机的互补、互用、互制、互促、互保，或者说，是在互动过程中完善互补性而实现感召力的。

因此，在设计感召过程的时候，应遵循如下程序：

1. 设计素质要素初步互补模式。即由所要感召的目标和感召环境出发，检索自身可用的各种素质构成要素，研究互补形式。

2. 在素质要素初步互补基础上，进行感召工作中的互动，同时不断调整、完善互补模式。

3. 在"互补→互动→完善互补→有效互动→……→感召完成"的程序中，达到感召目的。

感召力的时空变化性质与阶段性特征

管理中的感召力是在一定条件下实现的，也就是说，管理中的感召力具有明显的时空变化性。随着时间和空间等环境因素的变化,管理中的感召力的体现(实施目的、方式、效果评价等)都会发生变化。

为什么感召力会有时空变化性？形式上是时间和空间要素的变化，而实质上却是：由于时间和空间的变化，使得管理的情境（环境）随之发生变化，领导行为的期望目标可能会因此而有所改变，这是重大的改革。管理目标的变化，因为涉及感召力的方向问题，所以势必影响到感召力的目标调整，感召方式的重新设计，感召效果的重新评价等。

同时，由于时间与空间的变化，势必在"心理空间"这个对感召力十分敏感的概念上引发微妙的变化。这种变化，一般首先由感召对象的心理变化开始，随后影响到感召对象心理同感召主体心理这二者之间关系的变化，在这个变化过程中，有时也会导致感召主导心理的其他变化。这种心理及心理关系的微妙变化，会影响到领导感召力的发挥及效果。

在一般微观的、局部的状态下，感召对象的心理变化不会对领导目标的改变与否有重大影响，但在宏观的、全局的问题上，就很难讲了。例如，中国改革开放启动时期，广大群众的社会心理反映和承受力的变化，可能会对任何一个改革措施的出台产生影响，甚至是举足轻重的影响。

感召力的群体认可性

感召力的群体认可性特征，具有两个基本点：一是认可性，二是群体性。

1. 感召力的群体性。也就是说管理者的感召能力或感召力量，最终要通过群体影响体现出来。

管理者不同于单独的、个体的人。没有组织形态，就没有管理和管理者的概念。许多学者把管理定义就界定为"上级为实现一定组织目标而对下属产生的影响行为"。这就决定了管理中的感召力的发挥指向，不是个体与个体的人际（交往）行为中的仅仅针对个别人的指向，而是一种组织行为（群体行为）的目标指向。

正因为如此，管理者在实施对下属的感召行为时，如果形式上要通过某个下属个人反映出来，那么所要物色的下属个人应该具有典型性。

2. 感召力的认可性。感召力，不同于驾驭力。驾驭力不论软驾驭，还是硬驾驭，还是软硬兼施的驾驭，都主要表现为一种来自外在的（包括迫于外在的）控制力量。感召力最终是要让感召对象口服心服、心悦诚服，其主要表现为一种源于内在的自觉自愿的自我组织、自我控制、自我约束力量。

■ 树立专家式影响力

在非权力影响中，管理者要学会树立起一种专家式影响力，对于专家影响力的具体内容，目前国内外说法不一，但是用智力、业务能力、知识来概括还是比较恰当的。

智力主要是指人在活动过程中的各种认识能力的总和，包括观察力、记忆力、想象力、注意力和思维能力。一个人如果能博闻强记、思维敏捷、洞悉事理，必然使人产生一种信服力。

能力主要包括综合分析能力、组织管理能力、指挥决策能力、表达能力、适应能力、创造能力，以及其他特殊技能如专业技术能力。那些运筹帷幄、才干卓绝的管理者，必然使人产生一种信任力。

知识管理者的知识是指基础知识、专业知识、相关知识和实际知识。管理者如果涉猎广泛、通今知古、学识渊博，必然使人产生一种钦佩力。

这种信服力、信任力、钦佩力综合起来，共同构成管理者的专家式影响力。因此，所谓专家式影响力就是管理者具有的由被管理者尊敬、钦服和追随的知识、经验和技能所产生的影响力。下属总是遵从和追随那些博学多才，知识、经验丰富的管理者。管理者的学识和才能，可以使下属产生信赖和钦佩的心理，从而使管理者获得影响下属的潜在力。

专家式影响力可以从以下几个方面来培养：

坚定的信心和意志力

信心和意志力是行动的基础，是有影响力的人走向成功的非常重要的心理素质。一个管理者只有心里充满必胜的信念，对自己所从事的事业确信无疑，并且有坚忍不拔的意志力，才可能迈出坚定的步伐，产生克服万难的力量、技巧和精力，想出解决问题的方法和对策，赢得他人的信赖和支持，最后达到为之奋斗的目标。

率直的心胸

一个优秀的管理者应该有率直的心胸，因为任何人只要具有率直的心胸，就能明是非、知善恶、有爱心、懂礼貌，使社会更加繁荣、进步与和谐。

拥有率直心胸的人对待人生豁达开朗，他们一般拥有健康的身体，不会为不必要的事情大伤脑筋，更不会庸人自扰。在现实生活中，每个人都可能遇到不开心的事情，有率直心胸的人在遇到困难时总是以坦然、镇定、理智的态度去面对。

宽容的个性

宽容首先表现在对他人个性的接纳上，允许别人有与自己不同的性格、爱好和要求，不强求别人和自己一样，有欣赏别人优、缺点的能力。

在世界上，不会存在性格气质完全相同的人，在一个领导集体里，每个人的个性也是不一样的。在性格上，可能有内向和外向之分；在气质上和工作能力上也各有各的特长和不足。由于差异，有人做事可能果敢、利索，性格刚强，办事效率高，但无韧性；有人做事可能周到细致，性格柔韧，但办事效率不高。如果在管理工作中能看到彼此的优点，互相配合好，就能弥补各自缺陷，既把事情做好，又能和下属搞好关系，使领导集体充满活力，让人对集体产生一种配合默契的感觉，对各个管理者的风格产生一种欣赏心理，使集体的感召力大大增强。因此，有影响力的管理者要有宽容和兼容的胸怀，才会使所属群体中每个人的个性充分发挥而又不影响集体的发展。就像一个好的园丁，在他的花园里，有百花齐放的景象，也有争奇斗艳的风景。人们光顾这里时，有一种赏心悦目的感觉，对园丁的管理技术充满敬意，因为他既让每一处景致合理地发展，又培育出了万紫千红的整体景观。

相反，如果管理者不理解他人的个性，不能容纳他人的特点和要求，就会使彼此之间的关系变得不融洽，甚至出现裂痕，给工作带来严重的后果。

追求良好的人生之道

追求良好的人生之道是有影响力的管理者进行人生境界修炼的重要一环。人也好，物也好，按照黑格尔"存在即合理"的名言，有影响力的管理者应以一种正常的心态去对待，循自然的理法去不断地实践，找出改变世界的方法。

培养情商（EQ）

据国外的研究表明：决定一个人成功与否的因素中，智商（IQ）只占20%，而80%取决于社会因素和人格因素，即所谓的情商（EQ），亦即人的感情、意志、人际关系等。EQ的出现，打破了智商决定人终身成就的结论。

1996年，美国两位学者在《微软的秘密》中揭示了美国微软公司一年收入60亿美元的根本原因是其总裁比尔·盖茨的高素质，也就是说，比尔·盖茨优秀的情感智慧使得微软公司成为世界计算机行业的巨头。

追求真善美的统一

真、善、美的统一是有影响力的管理者管理实践的结果。这个实践既表现为对客体原型的加工改造，又表现为主体需求的不断修正、完善、日臻完美。因此，真、善、美的统一是管理者人生修炼的最高境界。

了解自己的性格和气质

性格和气质反映了一个有影响力的管理者的基本精神面貌。管理者气质性格方面的特征会给工作打上特有的个性印迹，因此有影响力的管理者必须注意自己的气质和性格方面的素质修养。气质就是我们常说的脾气和秉性，具有先天性，但又具有可变性。气质受遗传因素影响较大，有与生俱来的特点，但又可随着年龄、生活和教育条件的变化而变化。有时是客观的自然条件、社会变化条件造成，有时又是自己主观努力的结果。

性格是一种行为方式，其特点是一个人对客观事物的稳固态度和习惯。它贯穿在人的全部言谈举止之中，决定活动的方向。人的性格虽然和气质有一定的联系，但它并不是天生的，后天的生活环境，如社会制度、学校、家庭、工作集体等对人的性格的形成和发展起着特别重要的作用。但人在接受外界影响的时候并不是被动的，他们有意识有思想，可以通过对外界的影响进行判断筛选，弱化或强化某种影响，形成自己特有的态度和行为方式。因此人的性格是可以培养的，而且在某种程度上一个人性格的塑造会比气质的塑造要容易。

管理者的气质与性格表面看来与管理者个人参与管理活动无关，但它们都对有影响力的管理者的个人形象和管理事业是否成功，起着不可忽视的作用，所以，管理者在平时工作中应不断加强对自己气质与性格的培养，但这种培养要根据自己的特点来进行。

影响力的进阶——人际关系处理艺术

每个人都是社会中的一员，人们在社会生产、生活中必然要同他人结成这样或那样的关系。亚里士多德曾说过："一个生活在社会之外，同他人不发生关系的人，不是动物就是神。"因此，人际关系处理艺术是影响力提升的进阶。

■ 良好的人际关系是影响力提高的基础

非权力领导力是一种对他人的影响力，是在与他人的交往中，在人际关系的互动中产生的。与他人建立真诚美好的关系是非权力领导力的源泉。

卡耐基曾经指出：领导者的成功有时并不在于他有多强的业务能力，当一张无所不至的人际关系网铺下时，领导就成功了一半。

人们在事业和生活中的成功，15% 靠的是专业知识，85% 靠的是人际关系。作为一种人际影响力，非权力领导力的获得仰赖人际关系的比例，可能在 90% 以上。

所谓人际关系，是指人际交往中个体间形成的特定心理关系。交往是指人们之间的交流和往来。这种交流和往来是人们在现实生活中为达到某种目的，满足一定需要而进行的信息、物质、思想、文化、技术等方面的交流和联系。

交往是人类特有的高级的共同活动形式。交往只存在于人类。

交往活动必须要有两个以上的人共同参加才能得以进行，即单个人的独立行为不构成交往活动。

在参加共同活动过程中，相互之间还必须以一定的方式进行沟通，或发生某种信息交流与联系，否则，也构不成交往。

人类总是在同两方面的实体打交道：一是人类自身，二是客观事物。交往只是人们之间的联系，而人同事物打交道则不称其为交往。当然人与人之间的信息交流或联系有时以物为媒介，甚至有时直接交往于人之间的就是物，但交往既不是指这种交流信息的中介手段，也不是交换物本身，而只是在这一过程中所表现出的人的信息的交流或联系。所以我们称这种交往为人际交往。

人际交往从主客体的存在形式上，可划分为个体与个体、个体与群体、群体与群体三种形式。在现实生活中，只有个体与个体的交往才是人际交往中最基本、最普遍、最常用的方式，因为个人之间的相互交流和往来最容易实现认知上的相同、情感上的相容和行为上的协同，进而为实现共同的活动目标合作奋斗。

不同的人际关系，会引起不同的情感体验。人与人之间，由于满足了各自的需要，就会产生亲密的关系，双方就会感到心情舒畅；反之，就会关系疏远，彼此矛盾甚至敌对。

中华民族是一个重关系的民族，中国人以对人际关系的重视而闻名于世。领导者依据中国人重关系的大气候特征，建立自己的关系网是必须的。

领导者建立自己的关系网，既是领导者自身成长发展的需要，也是领导工作的要求。领导者关系网的建立非常有利于团结全体属下员工，发挥团队战斗力，为共同的目标而努力奋斗。这是组织提高绩效，实现和谐目标的更高标准和境界。

人际关系网络的形成对把握职业生涯，特别是对获得影响力来说是很重要的策略。建立人际关系网络以及在需要时寻求支持的能力，对一位有影响力的领导者发挥其非权力领导力是至关重要的。

■ 以主动铺开人脉

天下如果有飞不起来的气球，那是因为它没有被打气；天下如果有一辈子都不走运的人，那是因为他没有足够的人脉基金！生命中如果没有一个贵人出现，就会是艰辛而没有收获的一生。能够对你有所帮助的人，不是毫无机缘地就会出现。人脉资源网络的建设需要你用心地寻找和发现，需要你积极主动地投入和参与。

有人可能凭主动获得一份好差事，但却不能凭机遇去确保它。只有专注于工作本身，为理想充实自己的人，才会遇到真正的机遇。

黎沙特是法国知名的观光旅馆管理人才，可是他当年初入这行时，很不适应，便想离开，但他母亲认为，抱着怜悯自己、同情自己的心理，改变主意，以后就会形成习惯，一遇到困难就打退堂鼓，最终将会一事无成。黎沙特最后还是回到训练班，结果以第一名的成绩毕业，并进入罗浮的关系企业——巴黎柯丽珑大饭店。

黎沙特进去是当侍应生，但他知道，观光大饭店，接待的是各国人士，必须有流畅使用多种语言的能力，才能应付自如。于是，他在工作之余，开始自修英语。三年之后，柯丽珑大饭店要选派几个人到英国实习，黎沙特被录取。

在英国实习一年回来后，黎沙特由侍应生升为领班。接着，就获得一个到德国广场大饭店实习的机会。黎沙特到德国后不久，正赶上 20 世纪 30 年代的经济不景气，观光客的人数跟着递减，大饭店的经营非常不容易。他利用广场大饭店过去旅客的资料，动脑筋设计出一些内容不同的信函，分别寄给旅客，主动铺开人脉，使广场大饭店平稳地渡过了这段艰苦的时期。他这些函件，其中有500多封，直到现在还被不少观光企业作为招揽客人的范本。

这时候，黎沙特已经具备英、德、法三种语言能力，但一直没有机会去美国看看，于是他决定请假自费到美国看一看。经理却决定特准他公假，以公司的名义派他去美国考察，一切费用公司承担。

黎沙特一到美国就去拜见华尔道夫大饭店的总裁柏墨尔，把经理的亲笔信交给他，请他给自己一个见习机会，并要求从基层做起。

有一天，华尔道夫的总裁柏墨尔到餐厅部来视察，看到黎沙特正爬着擦地板。他跟这位来自法国的青年见过一面，印象颇为深刻，见他在擦地板，不禁大为惊讶。

正在这时，黎沙特也看见了柏墨尔，他主动前往打招呼。

"你在柯丽珑不是当副经理吗？怎么还到我们这里擦地板？"柏墨尔惊奇地问道。

"我想亲自体验一下，美国观光饭店的地板有什么不同。"

"你以前也擦过地板吗？"

"我擦过英国的、德国的、法国的，所以我想尝试一下擦美国地板是什么滋味。"

"是不是有什么不同？"

"这很难解释，"黎沙特沉思着说，"我想，如果不是亲自体会，很难说得明白。"

柏墨尔的眼睛里，突然闪起一道亮光，用力注视了他半天，才说："你等于给我们上了一课，下班后，请到我办公室来一趟。"

这次的主动，让黎沙特的事业蒸蒸日上，一直干到某大饭店的总裁，手下有64家观光大饭店，营业范围延伸到世界45个国家。

从这些有影响力的成功人士身上，我们最能明显看到的优秀品质就是：超人的交际能力。善于结交朋友，建立有效的社交圈，寻求前辈们的指导，对每个人来说都是基本的职业技能。

如果你想成为有影响力的人，你必须和主流文化的人们自然和谐地相处。你必须充满自信地参与社交活动，接受人们对你表示出的友好，最重要的是，向别人主动展示你的好意。

个人魅力有助于影响力的提升

个人魅力最引人注目的优点是能提高自己的影响力。当人们认为你这个人很有魅力时，他们更有可能采取你的建议。许多人说过，要是有一位富有个人魅力的经理，"我会以我的职业生涯做赌注，一心一意为他工作"。可见，个人魅力是影响力的升华。

■ 个人魅力有助于吸引他人

俄国大文豪托尔斯泰在一次舞会上遇到了普希金的女儿玛丽亚·普希金娜，她的美貌使托尔斯泰万分惊叹。他向别人打听那女子是谁，别人告诉他，那是普希金的女儿。托尔斯泰拖长了声音赞叹道："你瞧她脑后的阿拉伯式的卷发，真是美丽至极。"普希金娜的魅力给托尔斯泰留下了极其深刻的印象。在10多年以后，托尔斯泰在写作《安娜·卡列尼娜》时，女主人公安娜的外貌原形，就是普希金娜。刹那间的魅力感受，能在托尔斯泰的脑中"储存"10多年之久，这确实是不可思议的。

这就是影响力的第一个特征，即直觉性。它或者是由于影响力主体即人具有强烈感人的形象特点，或者是由于影响力主体的社会内容，十分鲜明地积淀在它的外在形式上，欣赏者只要通过对影响力主体外在形式的直观，就可以一下子领略到它的魅力，而不必通过正常的审美逻辑过程进行审美判断。影响力的实现犹如电闪雷鸣一般。

一般来说，影响力程度和感受影响力的客观环境，决定着影响力在欣赏者心目中存留时间的长短。震撼人心的影响力，具有刻骨铭心的作用，使人永世不忘。

安娜与渥伦斯基的相遇是在列车的门口。这特定的魅力环境，四目相视，双方都被对方的魅力吸引住了。渥伦斯基被安娜那迷人的风姿和富有表情的眼睛吸引，以致感到非得多看她几眼不可；而安娜也被渥伦斯基这个美男子吸引住，感受到一种从未有过的激情的袭击，像是要被车门口欢乐呼啸的暴风雪带走似的，她不禁用手紧紧抓住了冰冷的车扶手。在后来安娜和渥伦斯基的爱情发展中，他们初次感受魅力的环境，那种电闪雷鸣般的灵魂激荡，始终盘旋在脑际。

一见钟情是一种直觉性的影响力的感受，同时，由一见钟情产生的单相思就是一方对另一方产生直觉性影响力的感受。

在上海的一次青年演讲会上，一个男青年在会上做了充满激情的发言。他以洪亮的男中音、论证的逻辑性、潇洒犀利的话锋，赢得了全场长时间的热烈掌声。当他走下讲台时，一个姑娘递给他一张条子，约他面晤，毫不掩饰地表达了对他的爱慕。虽然才听了他一次演讲，但他的容颜、姿态、风度、气质已深深地刻在她的心上，这是一方对另一方影响感受直觉性的一个例证。一方的一见钟情如果得不到对方的响应与认可，就会变成恋爱中的"单相思"，陷入痴恋的境地而不可自拔。

一见钟情能否导致美满幸福的爱情？新一代的青年人对此是怎么想的？上海纺织系统曾对某公司所属6个厂家的部分已婚或正在筹办婚事的青年进行了抽样调查，发现初恋属于一见钟情式的影响感受型，或基本上是一见钟情魅商感受型的占3%，这个比例甚至超出了婚姻介绍所的结婚成功率。这些人几乎都有这样的看法：第一次见到，就觉得这是自己要找的人。这个印象能一直保持到结婚。

直觉感受到的这种影响力能否持久，这取决于对方与理想情人的吻合程度，双方对对方感受的审美经验，及双方的审美观、伦理观、人生观、价值观、世界观等多种因素，同时还取决于在今后的共同生活中，双方能否继续保持和创造影响力。

■ 个人魅力有助于影响他人

个人魅力最引人注目的优点是能提高影响别人的能力。当人们认为你这个人很有魅力时，他们更有可能采取你的建议。许多人说过，要是有一位富有个人魅力的经理，"我会以我的职业生涯做赌注，一心一意为他工作"。这种情况下，以事业做赌注意味着这个人将放弃一份相对安稳的工作来和这个经理一起开始一个新的企业。

所以，个人魅力实际上是非权力领导力的升华，个人魅力作用在各方面都增强了非权力领导力，个人感召力的发挥就需要通过以身作则、说服、分享和帮助等方式进行。

一个简单而有效的影响别人的方法是以身作则地领导。作为有影响力的领导，你可以通过你自身的行动来传播价值观和传达各种期望。那些显示忠诚、做出自我牺牲以及承担额外工作的行为特别要以身作则。在项目面临艰难局面时，你也许要每周工作 65 小时以显示包含在企业文化之中的自我牺牲的价值。

问题是，假如你对人们来说有一种磁铁般的吸引力，那么他们把你当作一种行为典范的可能性就要大得多。因此，尽管以身作则的方法很受欢迎，但它可能效果不大，除非那个以身作则的人对那些认为可以把他或她作为榜样仿效的人们具有吸引力。

通过理性的说服影响别人的传统方法仍不失为一种重要的策略。理性的说服涉及使用符合逻辑的观点和事实证据来使另一个人相信一条建议或者要求是可行的，并且是可以达到目的的。

总的说来，要使理性的说服变成一种有效的策略，需要自信以及仔细的研究，对明智和理性的人来说它可能是最为有效的。不过，即使是明智和理性的人，他们看问题的方法也是选择性的。他们更会听取由热情和讨人喜欢的人所表达的信息里包含的特征。个人魅力使得逻辑看起来甚至更有逻辑性。

专家影响力的获得也离不开个人魅力，取得专家影响力的一个值得推荐的方法是在符合公司当前或者未来需要的领域里成为课题专家。最新的例子是如何为公司建立引人注目的网址或者在国外开拓市场。即使你是课题专家，富有个人魅力也会有利于利用你的专业知识。假如你个人颇具魅力，当权者更有可能给你一个展示专业知识的极好机会。

取得威望要比获得专家的影响力更需要个人魅力。富有个人魅力可以提升你的形象，从而使你更加引人注目，更加具有影响力。

你的形象决定影响力的高度

影响力是依靠个人魅力影响他人，而个人魅力的展示首先是个人形象的问题。影响力始于形象，每一个有影响力的成功人士靠的不仅是杰出的才华、优秀的品质，更重要的是他们懂得如何展现自己的形象与风度，因为你的形象决定影响力的高度。

好形象是影响力的一种潜在资本

好形象是提高影响力的潜在资本，因此，在提高影响力的过程中，我们完全可以利用形象资本来扬长避短，塑造一个极具亲和力和影响力的全新形象；塑造一个具有独特魅力、外秀内美的现代形象；一个国际化的职业人士形象。

■ 好形象是人生的一种潜在资本

古代哲人穆格发说："良好的形象是美丽生活的代言人，是我们走向更高阶梯的扶手，是进入爱的神圣殿堂的敲门砖。"

同是人生，有人潇洒，人见人爱，有人却哀叹自己满腹才学，无人赏识；有人展现真我，活出精彩，也有人怨苍天无眼，命运不济。为什么同样的人生，却有着不同的境遇、不同的结果呢？

生活经验告诉我们，每个人都想追求完美的人生，但很少有人真正去注意自己在社会交往中的形象。这种形象不仅仅是仪容仪表的刻意修饰，更是温文的性格、积极的心态、文雅的修养带给人的影响力。

一个注意形象并自觉保持好形象的人，总能在人群中得到信任，总能在逆境中得到帮助，也必定能在人生的旅途中不断找到发挥才干的机会，最终做到时刻用自己的风采魅力影响别人，活出真正精彩的人生。

所以，好形象是人生的一种资本，充分利用它不仅能给你的日常生活添色加彩，更有助于提升你的影响力。

宋庆龄女士是全世界公认的伟大女性，她除了拥有崇高的品质、高尚的人格外，还具有美好的仪表形象。

美国作家艾斯蒂·希恩曾在作品里这样描写她："她雍容高贵，却又那么朴实无华，堪称稳重端庄。在欧洲的王子和公主中，尤其年龄较长者的身上，偶尔也能看到同样的影响力。但对这些人而言，这显然是终生培养训练的结果，而孙夫人的雍容华贵则不同，这主要是一种内在的影响力。它发自内心，而不是伪装出来的。她的胆略见识之高，人所罕见，从而能使她在紧要关头镇定自若，同时，端庄、忠诚和胆识又使她具有一种根本的力量，这种力量能够消除人们由于她的外表而产生的那种柔弱羞怯的印象，使她具有坚毅的英雄主义的影响力。"

领导者具有好形象，除了展示个人的气质风度外，更有助于提升自己的影响力。形象是人生的一种潜在影响力，宋庆龄女士的一生就印证了这个观点。

由于我们都是这个世界上独一无二的人，所以我们每个人的形象，无论好坏，也都是充满着独特影响力的。因此，形象是每个人向世界展示自我的窗口，向社会宣传自我的广告，向别人介绍自我的名片。别人从我们的形象中获取对我们的印象，而这个印象又影响着他们对我们的态度和行为。同时，每个人都在这个最基本的互动过程中追逐着自己人生的梦想，实现着生命的价值。

同时，良好的形象有助于增进人际关系，营造和谐气氛，令你在社会中左右逢源，无往不利，从而促进你的成功。

红顶商人胡雪岩有一次面临生意上很大的一个危机。他在上海新开张的商行遭到当地商人的联合挤兑，不久就波及了大本营杭州。一些大客户生怕胡雪岩垮台，闻风而动，都准备中止和他的生意往来。

这天胡雪岩从上海回来了，他们悄悄躲在暗处观看，想着估计会看到胡雪岩灰头土脸的样子。结果他们失望了，他们看到了个衣着鲜亮、精神抖擞的胡雪岩。

他们还不放心，又跟踪胡雪岩到他的商行去。他们认为胡雪岩会暂停生意进行整顿。可是胡雪岩的商行不仅没有关闭，而且他还亲自坐镇，在柜台上悠然自得地喝起茶来。这一下子令他们糊涂了，一个人遭受这么大的打击，竟然还能够如此的镇定从容？最终，胡雪岩的气度征服了他们，他们又对胡雪岩恢复了信心。

其实，当时胡雪岩的处境已是山穷水尽，就是凭他那坚如磐石的好形象，才稳住了糟糕的局面。

有人说："形象是一个人的招牌，坏形象会毁了你的一生，而好形象会令你的影响力迅速提升。"

这句话一点不错，尤其在今天竞争日益激烈的社会里，每个人都承受着巨大的压力，同时又被利益驱使着，犹如急流中团团旋转的浮萍。而在此时此刻，如果我们能静下心来，认真地树立起自己的好形象，那就好比给自己的人生打造了一块金招牌，能令你在风高浪险的生命历程中从容地经营人生，从容成就人生。

每个人都应该明白：好形象如果能够充分运用，将有助于提高你的影响力，促进你的成功。

■ 拥有适合自己的形象

初次见面的时候，人们通常以第一印象来判断一个人的素质。一个人的形象是形成第一印象最基本的因素。我们经常跟初次见面的人说其长得像某某演员或第一次见到长得相像的母女会说她俩是一个模子刻出来的，这些都是第一印象的体现。

要想成为有影响力的人必须知道，你的形象是能够使人记住你的另一种"名片"，所以，做好形象管理是非常重要的。毋庸置疑，根据你如何去塑造自己的形象，你的人生轨迹也必将随之而改变。下面以美国前总统克林顿的形象管理为例来说明一下。

克林顿先生在学生时代曾经作为优秀学生的代表，有幸在白宫受到过肯尼迪总统的接见，这件事情成为小克林顿展望未来并立下宏图大志的契机。肯尼迪的风度和影响力给了他很大的触动，幼时的他就暗暗下决心：自己将来一定要做到像肯尼迪一样成功，也会站在总统的位置上。后来，克林顿成了总统以后确实常常在模仿着肯尼迪塑造的标志性形象，并在自己身上不断开发着成功的总统形象，他是在有意识地借鉴自己所尊敬的人物形象并努力把它变为自己的特征。

即使后来经历了闹得满城风雨的性丑闻事件，他还是很快重新受到了大多数民众的支持。虽然这在很大程度上归功于他推动了美国经济发展的政绩，但另一方面也证明了他的形象管理是非常具有影响力的，从他卸任总统之后聘请他做形象代言人的企业越来越多这点亦可看出，民众对他的影响力是普遍赞赏的。

另外，有些人不顾世界和自己地位的变化，依然我行我素地固守着自己一成不变的形象。这样的人显然都比较固执，往往是某种保守观念的卫道士，他们很难适应新的环境，因而总是显得不合时宜，大多数情况下他们不可能成为一个有影响力的人，同时与成功无缘。

美国历史上的另一位总统，拥有世界知名的花生农场的卡特，他当选前一直与农夫们一起过着简朴而平民化的生活。当美国人民正好需要一位平易近人的总统时，卡特就被人民推到了总统的位置上。

■ 看起来就要像个有影响力的人

对于经常出现在媒体上的政治家来说，他们的形象对于选票的影响能够千百次地证明"看起来就像个成功的人"的重要性。政治家们只有经得起千千万万个选民的百般挑剔才能够走向自己的成功大道。因此，"看起来像个有影响力的领袖"对于政治家们来说，是获取选民信任的第一个至关重要的条件。正是"看起来像个有影响力的领袖"的魅力，使里根、克林顿、肯尼迪、希拉克、撒切尔夫人等人满足了选民对领袖形象的要求而连任。杰出的政治家都深刻地认识到"看起来像个领袖"在选民中的重要影响，都雇有形象设计师及沟通交流专家、社会心理学家为他们塑造一个能表现自己最佳形象的模式，对自身影响形象的任何一个因素，包括对服饰、发式、声音、手势、姿势、表情等都精心地设计。

在西方政治家竞选时，竞选人的幕后策划班子里四个最不能够缺少的专业人才之一就是形象设计师。他们的目的就是要让竞选人看起来就像是个能够胜任领袖职位的人。如果看起来不像个有影响力的领袖，无论你的政治观点多么深入人心，也会失去很多追求"魅力领导人"的选民，这样的例子在西方的商业界也数不胜数。因为他们深刻理解"看起来像个成功者"的形象对事业的促进作用。成功者如果忽略了对自己外在形象的维护，看起来不像个成功的人，是难以得到别人的尊重的。在这一点上，深受英国人影响的香港人"深明大义"，越是有影响力的人，越注意自己的社会形象。李嘉诚之子李泽楷的公司里有四个副总裁专门负责公司形象和他的个人形象。什么场合穿什么服装，表现什么样的风格，都有专门的班子为其策划。

1960 年尼克松与肯尼迪竞选时，尼克松似乎忽视了对自己外表的包装，而肯尼迪懂得如何利用自己的外在优势获取选民的信任。几十年过去了，他的形象和影响力一直让人难以忘怀，是世界领袖的标准形象。克林顿就是受到肯尼迪的影响，从小立志从政，他以肯尼迪为榜样，最终成为美国总统。在克林顿的身上，正反两面，都有肯尼迪的影子。尽管他是美国历史上丑闻最多的总统，但是他在每一次事件中都能够安然过关，人们一次次由于他富有影响力的形象而原谅他的不检点。相比之下，尼克松因一次水门事件就被迫离开了白宫。

克林顿的夫人希拉里，在克林顿当选之前，曾是女权运动者。她的服装无意识中就展示了女权运动者的形象，她戴着学究式的黑色宽边眼镜，穿着具有女权主义形象的大格子西服。这种形象违背了美国人心目中高贵、优雅、母性的第一夫人的形象，曾一度影响了克林顿的选票。新的形象设计班子顺应美国人民的心理，用充满女性韵味的色彩时装代替了男性化的、乏味的女权主义服饰，为她设计了时尚的发式；用隐形眼镜换掉了迂腐的、学究式的黑边眼镜；用温和改良主义的言辞代替了激进、偏激的语言。希拉里的新形象接近了美国选民对于第一夫人的期望，她展示出的既有女性魅力又有女性的独立、强大和智慧的第一夫人的形象为克林顿的政治影响力增添了不可磨灭的光彩。世界上的有影响力的人及领导者努力在外表上塑造"像个领袖"的例子数不胜数。

这里还有一些案例也能说明形象对于影响力的作用之大。

欧阳先生曾是一家中外闻名的大企业下属公司的部门经理，精通外贸惯例和知识，能说一口流利的美式英语。为了几笔大生意，他曾几度往返国内外，结果是胜绩多于败绩，为公司赚了一大笔钱，也练就了遇事不慌、稳扎稳打的性格，在公司的影响力很大，同时深得上级的赏识。可是，就在面临提拔的时候，他毅然辞职。他要独闯商海，当一个自主的老板。

欧阳先生几经折腾，终于从工商局取得了执照，公司开张了，生意却惨淡至极，半年中公司账上仅有 8000 元。他完全没有料到，当他失去了身后的大树，失去了原来的那令人肃然起敬的影响力后，他的"功夫"难以施展。昔日的客户与他断了联系，大公司不屑再与他合作，他被抛向了商界的另一个角落。这个角落中的许多人不讲商业规则，不讲信誉，大都对生意抱着"碰一笔是一笔"的侥幸心理，东碰西撞，一片混乱。欧阳先生对别人充满着警惕，别人也警惕着他。

欧阳先生有出奇的适应能力。他在实力的虚实上做起文章来，以吸引入流的商人和客户。首先他拉起了大旗，重新打起了原来所在公司的招牌，当然他不会忘记疏通内线关系，以防被人识破。不过，他只是在认为必要的时候才这样做。

他租用了一套还算像样的房子，将里面的家具暂弃入仓库，从别处借来一套上档次的办公家具，精心布置一番，顿使办公室气派不凡，又从家中拿来一些商务方面的书，搁置书架上，而且专放些半新半旧的，这使人不致怀疑他在生意上的真才实学。他通过熟人买了一套计算机机壳，盖上好看的装饰布，只要人们不亲自操作，就谁也不知道那是样子货，他花小钱认认真真地"包装"了他的公司。不过，他的公司也有真正属于他的东西，这就是传真机和电话机。以后，他的合作伙伴渐渐多了。他出色的谈判技巧配上有实力的表象，使人增加了对他的信任，终于使他有了几个固定的客户。一次，他与一商人为一笔生意谈了一天，因价格久谈不下。于是他雇人在第二天谈判中闯进来，做出欲抢生意的样子，此举竟使那商人让了步。

就这样，他虚虚实实、真真假假、若有若无地与形形色色的商人打交道，他公司的影响力越来越大，同时战绩辉煌，有了相当可观的收入。他将公司搬进了一家饭店，办公室里的那台电脑也变成真的了。

西方心理学家们对有影响力的领导人和成功者的研究结果，为追求做领导的人提供了丰富的参考价值，帮助无数向往有影响力的人少走了多少弯路，节省了多少时间！

"看起来就像个成功者"对于追求成功的人而言非常重要，在外形上接近有影响力者是自己在思想和行动上走向成功的最关键一步。因为在人们的意识中，具备这种成功形象的人大都是已经有影响力的人，因此，"看起来像个成功者"能够让你：（1）感受成功者的自信；（2）激励自己走向成功，做出成功者那样的举止、行为；（3）首先被人们认可是具有潜力的成功者，因而，当成功的机会到来时，你就是成功者！

西方有句名言："你可以先装扮成'那个样子'，直到你成为'那个样子'。""看起来像个有影响力的人"在你的事业中会为你敞开幸运的大门，让你脱颖而出。民主选举时，由于你"像个领导"，人们会投你一票；提拔领导时，由于你"像个领袖"，你会被领导和群众接受；对外进行商务交往时，由于你"像个有影响力的人"，人们愿意相信你的公司也是有影响力的，因而愿意与你的公司进行交易。

追求有影响力的人如果只注重培养能力，而忽略了对形象的塑造，必定影响其成功的速度。最近刚被提拔为主任经理的罗伯特·盖德深有体会。罗伯特·盖德是个雄心勃勃的人，但是，在进入德意志银行之前，他多年得不到提拔。在进入德意志银行三年以后，他接受了形象设计师的忠告，积极地处处以领导者的形象和姿态来要求自己，他最大的爱好是模仿英国前首相布莱尔和美国前总统克林顿。无论是外在还是言辞，无论是表情还是动作，他都以这些在世界上有影响力的人为标准。三年以来，步步高升的罗伯特·盖德，终于坐在了自己前老板的椅子上。罗伯特·盖德总结自己的经验：像有影响力的人那样思考，像有影响力的人那样举止，像有影响力的人那样说话，那么，你就是有影响力的人。

你的风度决定影响力的高度

迷人的风度总是可以带来额外的影响力。在适当的时刻，展示出自己优雅的行为举止，成为一个新的更时尚、更具活力、更有影响力的人，让活力与美丽同时绽放，智慧与魅力一起飞扬。

■ 风度展现迷人的魅力

在那些单纯的美色和单纯的财富不起作用的场合，和蔼亲切的风度，令人着迷的人格，以及优雅迷人的举止依旧可以发挥作用。同最优秀的教育或最伟大的成就相比，风度和影响力会给人留下更深刻、更美好的印象，即使没有出色的能力，有影响力的人格通常也可以令一个人得到提升，而天才和特殊的训练却做不到。

迷人的风度总是可以带来额外的影响力。每个商人都希望自己能够拥有性格开朗、风采迷人的员工，他们被看作是最为宝贵的人才。

通常会有这样的情况：一个人可以毫不费力、轻而易举地得到某个职位，而另一个，虽然可能更优秀、更有才能，但费了九牛二虎之力依旧是徒劳无功。这是为什么呢？显然，有影响力的人格是成功的关键。

面对一个极好的职位，年轻人总是对其所要求的条件感到惊愕，因为这些条件，往往是他们从未想到过的品质和性格，例如优雅的举止，谦恭的态度，乐观的精神，以及亲切而乐于助人的性格，等等。

修养常常不在大事上，而是反映在那些你从来都漫不经心的小节上。你以为没人在意，但是这只是自己在掩耳盗铃。某银行分行的大会上，行长在台上讲话，他好像是口中感到不适，扭过身去不假思索地往地上吐了一口痰。刚刚分配来的博士生说："我不敢相信，这是我们行长的行为。"另一位具有金融硕士文凭的处长，讲到自己的顶头上司行长在处级干部会议上脱掉鞋子，像个老农民一样惬意地抓着脚，这个处长感叹道："我不知道这样的行长的行为和影响力怎么来面对加入WTO后来自国际金融界的挑战！"

我们常常听到有人说，他们不明白，为什么某人竟然会如此轻松地取得成功，为什么他如此受欢迎。他们没有意识到，伟大的人格魅力正是其制胜的法宝。评价一个人，必须要全面。一个人获得成功的能力，不应该仅仅以其智力来衡量，而且还要看他的说服力、他的吸引力、他的亲和力以及他的取信力。他的表情、举止、情趣、人格，以及交友能力和维护朋友的能力，所有这些对他能否取得成功起着至关重要的作用。充满敌意的表情，令人反感的举止，乖戾孤僻的性情，常常会抹杀优秀的才能，令人产生偏见和敌视。

有一个年轻人，其乖戾易怒的性格，极大地抵消了其惊人的活力和出色的头脑。他暴躁的脾气和尖刻的言辞，经常会伤害与他人的友谊。他有超强的工作能力，但却经常被自己令人反感的举止和性格所阻碍，始终难以得到提升。假如没有这种性格缺陷，以他杰出的才能和充沛的精力，他的影响力一定会得到迅速的提高。

有出色的才能，但是却缺乏吸引和取悦他人的品质，这样的人是如此之多，以至于我们常常听到老板们说，他们决定不聘用某某应聘者，因为他举止欠佳，或者因为他没有风度。没有什么可以替代个人魅力和优雅迷人的风度。尽管大多数人认为，人的风度是与生俱来的，但事实上是可以后天获得的，只不过你必须为此承受烦恼和痛苦，就像要成就任何有价值的事业，你必须有所付出一样。

为什么林肯总统有那么高的声望，为什么他的人格受到美国人民甚至是全世界人民的敬佩与赞赏呢？那是因为他一直尽心尽职地工作着，从来都没有不良的工作记录，当然他也不做有损自己声誉的事情。无论是在哪个国度，哪个时期，不论你是腰缠万贯的富翁还是一贫如洗的穷人，不论你是达官显宦还是一介平民，有一点你必须承认——人格的力量是无穷的，它在人类文明发展史上的作用也是巨大的。

在日常生活中，一个人的人品常常被很多人忽略。他们看一个人往往看他是否精明能干、是否声名显赫，但是他们却很少强调这个人是否诚实、是否正直，显然他们并没有把一个人的人品放在重要的位置上。很多人非常敬佩那些诚实、正直、勇敢的人，可是他们自己却很少要求自己这样做。就好像很多商人其实知道做生意应该讲信誉，可是他们却往往靠欺瞒、夸大事实和其他伎俩来赚钱。一个人的人品是非常重要的，也是其他东西无法代替的。金钱财富、地位权力都无法弥补一个人人格上的缺陷。一个人不论他多富有，也不论他有多大的权力，如果在他的人品中找不到诚实与正直，那么他就永远不可能成为一个真正的成功者。当人们提到他的名字时，即使有羡慕之心，也不会有敬佩之情。

一个人修养高低对开展工作是十分重要的。提高个人修养是一种长期行为，是一个人终其一生都要面对的问题。

要想提高自己的风度和影响力，可以从以下几个方面开始：

1. 多读书

有句名言说得好——"书是人类最好的朋友"，读书可以使人明心、清脑、益智、养气。明心指读书可以开阔人的心胸，涤荡人的灵魂；清脑指读书可以拓宽人的思路，开阔人的视野；益智指读书可以增长人的智力和才干；养气指读书可以陶冶人的情操，提高人的自身修养和气质。

首先，要多读与你所从事的工作相关专业方面的书，以养"才气"。

作为一个现代人，一定要有较高的才干、能力，才能适应工作环境，并胜任自己肩负的职责，这就需要靠多读专业书来实现。

其次，要多读文学艺术方面的书籍，以养"灵气"。

对待纷繁复杂的工作和生活，要保持敏捷的思想、灵活的工作方法，不至于陷入呆板、机械的教条主义中，为此，就需要多读一些文学、艺术方面的书籍，提高自己的文学修养和影响力，增强自己的想象力、创造力和影响力。

再次，多读政治方面的书籍，以养"大气"。

2. 多实践

多实践就要多接触社会，多向他人学习。俗话说，三人行必有我师，要从群众中汲取智慧与经验。

还要多思考问题。因为多思考有利于不断发现自己的缺点、短处，克服因取得一定成绩而滋生的满足感，保持自己的进取心和影响力。

■ 如沐春风的微笑使对方产生亲切感

"笑如沐浴春风中，人犹桃花因风醉"，笑是人间最美的表情，是人际关系中最好的润滑剂，是极富影响力的社交武器，拥有如沐春风的微笑胜过千言万语。

在日常生活中，如果你所遇到的人，整天紧绷着脸，没有快乐和笑容，那就如同置身于荒漠中看不到绿洲一样单调乏味。而一个人如果能在交往中自然地营造一种和谐融洽的气氛，并慷慨地把自己的快乐和温馨带给相遇的人，那他一定会具有很大的影响力，在社交中立于不败之地。

在这个世界上，人人都希望别人喜爱自己、尊重自己、对自己友好，而微笑就是你对人对己的唯一选择。因为微笑能拉近人与人之间的距离，能融化人与人之间的坚冰，能消除已经产生的矛盾或仇怨。在一定程度上，微笑是生活中人人都不会拒收的礼物。

俗话说得好，"笑一笑，十年少"。人们的微笑就像荡漾在人际交往间的春风，笑口常开，春风常在。

第一，微笑是人类的本能。尤其是在社交场合，笑具有对应性，真诚的微笑是识友交友的见面礼，是闪烁在人际交往十字路口常明的绿灯。有一副对联写得好："眼前一笑皆知己，举座全无碍目人。"可见笑在重要场合的非凡影响力。

第二，微笑是一笔财富。世界著名的希尔顿饭店创始人康拉德说："如果我的旅馆只有一流客房，而缺乏一流微笑服务的话，那就像一家永不见温暖阳光的旅馆，又有何快乐情绪可言呢？"因此，国外许多公司或者企业的经理，在员工的选择方面，都把笑容可掬放在一个重要的位置上。

纽约一家证券公司的负责人脾气火暴，待人比较刻板，以至于影响到他的下属，大家都对他敬而远之，而顾客对他的公司也有意回避。在经营不善的情况下，他去一家咨询公司讨教，领回的锦囊妙计竟是微笑。于是他从自身做起，脱胎换骨，无论早晚，也不分是在门口或在电梯中，遇到顾客或普通的员工，先满面笑容，然后再和人打招呼、谈工作。令他始料不及的是，上行下效，整个公司的人际关系都发生了改变，凝聚力增强了，营业额上升了。微笑给他带来的不仅是好人缘和影响力，还有丰厚的利益回报。

第三，微笑是事业的风帆。对于公关人员来说，先笑赢三分。你办事是否顺畅，在很大程度上，也取决于你会不会笑，下面的故事很能说明这个问题。

在一次商务谈判中，甲乙双方为了各自的利益稳住阵脚，互不相让，形成了僵持的局面。这时只见甲方的谈判代表，面含微笑地对大家讲了一次自己撞车的经历。那是一个浓雾弥漫的上午，公路上的汽车由于能见度有限，只好头尾相接地慢行。突然，前面的车突然踩刹车，后面的车就顶上了它的屁股。那位司机跳下来就和他吵："这么大的雾，怎么能紧急刹车？"而他却不慌不忙地说："老弟，你都跟着我开到车库里来了，还不倒回去呀？"在场的人听完都不禁笑起来，紧张的气氛缓和了，双方最后各自都退让了一步，"倒车"使谈判取得了皆大欢喜的圆满结局，这就是微笑的影响力。

真诚的微笑会使人与人之间感到亲近。一位同事向你微笑，你会不还一个微笑吗？一来一往，无形间就缩短了两个人的社交距离。倘若遇到的是一张"哭丧脸"或"死人脸"，你会打心眼里厌恶，绝对不会喜欢和这种人打交道的。

世界语言千百种，笑却是世界上通用的，而且是最受欢迎的语言，一个发自内心的笑容可以拉近人和人之间的距离。它是一种良性循环，因为我们的笑，我们和朋友亲近了，人缘变好了，自然而然心情愉快，更可以在朋友的笑容里重拾我们的自信心，无形中散发出吸引人的影响力。

笑，是心情愉快的表现，也是"善意"的表情，具有穿透人心的力量；不吝啬笑颜，你将能感受左右逢源、处事逍遥的喜悦。微笑、快乐的笑、幸福的笑、开心的笑，都是充满善意、好感的表现，以及无价之宝般的"颜施"。笑口常开，你将拥有无比的影响力。

微笑并不是天生就有的，它可以通过调整自己的心态和练习来获取。布莱格的私人秘书有着勤恳、忠厚、敬业的优良品德，由于个人生活的挫折，她的脸上挂着让人心情沉重、忧郁的乌云。每当看到那张阴郁的脸，布莱格都感到心情无法开朗起来。它不但影响着布莱格的情绪和思维，而且还压抑着心灵力量的源泉。最后，布莱格不得不忠告她："每天练习10分钟的笑。"强迫微笑的结果改变了秘书的心态，不久她就习惯性地从内心笑起来，布莱格终于看到了一副让他舒心的笑容。

心理学家发现，笑和兴奋的情绪一样能刺激大脑的快速思维，启用还未被使用的脑区，因而有助于开拓思路和自由联想、提高影响力。更重要的是，笑能让人头脑清醒，让人心胸宽阔，从而认识、包容复杂的局面和人际关系。笑也影响着情绪的状态，在做计划或决策时，只要人的心情好，态度也会积极乐观，因而做出的决定也充满希望。

笑还能提高人的记忆力，因为人的记忆力随心理状态而波动，愉快的心理，会容易让你记住很多事。研究证明，一分钟的笑能产生45分钟的放松作用。生活在幸福中的人最大的特色就是他们总是那么轻松、愉悦，他们总是笑容满面。

■ 知礼而行让你更具影响力

在人际交往中，提高影响力是最好的一种途径，但也有许多的细节值得注意，从细节中提高影响力。

人际交往中的细节

1. 有一双干净修长的手，修剪整齐的指甲。

2. 虽然不吸烟，但随身携带打火机，以方便在周围的女士吸烟时为其点烟。

3. 每天换衬衫，保持领口和袖口的平整和清洁，有的还要使用袖扣。

4. 腰间不悬挂物品，诸如手机、钥匙，等等。

5. 在与女士相处时，不放过每一个细节以对女士加以照顾，并且几乎在下意识的状态下进行，以形成习惯。

6. 在吃饭时从不发出声音。

7. 较常人更为频繁地使用礼貌用语。

8. 偏爱孤独，寻求宁静的心灵、安静的肉体及激情的冥想。

9. 喜怒不形于色，在人群中独自沉默。

在人际交往中容易露出的破绽

1. 手形清洁美观，可是一旦进入需要脱鞋的房间，空气中就会产生一种异样气味。

2. 虽然随身携带打火机，但却是一次性的塑料打火机。

3. 戴名牌手表时，手腕显得"飞扬跋扈"。

4. 虽然每天换衬衫，但总是系着同一条领带。

5. 在公共场合常常大声对着手机说话，在剧院里听任自己的手机铃声响起。

6. 对女士尊重异常，但是在与同性朋友相处时反差过大，判若两人。

7. 吃饭时不发出声音，但喝汤时却引人侧目。

8. 虽然较常人使用礼貌用语更为频繁，但是频繁到了令人起疑的程度。

9. 偏爱孤独到了怕见生人的程度。

礼仪要适度

1. 要塑造良好的交际形象，必须讲究礼貌礼节，为此，就必须注意你的行为举止。举止礼仪是自我心诚的表现，一个人的外在举止行动可直接表明他的态度。

要做到彬彬有礼、落落大方，遵守一般的进退礼节，尽量避免各种不礼貌、不文明习惯。

2. 到顾客办公室或家中访问，进门之前先按门铃或轻轻敲门，然后站在门口等候。按门铃或敲门的时间不要过长，无人或未经主人允许，不要擅自进入室内。

3. 要注意在顾客面前的行为举止。

当看见顾客时，应该点头微笑致礼，如无事先预约应先向顾客表示歉意，然后再说明来意。同时要主动向在场的人都表示问候或点头示意。

在顾客家中，未经邀请，不能参观住房，即使较为熟悉的，也不要任意抚摸或玩弄顾客桌上的东西，更不能玩顾客名片，不要触动室内的书籍、花草及其他陈设物品。

在别人（主人）未坐定之前，不宜先坐下，坐姿要端正，身体微往前倾，不要跷"二郎腿"。

要用积极的态度和温和的语气与顾客谈话，顾客谈话时，要认真听，回答时，以"是"为先。眼睛看着对方，不断注意对方的神情。

站立时，上身要稳定，双手安放两侧，不要背臂，也不要双手抱在胸前，身子不要侧歪在一边。当主人起身或离席时，应同时起立示意，当与顾客初次见面或告辞时，要不卑不亢、不慌不忙，举止得体、有礼有节。

要养成良好的习惯，克服各种不雅举止。

需要说明一点的是：在他人面前化妆是男士们最讨厌的女性习惯。关于这一点，惯例放宽了。女性在餐馆就餐后，让人见到补口红，轻轻补粉，谁也不再大惊小怪。不过，也只能就这么一点，不能太过分。需要梳头，磨指甲，或者用毛刷涂口红化妆时，一定到化妆室或盥洗室进行。在他人面前修容，是女性让男性最气恼的一个习惯。同样，在他人面前整理头发、衣服，照镜子等行为应该尽量节制。

■ 优雅的举止让你脱颖而出

有些人的穿戴和外表包装是世界一流的，可是他的行为、举止和修养却不能反映他外表的质量。有很多人把形象设计的概念理解为外表包装和视觉感官上的提升，而根本不注重自身内在的修养，这不是形象设计的全部内容。形象设计的包装是简单的，而提高和改善人的修养和内在内容却是全面的、长期的、复杂的、深刻的。个人的修养包含自身文化素质的提高、情操的升华，它还包括对人类心理的理解，对人们行为动机的理解和对基本人性、人格、社会、文化等的理解，以及对此做出的相应反应。它需要你有能力理解他人的心理反应，预测产生的结果及你的行为可能会留下什么样的后果。有人说："只有琢磨墨香之后，才能成为真正的人。"当你有了优雅的举止，会让你从平凡中脱颖而出，与此同时，你的影响力也会随之提升。

有很多事情看起来和书上讲的礼仪、礼貌好像没有太大的关系，似乎是一件无足挂齿的小事，但是，这些并不引人注目的小节却反映了一个人的修养，没有修养的举止会摧毁生活中的一些快乐，彻底改变人们对你毫无瑕疵的外表的看法。劳格娅从香港总公司到北京分公司出差，在国贸大厦里等电梯，待电梯停下，她正要进门，一个头发油亮、穿着西服的男人一个箭步抢到她的前面。等进了电梯，她看清楚了，那是一个外表英俊的男人，他坦然、自信，根本不知道他的举动给人留下了什么印象。劳格娅说："如果没有这个猴子般的举动，我会认为他是一个有影响力的男人。但是我真为他的外表可惜，为他作为一个穿西装的男人而可怜。"今天，劳格娅已经定居国内，在现代化的大厦里工作，她对于这种现象已经是司空见惯、习以为常。她说："过去出门时，我以为前面的男士会像海外的绅士一样为我开门，结果我常常被门撞到鼻子。现在我已经培养起了绅士的风度，习惯地为在身后的男士拉开门，不过，我很少得到'谢谢'的回报。"

很多有影响力的男士会认为，这看起来是一个无关紧要的细节，却让人上纲上线到"修养"的问题上，未免有些小题大做了。但是，仔细想一想，我们生活中大部分的快乐都是通过有修养的行为得到回报的。我们每时每刻都在从内心里判断、评价一个人。陌生人的一个微笑，一句真诚的感谢，立刻会赢得我们由衷的赞赏："真有修养，真懂得礼貌。"同样的道理，无论你是什么人，你在做什么，每一个场合，每一分钟，只要有人存在，你的一举一动、一言一行都在表现着自己的修养，人们根据你的举动来判断："他是不是有修养和影响力？"其结果再简单不过了：有修养和影响力，人们就喜欢你；没有修养和影响力，人们就厌恶你。

在任何场合下，不要以为穿戴得如同世界名牌大会战就能够表现出卓越的修养，就能够展现出迷人的形象。优秀的外表包装是能够引人注目，但是，相应的举止和修养才真正让我们脱颖而出！然而，很多外表"卓越不凡"的人的举止却对不起他昂贵的外表，他们留给别人的印象并不是杰出的外表、有修养的举止，而是自私的、缺乏教养的、让人反感和憎恶的低劣举动。

修养常常不表现在大事上，而是反映在那些你从来都漫不经心的小节上。你以为没人在意，但是这只是自己在掩耳盗铃。

修养体现在我们的一举一动之中，有标准的社交举止的人并不一定就有修养。

这让很多有影响力的人很困惑，一些人幼稚地以为尖锐、强悍、威慑的做事方法就会获得别人的重视和尊重，"据理力争""得理不饶人""痛打落水狗"的行为和咄咄逼人、气势汹汹的态度，并不会强化你的影响力。

在文明社会里，一个优雅高尚让人尊重的形象，绝不会来自强暴、争斗、金钱的堆积和权力的掌握。因而，有人总结道："有钱买不来影响力。"宽容、大度、得理依然饶人的处世态度，比你懂得如何欣赏战国时代的古董更让人尊重。

到底什么才是优雅的、有修养的举止呢？

有很多人把彬彬有礼和矫揉造作混为一谈，对于很多没有良好内在修养的人来说，刻意地寻求优雅的举止，其实会显得装腔作势、东施效颦。修养其实是一种忘我的境界，在这个境界中，你自然、朴实无华的举止会处处流露出高雅。真正良好的修养并不是体现在外表上，人们只看见一个有教养的人举止高雅，却没有看到内在的实质。

有修养的举止，是利用外在的一举一动来传达我们内心对别人的尊重和影响力的一种方式，它源于对事理、人情的通达，有修养的举止能够影响到我们的外表。修养的培养来自于不断地实践和观察，就像其他良好的习惯一样，要养成这样的影响力，你必须要不断地去实践。

卓越的品质绽放心灵气质的芳香

品质是职场的通行证，诚实的人是企业的财富。"做老实人，说老实话，办老实事"是人们应尽的义务，并且卓越的品质是一条提高影响力的自然法则，违背它的人会受到应有的惩罚，就像万有引力定律不可违背一样。

■ 诚实是提高影响力的绝对法则

诚实是职场通行证

很多人在求职时，总喜欢投公司所好，在简历中把自己包装成无所不能的"人才"。明明没有的工作经验，偏偏编得"有声有色"，甚至不惜发挥自己"丰富的想象力"，弄虚作假。

"无所不能"的形象真的能达到提高自己影响力的目的吗？

下面是一位网友"皮皮星"的真实经历：

"那年，我和朋友亚峰一起去深圳打工。到了深圳，我们在大街上盲目地奔波近半个月，终于打听到一家广告公司要招聘办公室文员，我们前往应聘。那家公司待遇优厚，参与竞聘的人不少。面试结束后，主试者说还要面试一次，叫我们7天后去报到。

"7天后，我们早早地到了公司。公司老总亲自给我们安排了当天的工作，我们每人分到一大捆宣传单，各自到指定的街道发放。

"我抱着传单，来到了划定的地盘，见人就发给一张。有的人接，有的人理都不理，有的接过去就随手扔在地上，我只好捡起来重发。忙碌了一整天，可手上的传单还剩厚厚的一沓。

"下午5点，我拖着满身的疲惫回公司交差。走进办公室，我看见其他人都已经回来了。亚峰一看到我就说，你怎么还留那么多传单在手中？我一看大家手上都是空的，心头就慌了。

"老总问我发了多少。我涨红着脸，把剩下的传单交给了他，难为情地说：'我干得不好。'在回住地的路上，亚峰一个劲儿地骂我傻，还告诉我他的传单也没发完，剩下的全都扔进了垃圾桶，看来其他人也是如此。我恍然大悟，恨自己不开窍，心想这份工作肯定没指望了。

"结果却出人意料。那次招聘中，我是唯一被录用的。我感到很纳闷，去公司报到时，我问老总原因，老总说：'一个人一天能发放多少传单，我们早就测试过。那天我给你们的传单，用一天时间肯定是发不完的。答案就这么简单！'

"如今，我早已离开了那家公司，但那一次求职经历我却终生都不敢忘记，它让我明白了一个受用一生的道理：诚实是金，别人对你的信任，首先来自你对别人的诚实，这是提高自己影响力的一条法则。"

说起招聘和应聘，我们都知道面试的重要性。面试是走向职场必过的一道关口，但是有很多人就是因为求职心切，不能诚实地面对自己，最终无法通过这一关。

很多人在面试的时候一方面由于紧张，另一方面由于担心过不了关，都会不由自主地夸大自己的过去，没做过的也说做过，做过一点的说都是自己全权负责。而且这样说时，并不认为自己在说谎，认为如果老板真的授权给自己，自己的确可以做得很好。

在应聘的过程中，一旦公司觉得你有不诚实的品质，无论你的能力多强、背景多好，他们也不会聘用你。记住，诚实是你提升的核心竞争力之一。如果有些问题你认为很敏感，不方便说，或者你不想说，那就直接告诉对方你不想涉及这方面的话题，一般情况下都是可以获得理解的。

诚实坦率的品德，可以帮你在职场上获得更大的影响力。

诚实让你成为有影响力的助手

聪明的老板都知道一个有影响力的助手对他的意义。一个有影响力的助手胜过一大沓存单。因为一个有影响力的助手对于老板而言，不仅增加了金钱方面的优势，更重要的是为老板分担了很多精神上的负担，能够让老板有真正的放松和休闲。

所以，很多老板都在寻找有影响力的助手。他们知道，"智者当借力而行"。真正聪明的老板永远都不嫌助手太好。很多老板都认为，有影响力的助手的一个最基本也最可贵的品质就是忠诚。

著名商业大师巴纳姆认为："如果你得到一个好帮手，最好能一直把他留在身边，而不要换来换去。他每天都能够有新的收获，你可以因为他经验的积累而获益匪浅。他对你的影响力今年比去年大，如果他没有不良习惯并且一直对你忠心耿耿，无论如何你都不应该让他离开。"看来，如果作为助手的你对老板忠诚的话，老板们是不想频繁地更换自己的助手的。因为你的忠诚对于你的老板而言，不仅是利益的需要还是精神的需要。助手的背叛对老板而言，比他失去了一个绝好的商业机会更令他痛心。

所以，忠诚是你成为一个有影响力的助手的必要条件。

不要小视忠诚，没有忠诚，一个人真的寸步难行，因为忠诚本身就是一个人的立命根本。忠诚会让一个人的朋友甚至敌人尊敬他，因为忠诚是人性的亮点。

一个人对自己的企业有一点儿不老实，那么他会很快被发现，这个时候，受损的就不只是他在经济上的利益，更重要的是他的人格遭到了别人的质疑。一旦人们察觉到他的不忠诚，那么世界上通往成功的所有道路就会永远对他关闭，因为已经不可能还有人会用这样一个助手。

诚实可以帮助你成为一个有影响力的助手，记住，忠诚是一个有影响力的人不可缺少的一种美德。

■ 勤奋是每一个有影响力的人的信使

工作时虚度光阴会伤害你的雇主，但受伤害更深的是你自己。一些人花费很多精力来逃避工作，却不愿花相同的精力努力完成工作。他们以为自己可以骗过老板，其实，他们愚弄的只是自己。老板或许并不了解每个员工的表现或熟知每一份工作的细节，但是一位有影响力而优秀的员工很清楚努力最终带来的结果是什么。

如果你永远保持勤奋的工作态度，你就会得到他人的称许和赞扬，就会赢得老板的器重，同时也会获取一份最可贵的资产——自信，对自己所拥有的才能赢得一个人或者一个机构的器重的自信。

勤奋，首先指的是一种积极向上的人生态度，其次，也是员工提高影响力的必经之路，是一个团队生机与活力的集中体现。要想成就一番事业，就必须勤奋工作，否则，再美好的愿望都会成为空谈。

科学家的研究表明：勤奋工作、专注于某一项活动能够刺激人体内特有的一种激素的分泌，它能让人处于一种愉悦的状态。研究者发现：工作能发掘人的潜能，让人感到被需要和责任，这给人以充实感。

勤奋工作是实现理想的基础，贪图安逸会使人堕落，因无所事事而退化。勤奋工作还会给我们带来真正的乐趣，因为工作给予我们的要比我们为之付出的更多。如果将工作视为学习经验的机会，那每一项工作中都包含着许多个人成长的机会，比如发展自己的专业技能，增加自己的社会经验，提高自己的影响力。

勤奋不是三分钟的热情，而是为了实现自己的影响力快乐地学习、工作、付出；勤奋是一种持之以恒的精神，需要坚忍不拔的性格和坚强的意志。

勤奋工作，应该是每个有影响力的人应具有的工作态度，然而有许多人说："勤奋，干吗要勤奋，老板就给了我那么一丁点工资，我怎么勤奋得起来？给多少钱，就做多少事。"

很多人习惯于用薪水来衡量自己所做的工作是否值得。其实相对于工作所带给你的东西来说，薪水是微不足道的，至少可以说是有限的。你的勤奋带给老板的是业绩的提升和利润的增长，而带给你的是宝贵的知识、技能、经验和提高影响力的机会，当然随着机会到来的还有财富。实际上，在勤奋中你与老板获得了双赢。一家企业老总认为：一个有影响力的员工要勤奋吃苦，现在有些青年员工，刚到企业里来工作时决心很大，可到最后总有一部分人被淘汰，一部分人成为岗位操作能手。为什么？关键是被淘汰的这部分人缺乏一种吃苦的精神。工作确实很辛苦，但美好的生活是靠我们用双手劳动去争取的。

如果你希望一件事快速而圆满地完成，那就勤奋一点、忙碌一点，不要让懒惰吞噬你的心灵。如果你永远保持勤奋的工作态度，你就会得到他人的称许和赞扬，就会赢得老板的器重。

■ 宽容可以扩大影响力

宽容是在工作中提高影响力的前提

宽容是一种美德，是一种修养，是人外在素质的体现。作为公司的一名员工，要想成为一名有影响力的员工，不论我们所处的职位如何，我们都要学会宽厚待人，学会宽容更易使自己的行为得到领导、同事乃至客户的理解和赞同，从而给我们的事业发展铺平道路。

学会宽容别人，就是学会善待自己。

有人说"商场即战场"，所以在商业领域里，一个有影响力的人，他不论对待企业同行还是公司同事，都应该时刻保持警惕，并想方设法去超越。

职场上，许多人就是按照这一原则去行事的，一些人甚至在竞争中使用不正当的手段以怨报德，对别人构成伤害。

实际上，"成者王侯败者寇"并不适用于竞争激烈的办公室，因为不论胜败如何，大家今后还要在一起工作。试着让自己拥有一颗宽容的心，让心绪变得平和，使自己能理解别人，这样无论成败你都是英雄。

请看下面一则案例：

人事部经理在离职之前，曾向公司推荐方娜代替自己，但最终坐在这个位子上的人却是淑华。有人深为方娜感到不平，毕竟淑华无论从资历还是从学历或水平上都比不上方娜。但方娜却不以为意，她经常在背后说淑华有许多优点，比如活泼好学、聪明伶俐。

淑华自己深知为了得到这个职位使用了不高明的手段，所以心里也觉得愧对方娜。但大度的方娜却不去追究这件事，在同淑华的交往中仍保持着友善的态度，令她既意外又感动。

第二年的薪资评比，方娜得到了最高的加薪幅度，身为人事部经理的淑华在其中当然起了举足轻重的作用。不久方娜也被委派做了公关部的经理。

职场的紧张压力本来就使人容易变得猜忌、乖戾、郁闷、暴躁，现代人生活在"钢筋水泥的丛林里"，面对多方面的压力，更是不堪重负。你想成为一个有影响力的人，如果你在工作中遇到了不公平的待遇，与其花费时间去贬低对手、急着跳出来表现自己，不如冷静下来想想怎样编织更为和谐的人际关系网和圆满地完成每一项任务。

如果能做到做事得体、待人有礼，在品德上不断完善自己，而把个人恩怨先放在一边，久而久之，你必然会得到大家的认可。其实，老板也是看在眼里，记在心里，一旦时机成熟，你必然会得到公正的待遇。

理解常常是由宽容心产生的。如果你能理解对手，那么，你的同事和上司会相信你能理解在以后工作和人际关系中所发生的种种矛盾和不愉快，从而使大家的合作变得顺畅自然。

宽容有助于推动你有影响力的职业生涯

宽容是一种美德，是友善、明智与中庸这些高贵品质的体现，不仅对你的个人生活具有很大的影响，而且对你的职业生涯有重要的推动意义。

在一个企业里，如果你想成为有影响力的员工，想胜过别人一筹，想得到老板的赏识和同事们的刮目相看，你必须有过人的长处。这种长处不仅包括过人的智慧和能力，而且包括你的态度中一项很重要的性格特质的体现，那就是——宽容。有宽容的心胸，有忍让的作风，并使它成为有助于你提高影响力的一种习惯。

一个宽容大度、与人为善、宽容待人，能主动为他人着想的人，肯定会得到他人的帮助，在任何场合都会讨人喜欢，受人尊重，独具魅力，因而能更多地体验成功的喜悦。

大胆地给予别人宽容，会得到无价的回报，给人一束玫瑰，你就将手有余香。

宽容地与人合作，心胸如海洋般广阔。宽容大度是企业发展过程中，尤其是员工应有的基本素质。

做事要先做人，其实做人并不难，做人要先学会处世。宽容是高尚的处世哲学，只有宽容待人，才能在这个缤纷的世界上做到游刃有余、如鱼得水。在公司里宽容地对待老板，原谅他细微的不足之处，忍受他突然间的脾气，忍受他的无理批评，都是员工应该做到的，当然也不是百依百顺。

宽容豁达，是人生的奥秘。

性格开朗，处世宽容的人，在交际中有很强的相容度，宽容豁达代表的是一种自信，自信是一个人成功的最重要的心理因素。自信就是力量，它是一种修养，一种理念，是一种至高的精神境界。

宽容的力量是无穷的。

首先，宽容是自身影响力的真正体现。在当今的企业中，你用宽容的态度去工作，假如目前你正在做销售工作，你就用热忱和宽容的态度去对待你的客户。

总之，宽容是一种高尚的品德，是人际关系的润滑剂，是一个人提高影响力的桥梁。

从影响自我到影响他人

　　影响的力量是无穷的，影响力首先应该从自我开始，只有把自己征服了，才会有力量来震撼他人。所以，影响力有一个转化过程，本篇重点讨论从影响自我到影响他人。

操之在我，赢得美好结果

　　心理学家霍华·嘉纳说："一个人最后在社会上占据什么位置，绝大部分取决于非智力因素。"情商在一个人提高影响力的过程中起决定性作用，有影响力的人并不是那些满腹经纶却不通世故的人，而是那些能调动自己情绪的高情商者。

■ 操之在我的应用原则

　　要想获得成功就要获得自由！心灵的自由有助于最大限度地发挥我们的潜能，有助于展现我们的自然之美，而这一切正是高情商的体现。

　　情商偏重于我们日常生活中所强调的自知、自控、热情、坚持、社交技巧等非智力方面的一些心理品质。这些心理品质构成了我们通常所说的生活智慧。由此可见，心理的力量是不容忽视的，对于一个要提高自己影响力的人更是如此。

　　有位心理学家很喜欢告诉别人这样一个故事。

　　"上大学时，为了赚取所需的食宿费用，我照顾一位独居的老妇人，做一些杂七杂八的工作。这位老妇人常失眠，往往要吞下一粒安眠药才能安然入睡。有一天晚上，这位老妇人跑来敲我的门说：'很抱歉打扰你，我睡不着，安眠药又吃光了。不知你身边有没有安眠药？'

　　"我很快地回答：'我有安眠药，太太。放在楼下，我这就下楼去找一粒给你。'

"我知道老太太的视力不佳，无法辨别青豆与安眠药丸。我回到楼上，说：'这是一颗特大号的安眠药，它很管用，把它服下你很快就能入睡了。'

"这位老妇人当真服下这颗药丸，而且睡了她这一生当中最好的一觉。从那天开始，她每天要求我给她那种特殊的'药丸'。"

其实，这颗所谓的特殊"药丸"不过是一颗普普通通的青豆而已，但它却能给老太太带来香甜的睡眠。其实这就是一种心理作用。

以下这种恶作剧也能反映心理对人的影响。

首先找几个朋友帮你玩这个游戏，选择一个对象，当作这场恶作剧的牺牲品。再安排几个人都在同一个早上轮流见到这位"牺牲品"。

你对他说："你今天看起来好苍白啊！一定是生病了。"然后另一个人遇见他后说："你好像是得传染病了。"再一个人说："你在发高烧吗？你的样子好可怕，赶快去看医生吧。"

如果以很逼真的方式来说这些话，那么那位牺牲品将会真的生起病来。

这就是心理的力量！

心理对人究竟能起多大作用？过分强调心理作用是否"唯心论"？

无论如何，心理的力量都是我们在不知不觉中就能深深地感受到的。比如，你远方的亲人得了重病，这时突然有人叫你接加急电报。此时，紧张感就会笼罩你，你心跳加快，腿发软，头发晕，仿佛马上就要倒了，这就是心理作用。

实际上心理状态不仅影响人的生理状态，甚至可以说影响到人一生的成功与幸福。一个人不善交际，往往并不是由于技巧掌握得不够，而是心理素质没过关，被自卑、腼腆、羞怯心理所控制。人的烦恼也几乎毫无例外是属于心理上的。心理障碍正是导致人烦恼、苦难乃至生活失败的根源，它可以扑灭人心灵的光明，掩盖人魅力的光辉，使你显得怪异，不受人欢迎。

你有没有问过自己：你想做的事是否是你认为正确的事，你是否都敢去做呢？是否你在别人面前总是保持自然大方，展露自己的影响力呢？可能没有一个人敢理直气壮地回答："我敢去做。""我表现自然了。"人，都被一些无形的东西控制着，只有奋力去砸烂这些枷锁，摆脱这种控制，身心才能获得一种真正的自由。

要获得成功和影响力就要先获得自由！心灵的自由有助于最大限度地发挥我

们的潜能，有助于展现我们的影响力，而这一切正是高情商的体现。

■ 操之在我的情绪调控

忧虑是不停往下滴的水

在欧洲中古时期，残忍的将军要折磨他们的俘虏时，常常把他们的手绑起来，放在一个不停往下滴水的袋子下面。

水滴着，滴着……夜以继日。

最后，这些不停滴落在心头的水，变得像是槌子敲击的声音，使那些人精神失常。这种折磨人的方法，以前西班牙宗教法庭和希特勒手下的纳粹集中营都曾使用过。

忧虑就像不停往下滴、滴、滴的水，而那不停往下滴、滴、滴的忧虑，通常会使人心神丧失而自杀。

忧虑者仿佛是一个随时驮着壳的蜗牛，只是束缚他的壳是无形的；忧虑者宛若置身于一个孤独的城堡，他出不来，别人也进不去。

曾经获得诺贝尔医学奖的亚历克西斯·卡锐尔博士说："不知道抗拒忧虑的人都会短命而死。"

恐惧使你忧虑，忧虑使你紧张，并影响到你胃部的神经，使胃里的胃液由正常变为不正常，因此就容易产生胃溃疡。

在谈到忧虑对人的影响时，一位医生说，有70%的人只要能够消除他们的恐惧和忧虑，病就会自然好起来。

约瑟夫·蒙塔格博士曾写过一本《神经性胃病》的书，他也说过同样的话："胃溃疡的产生，不是因为你吃了什么而导致的，而是因为你忧愁些什么导致的。"

忧虑也容易导致神经和精神问题。著名的梅奥兄弟宣布，在病床上躺着患有神经病的人，在强力的显微镜下，以最现代的方法来检查他们的神经时，发现大部分都非常健康。

他们"神经上的毛病"，都不是因为神经本身有什么异常，而是因为情绪上有悲观、烦躁、焦急、忧虑、恐惧、挫败、颓丧等情形。

医学已经大量消除了可怕的、由细菌所引起的疾病。可是，医学界一直还不能治疗精神和肉体上那些不是由细菌所引起，而是由于情绪上的忧虑、恐惧、憎恨、烦躁以及绝望所引起的病症。这种情绪性疾病所引起的灾难正日渐增加，日渐广泛，而且速度快得惊人。

精神失常的原因何在？没有人知道全部的答案。可是在大多数情况下，极可能是由恐惧和忧虑造成的。焦虑和烦躁不安的人，多半不能适应现实生活，而跟周围的环境隔断了所有的关系，退缩到自己的梦想世界，以此解决他所忧虑的问题。

许多有影响力的人都在想办法赶走自己的忧虑情绪，他们做到了。

"没有时间去忧虑"，这是丘吉尔在战事紧张、每天要工作18个小时的时候说的话。当别人问他是否为自己肩负的重任而忧虑时，丘吉尔说："我太忙了，没有时间去忧虑。"

"让自己忙着"，一件简单的事情，就能够把忧虑赶出去。心理学上一条最基本的定律就是：一心不能二用。人们不可能既激动、热诚地去想令人兴奋的事情，又与此同时陷入忧虑当中。

"让他们忙着"这句话，曾被医生用来治疗心理上的精神衰弱症。除了睡觉的时间外，每一分钟都让这些在精神上受到打击的人充满了活动，比如钓鱼、打猎、打篮球、打高尔夫球、种花以及跳舞，等等，根本不让他们有时间闲着。

"职业性的治疗"是近代心理医生使用的名词，也就是把工作当成治病的处方。这并不是新的办法，古希腊的医生早已经使用了。

每一个心理治疗医生都能告诉你：工作——让你忙着——是精神病最好的治疗剂。

要是你不能一直忙碌着，而是闲坐在那里发愁，你会产生一大堆被达尔文称之为"胡思乱想"的东西，而这些"胡思乱想"就像传说中的妖精，会掏空你的思想，摧毁你的行动力和意志力。

有位具有影响力的人说："有忧虑时不必去想它，在手掌心里吐口唾沫，让自己忙起来，你的血液就会开始循环，你的思想就会开始变得敏锐。"

因此，作为一位有影响力的人，不要被忧虑困惑，勇敢地面对一切。好好地调整自己的情绪，命运掌控在自己手上。

不要被虚荣所桎梏

正确接受自我，真正有影响力的人是那种能够战胜自己的人。世界上最强大、最顽固的敌人，就是自己。能够战胜自己的人，是没有什么困难抵挡不住的。

如果你觉得别人的轻蔑对你来说是一种人格的损害，从而用虚荣来极力维护，这种行为是愚蠢的。在这种情况下，完善自身才是最重要的，只要你化轻蔑为动力，就一定会受到人们的尊敬。

不要把世俗的名利看得太重。有这样一句话说得好："宠辱不惊，看庭前花开花落；去留无意，望天上云卷云舒。"人生在世应该宠辱不惊，就像在平静的海面，任凭风吹浪打，也是波澜不惊。得志时不会得意忘形，乐极生悲；失意时不会萎靡颓丧，一蹶不振。卡内基指出："解决人类的虚荣问题，根本不在如何破坏它的问题，而是在如何改善它，诱导它走向有用的方面去的问题。过去的说教者，不明白这一层，所以总是失败。因为破坏虚荣，也许就等于破坏整个的人类！人类被破坏到即使只剩最后一个人，他或许也会为了他的独存而虚荣呀！我们只要这样对那些为了她的美丽而虚荣的人说，你的虚荣于己于人两无所得，岂不无聊之至；可是，你可以把你的美貌当作工具，去感化犯罪的青年，那么便有意义，虽然虚荣，人们也可宽恕你。如果有人因为有钱而虚荣，只要告诉他，把他的钱拿出来经营一种使人类在生活上有多种安全保障的事业，那么便可以得到人们的原谅。总而言之，虚荣只要用到对人类社会有利的路上去，它就不但无害，反而有益。谁骂爱迪生、爱因斯坦等伟大的人物是虚荣的呢？他们永远是世界上最光荣的人。"

所谓控制虚荣、化解虚荣是指一个人能正确地认识虚荣，合理地加以改造和利用，把不利的转化为有利的。控制了虚荣这种人性缺陷的人，是不会被表面上的赞美和奉承所蒙蔽的，因而在生活中，他也不会轻易上当，他不会动辄接受贿赂，以致成为一个贪官污吏；他不会因为别人的赞美而失去自我；他不会因自我吹嘘、自我包装而招人耻笑。他会成为一个有影响力的、获得真正荣誉的人。那么，一个有影响力的人怎么才不会被虚荣而桎梏？

1. 正确认识你自己

只要正确认识了自己，并严格对自己做出实在、客观的评价，就不会因别人的赞美、恭维而失去方向。事实上每个人都对自己有一定认识，并在这个认识的基础上产生一种自我评价，从而清醒地看到自己的成绩和缺陷，发现自身的不足，但要加以理性的克制和改正，却不是那么容易。虽说不容易，但一定要尽力做到对自身条件、自我性格有清醒的认识。客观自然条件对每个人来说都有差异，我们面对既成事实，需要的是勇于接受现实，忍耐自然条件不足带来的不便和压力，趋利避害，扬长避短。人生的道路有千万条，不必去钻牛角尖，要善于化腐朽为神奇，把自己的人生绘制成一幅美丽的图画。

2. 正确地接受自我

一个人认识自我固然不易，但接受自我则往往更难。接受自我就是对自己的本来面目抱认可、肯定的态度。乍看起来，似乎没有人不喜欢自己，其实不然。一些不能接受自我的人，由于对本身的某个方面不满意，而可能拒绝承认自己本来的面目，不能如实地表现自己，竭力想把自己装扮成另外一个形象，把真正的自我隐藏在伪装后面。这可能有时并非是完全有意识的，但却使自己不能自然地表现自己，而必然带来沉重的心理负担。例如有个人，她的牙齿长得不整齐，为了不让别人发现，就成天紧紧闭着嘴，说话和笑的时候，也努力做到不露齿，试想这样的生活该有多么沉重。不要因为虚荣心，造成对自己的过分关注，从而成了自己的心理负担。虚荣，很像是一个玫瑰色的美梦。当人们沉浸梦中的时候，仿佛拥有了许多，可当美梦醒来的时候，就会发现原来什么也没有。因此，一个有影响力的人不要被虚荣所包围，要学会把握一些实实在在的东西。

■ 灵活运用操之在我

高情商者面对困难时从不犹豫徘徊，从不怀疑能否克服困难。他们总是能紧紧抓住自己的目标，向着自己的目标坚持不懈地攀登，而暂时的困难对他们来说则微不足道。

强者不向困难屈服

一个向困难屈服的人必定会一事无成。很多人都不明白这一点，一个人的成就与他战胜困难的能力成正比。他战胜别人所不能战胜的困难越多，他取得的成就和影响力也就越大。

没有影响力的人往往只看到前进道路上的困难，他们没有坚强的意志去驱除障碍，没有下定决心去完成艰苦工作的意愿。他们渴望成功，却不想付出代价。他们习惯于贪图安乐、随波逐流、浅尝辄止，没有雄心壮志。

有影响力的人，困难和障碍在他面前会显得微不足道；没有影响力的人，障碍和困难在他眼里就显得难以克服。

有的人善于夸大困难，缺少必胜的勇气和决心。即使为了获得成功，他们也不愿意牺牲一点点安乐和舒适作为代价。学习或者创业在他们看来都很困难，他们都无法做到，因为没有资金。他们总是希望别人能帮助他们，给他们以支持。许多身处逆境的学子，也许都在抱怨命运的不公平，抱怨环境对自己不利的影响，那么，读一读威廉姆·科贝特当年如何学习的故事，一定能让人停止这些抱怨。

他这样说："当我还只是一个每天薪俸仅为 6 便士的士兵时，我就开始学语法了。我铺位的边上，或者是专门为军人提供的临时床铺的边上，成了我学习的地方。我的背包也就是我的书包。把一块木板往膝盖上一放，就成了我简易的写字台。在将近一年的时间里，我没有为学习而买过任何专门的用具。我没有钱来买蜡烛或者是灯油。为了买一支钢笔或者是一叠纸，我不得不从牙缝里省钱，所以我经常处于半饥半饱的状态。

"我没有任何可以自由支配的用来安静学习的时间，我不得不在室友和战友的高谈阔论、粗鲁的玩笑、尖利的口哨声、大声的叫骂声等各种各样的喧嚣中努力静下心来读书写字。

"为了一支笔、一瓶墨水或几张纸我都要付出相当大的代价。每次，揣在我手里的用来买笔、买墨水或买纸张的那枚小铜币似乎都有千钧之重。要知道，在我当时看来，那可是一笔大数目啊！当时我的个子已经长得像现在这般高了，我的身体很健壮，体力充沛，运动量很大。除了食宿免费之外，我们每个人每周还可以得到两个便士的零花钱。我至今仍然清楚地记得这样一个场面，回想起来简直就像发生在昨日。有一次，在市场上买了所有的必需品之后，我居然还剩下了半个便士，于是，我决定在第二天早上去买一条鲱鱼。当天晚上，我饥肠辘辘地爬上床了，肚子在不停地咕咕作响，我觉得自己快饿得晕过去了。但是，不幸的事情还在后头，当我脱下衣服时，我竟然发现那宝贵的半个便士不知道在什么时候已经不翼而飞了！我一下子气得都快疯了，绝望地把头埋进发霉的床单和毛毯里，就像一个孩子般伤心地号啕大哭起来。"

但是，即便是在这样贫困窘迫的不利环境下，科贝特还是坦然乐观地面对生活，在逆境中卧薪尝胆、积蓄力量，坚持不懈地追求着卓越、成功和影响力。他说："如果说我在这样贫苦的现实中尚且能够征服艰难、出人头地的话，那么，在这世界上还有哪个年轻人可以为自己的庸庸碌碌、无所作为找到开脱的借口呢？"

那些没有影响力的人虽然知道自己要追求什么，但却畏惧成功道路上的困难。他把一个小小的困难想象得比登天还难，一味地悲观叹息，直到失去了克服困难的机会，一次又一次地陷入了恶性循环。

有影响力的人或者要提高自己影响力的人面对困难时从不犹豫徘徊，从不怀疑是否能克服困难，他们总是能紧紧抓住自己的目标。对他们来说，自己的目标是伟大而令人兴奋的，他们会向着自己的目标坚持不懈攀登，而暂时的困难对他们来说则微不足道。他们只关心一个问题："这件事情可以完成吗？"而不管他将会遇到多少困难。只要事情是可能的，所有的困难都可以克服。

操之在我，获得美好人生

有位孤独者倚靠着一棵树晒太阳，他衣衫褴褛，神情萎靡，不时有气无力地打着哈欠。一位智者从此经过，好奇地问道："年轻人，如此好的阳光，如此好的季节，你不去做你该做的事，懒懒散散地晒太阳，岂不辜负了大好时光？""唉！"孤独者叹了一口气说，"在这个世界上，除了我自己的躯壳外，我一无所有。我又何必去费心费力地做什么事呢？每天晒晒我的躯壳，就是我做的所有事了。""你没有家？""没有。与其承担家庭的负累，不如干脆没有。"孤独者说。"你没有你的所爱？""没有，与其爱过之后便是恨，不如干脆不去爱。""没有朋友？""没有。与其得到还会失去，不如干脆没有朋友。""你不想去赚钱？""不想。千金得来还复去，何必劳心费神动躯体？""噢，"智者若有所思，"看来我得赶快帮你找根绳子。""找绳子？干什么？"孤独者好奇地问。"帮你自缢！""自缢？你叫我死？"孤独者惊诧了。"对。人有生就有死，与其生了还会死去，不如干脆就不出生。你的存在，本身就是多余的，自缢而死，不是正合你的逻辑么？"孤独者无言以对。

所有的生命最终都要结束，如同流星划过夜空。花开必有花落，天下没有不散的宴席。生命如同旅行，记忆如同摄像。如果在你的一次旅行过程中，你注意欣赏过程中的美好景象，并把它们摄录。当你回顾这次旅行过程时，你会发现这个过程是十分美好的。如果你在过程中摄录的是肮脏颓败，你的过程将很痛苦，你的回忆也将沉重。生命是一种过程而不是结果，如果不能享受过程，即使达成了目标也不会有持久的快乐与满足。所以请享受生命的过程。

有位学者第一次去青海省会西宁讲学，主人热情好客，请这位学者去青海湖。汽车在路上单程要花 4 小时，出发不久学者向同伴们提出：好风光在路上，不一定在终点，所以，把欣赏路上的风景作为重点，同伴们听从了学者的建议。一路上他们欣赏到了辽阔的草原，星星点点的羊群，到藏族人的毡房去做客，吃馕，喝奶茶，跟远处的雪山照相，与变化的云朵为伴，同金黄的油菜花共舞，骑美丽的牦牛眺望草原。在轻松愉快中他们根本没有感到任何高原反应，4 小时左右他们来到了高原第一湖泊——青海湖。但是他们在那里只停留了不到 30 分钟，而且在可以拍照的地方聚集了很多人，所以他们拍了一些照片就返回了。回来的时候，已经接近黄昏，远近的景色已经掩映在黄昏和云朵中看不清楚了。

他们庆幸的是：没有失掉去时路上的机会，更感到旅行好风光在路上。

因此，生命的美好在于自我去感受，要想成为一个有影响力的人，就要善于把握和调控自己的情绪，保持快乐的心境获得美好的人生。

像大人物一样思考

工作中，人们往往对未来怀有远大的抱负和许多美好的梦想，希望事业获得一番成就，渴望干出"惊天动地"的大事业。因此，积极思考成为成功的关键和突出影响力的基础。

■ 科学思维可以改天换地

科学思维是人的特有能力。思维具有广阔性、深刻性、独立性、灵活性、敏捷性、批判性等内在品格。心理学家曾将思维方式分成三种形式：一是实践思维或动作思维，即以直观的、具体的形式提出解决问题的任务，用实践行动解决问题。

发明创造者运用的就是实践思维方式。二是理论思维，即运用抽象概念和理论知识达到解决问题的目的。如思想家、理论科学家们惯于运用这种思维形式。三是形象思维，即运用已有的直观形象去解决问题的方式。艺术家们正是利用这种形式来创造作品的。

这三种思维又常常被交互使用，有机地融合在一起。因此，想要提高影响力的人需要锻炼这几种思维的能力，并力求有所侧重。这样，才有利于解决工作中的问题，并逐步进入较高层次的创造。

思维在认识世界的过程中起重要作用，在改造世界的进程中更有不容忽视的作用。思维是科学艺术的创造之母。思维的结晶——"金点子"——能救活一个企业，振兴一个国家。它是塑造大千世界的神奇刻刀，是改天换地的伟大杠杆。

世界上一切革新、发明、创意、主张，都是思维的产物。科学的思考，创造了五彩斑斓的世界，推进了文明的演进。

长时期的持续思考能创造奇迹。睡梦也是思考的延续。有时，甚至在梦中也会有所得。在科学史上，这种"奇迹"比比皆是，缝纫机的发明即是一例。当时，埃利阿斯·豪将全部财富均投资于缝纫机的发明，但这个项目的最后一个问题，即缝纫机针的针孔应设在什么部位？经过千思万虑，都得不到确切的结果。有一次，在睡梦中，他见有一群野人在他周围唱歌、跳舞，蛮族王下令他必须在24小时之内制成缝纫机的针，若是超过规定时间，就将他放进大锅煮熟给大家分食。他烦恼万分。突然，他发现野人手中的长矛，在尖刺上有个孔。他终于找到了答案。他惊醒时，是夜里3点钟。于是，他急忙起床，赶到工作室，借梦中得到的启示，完成了世界上第一台缝纫机的设计。

正因为思考的神奇魅力，人才总是十分重视思维能力的开发，对思想的力量百般倾心。

俄罗斯具有影响力的文学家高尔基热忱地鼓励人们进行认真思考，让思想自由腾飞。他深情地讴歌"思想的力量"，指出："这思想时而迅如闪电，时而静若寒剑"，"只有思想是人的女友，他唯独同她永不分手，只有思想的光焰才能照亮他路上遇到的障碍，揭示人生的谜。揭开大自然的重重奥秘，解除他心中漆黑一团的混乱"，"思想是人自由的女友，她到处用锐利的目光观察一切，并毫不容情地阐明一切", "思想把动物造就成人, 创造了神灵, 创造了哲学体系以及揭示世界之谜的钥匙——科学"。

唯有思考, 才能开发出智慧的潜能, 才能撞开才智的大门。当今, 人类知识总量已超过以往一切时代的总和。全部科学知识的 3/4 是 19 世纪 50 年代以后发现的。"知识爆炸"的态势警策我们: 光会积累知识, 即使皓首穷经, 充其量只不过是一个双脚书橱, 难有多大作为。而思维能力强的人, 却能再造知识, 开发智能, 将知识转化为现实的生产力。

据科学家计算, 现代人的大脑潜在能力十分惊人。人的神经元每秒钟可接受 14 ~ 25 比特的信息量, 即是说, 一个正常人的大脑能容纳的信息量, 约相当于 5 亿 ~ 7.5 亿册书籍的容量。而在现实生活中, 人的脑力开发量还是微乎其微的, 人的巨量"脑力资源"尚有不少"处女地"有待开垦。作为一个有影响力的人要学会开发自己的潜能, 而开垦的重要方法, 就是要积极调动大脑的思维功能, 采取多种方法, 激活大脑的运行, 开发潜在的思维能力。

■ 创造性思考是成功的关键

拿破仑曾说: "创新能力可统治整个世界。"不断开发创新能力, 是有影响力的人从事管理活动的智慧源泉, 也是其工作的主要动力; 反之, 将很难有所作为。

假如你是一个有影响力的领导者, 要想把自己的单位搞好, 当然离不开创新思维, 因为, 现代企业的发展都把创新放到了第一位, 如果缺少创新思维, 企业将会很快衰亡。面对竞争激烈的社会, 一个领导者如果缺少创新思维, 那他一定平庸, 永远不具有影响力。

要想让企业走出困境, 有影响力的领导者必须时时让"金点子"在脑中激荡, 以便摆脱因循守旧的思维习惯, 否则企业发展将寸步难行。

具有世界影响力的"电子之父"松下幸之助, 就是这样一位富有智慧、善于洞察未来的传奇人物, 每当人们问及他成功的秘诀时, 他总是淡淡一笑, 说: "靠的是比别人稍微走得快了一点。"

1917 年, 松下幸之助在确立自己事业的方向上, 靠的就是在自己智慧基础上形成强烈的超前意识。严格地讲, 松下幸之助能同电器结下不解之缘并没有内在的必然联系，他的祖父经营土地，父亲经营米行，而他进入社会首先是涉足商业，所有这些都与电器制造相隔甚远，况且有关电的行业在当时只是凤毛麟角。然而，他深信电作为一种新式能源，给人类带来方便的同时，也会带来更多的欲望。灿烂的电气时代如同电灯一样将会照亮人类生活的每个角落，因此，投身电器制造，也一定会前途灿烂。尽管在创业伊始，他就受到了挫折和打击。然而，这种超前意识使他具有坚强信念和必胜的信心。正是由于"稍微走得快了一点"才使得松下电器从无到有、从小到大。

第二次世界大战结束后，世界恢复了和平。遭受战争创伤的人民，在新的和平环境里又重新燃起对生活和工作的热情。睿智的松下幸之助又"超前"地看到"新文明"将带来世界性的"家电热"。这对于松下电器，既是一次发展壮大的难得机会，又是一次艰巨而严峻的挑战。松下幸之助正是凭借着"稍微走得快了一点"，大刀阔斧地进行机构调整和技术改革，从而使松下电器在新的挑战和机遇中得到了前所未有的发展。

20世纪50年代，松下幸之助第一次访问美国和西欧时发现：欧美强大的生产主要基于民主的体制和现代的科技，尽管日本在上述方面还相当落后，然而这一趋势将是历史的必然。松下幸之助正是把握住了这一超前趋势，在日本产业界率先进行了民主体制改革。政治上给予产业充分的自主权，建立了合理的劳资体制和劳资关系。经济上他改革了日本的低工资制，使员工工资超过欧洲，接近美国水平，并建立了必要的员工退休金，使员工的物质利益得到充分保障。劳动制度上实现每周5天工作日，这在当时的日本还是第一家。松下幸之助认为，这一改革并非单纯增加1天休息，而是为了进一步促进产品的质量，好的工作成就产生愉快的假日；愉快的假日情绪会导致更出色的工作效率。只有这样，生产才能突飞猛进，效益才能日新月异。

"时势造英雄"，被改变了的环境就是一种新的时势、新的发展机遇。无论是地理环境、交际环境，还是职业环境、人文环境，每一次改变都为我们提供了一个新的广阔的发展空间。

有些领导者时常认为，只有诗人、发明家等才具有"创造性的能力"。拿破仑曾说："创新能力可统治整个世界。"不断开发创新能力，是一个有影响力的领导者从事管理活动的智慧源泉，也是其工作的主要动力；反之，将很难有所作为。由此可见，一个有影响力的领导者的"金点子"，会为扩大自己的影响力打下良好的基础。

■ 训练你的思维

试着做这样的测试，闭上你的眼睛，想象你面前有一块大的黑板。现在假设你有很长很长的手指甲，当你的指甲擦着黑板慢慢地往下滑时，能听见它们摩擦发出的声音，你是否感到一股寒意，好像你真的在黑板上刮指甲一样？如果你真的没想这样的练习，你肯定会有这样的感受。

当你有能力对任何情形做出反应，并且完全控制你自己的思维和行为时，个人能力就随之产生了。你的每一种想法都会引起你身体上的一种生理反应，并且与那种想法同步向外释放出能量。大脑无法以化学方式将现实和一种想象出来的念头区分开来，这就是人们观看悲剧电影时流泪的原因。

每当你头脑中有一种想法，假设它正确并按照它来行动，这个想法就变成了现实。以任意的频率重复相同或相似的想法，这个想法将会成为一种自我实现的预言。所有的想法都转化为一种能量，这种能量将头脑中显现的想法转变为现实。如果你想要积极的表现，得有积极的想法并采取积极的行动。既然你在控制你的注意力，如果你选择这样做，就将你的注意力集中到对你做决定有帮助的想法上来。没必要让消极的想法、流言蜚语、恐惧、嫉妒等支配你的生活，影响你的注意力。但如果你听任不管，它们肯定会如此作为的。

当你开始每一天的生活时，养成习惯不断问自己："这种特殊的想法或行为是否能帮助我实现我想要的呢？"养成留心你的想法的习惯，你会渐渐地让它们与你的愿望保持一致。切记，你的信念会变成你的一种潜意识，同时产生出对你的现实有影响的能量。因此，那些对你毫无帮助的信念应该被别的信念替代，让它们来改变你的世界，注视你改变的结果。

你要始终如一地采取行动，向自己选定的人生目标靠近。在脑海中描绘一幅生动的图画，详细地勾勒出你渴望的生存状态。在假定你已经达到这种状态的情况下，对你生活中的每个方面将会是什么状况进行描述。例如，"我是一位充满爱意、有着影响力的领导，为帮助我遇到的每个人取得巨大成功而奋斗。我以欣赏的姿态倾听别人的喜怒哀乐，在加强我的人际关系的同时，我总是为每一个人寻找改善生活的可能性。"每天至少两次朗读你已公开宣称的宣言，并始终将其置于容易看见的位置。万一你偏离了你的轨道，只要从头再来就行了，不要为此苛刻地评价自己。当你具备了与你希望的身份相符的所有品质，你就会发生转变，变得与你幻想中的形象一致。

通过以上一系列的训练方式，你离成为一位有影响力的人应该不会相差太远。不要忘记时常训练自己的思维，时刻为成为一位有影响力的人做准备。

让别人的思想追随你

随着时间的推移，现代社会的竞争愈发激烈，要让自己立于不败之地，必须提高自己的影响力，让别人的思想追随你，提升自己的凝聚力，从而提高自身的竞争力。

■ 让别人顺从自己的思路

要改变他人的想法，让对方按照你的思路来思考问题，这不能靠强制的命令来实现，而需要一些有效的技巧来一步步地影响他们。下面有几种方法值得参考：

问封闭式问题

封闭式问题是与开放式问题相对的一类问题，这类问题的答案往往是"是"或"不是"，"有"或"没有"，等等，答案只是有限的几个选择。封闭式问题与开放式问题有不一样的作用，封闭式问题可以用来得到你预先设想的答案，例如，你问对方"您有没有结婚？"对方的回答可能是"有"或是"没有"，这两个答案都是你事先可以预见的，你可以事先就想好，如果他回答"有"，你如何继续提问；如果他回答的是"没有"，你又该怎么继续提问。预先设计好的一系列封闭式问题，可以非常有效地引导对方的思路。

"6+1"法则

在沟通心理学上有一个重要的"6+1"法则，用来说明这样一种现象：一个人在被连续问到 6 个做肯定回答的问题之后，那么第 7 个问题他也会习惯性地做肯定回答；而如果前面 6 个问题都做否定回答，第 7 个问题也会习惯性地做否定回答，这是人脑的思维习惯。利用这个法则，你如果需要引导对方的思路，希望对方顺从你的想法，你可以预先设计好 6 个非常简单、容易让对方点头说"是"的问题，先问这 6 个问题作为铺垫，最后再问一个最重要和关键的问题，这样对方往往会自然地点头说"是"。

目的架构

目的架构式谈话就是在一开始就与对方明确这次谈话双方共同的目的，这会很快地将对方的思路引向真正有价值、有利于解决问题的地方。例如，两辆车发生追尾事故，车子都有了破损，两辆车的司机都很气愤，往往一下车就吵架。如果其中一位能使用目的架构，问对方："这位先生，你觉得我们现在最重要的是解决问题呢，还是要吵架？"这个问题指出了两名司机重要的不是要吵架，而是要解决问题，然后继续各自的行程。那么双方的争吵可能会立即终止，因为目的架构将对方的思路完全从争吵的状态引到了解决问题上面来。

提示引导法

提示引导是一种语言模式，用来影响对方的潜意识，使对方不知不觉地转移思路。这种语言模式的基本思路是：先用语言描述对方的身心状态，然后用语言引导对方的思考或是生理状态。例如：你可以说"当你开始听我介绍这个房子的时候，你就会觉得住在这个房间里会很舒服""当你考虑买这辆车的时候，你就会想到带着你的太太和孩子开这辆车兜风是多么开心的事情"等，这些都是提示引导的语言模式，其中"当……你就会……"是标准的句式，"当"后面是描述对方的身心状态，"你就会"后面是你引导对方进入的状态或思路。

让对方顺从你的思路，重要的是在于引导。改变别人之前，先改变自己的策略去接纳别人，再把对方引向你所希望的地方。这就是影响他人的一种策略。

■ 引导别人的注意力

世界上没有人不想成为一个有影响力的人物，即使是最没有野心、最保守的人，也希望自己能够受人尊重。

对于这种感觉第一次对自己的内心造成的震撼，迈克逊至今还历历在目。

9岁那一年，迈克逊第一次去看现场篮球赛。迈克逊和一群朋友坐在体育馆的座台上。

迈克逊记得最清楚的不是比赛的本身，而是比赛开始时宣布选手阵容的场景。他们把所有的灯关掉，然后以彩光灯照亮那些选手。当主持人公布开赛第一场的球员时，他们依次跑到球场地板的中央，接受群众的欢呼。

那天，四年级的迈克逊在看台上张望，对自己说："有一天我也要跟他们一样。"事实上，在结束球员介绍之后，迈克逊对着他的朋友波比说："波比，当我上高中时，他们也要这样宣布我的名字。我会跑到彩光灯下、篮球场的中央。大家会为我欢呼，因为我要变成一个有影响力的人物。"

那晚，迈克逊回家告诉父亲："我要成为篮球选手。"没多久，父亲就给了他一个名牌篮球，在车库前装篮球球网。他常铲掉车道前的积雪来练球，梦想成为一个有影响力的人物。

现在想起来有点可笑，这样的梦想竟会影响他的生命。还记得在读六年级时，他们参加全市校际篮球赛。他们的队伍已经赢了好几场球赛，所以他们得以去俄亥俄州恩科菲尔市的老磨坊街运动场比赛，也就是他四年级看那场篮球赛的所在地。当他们进入运动场时，他没有像其他球员一样跑进球场做热身运动，而是跑到两年前高中篮球赛球员坐的椅子上。他就坐在他们的位置，闭起双眼（就像球场的灯全关起来那样）。然后，在他脑海中，听到喊叫他的姓名，他应声跑到球场的中央。

在想象中，迈克逊仿佛听到观众的掌声，感觉真好！他渴望再做一次！他连续做了三次才满意。突然间，他发现队友都停止玩球，他们用难以置信的眼光望着他。他才不在乎！他已向梦想更靠近了一步。

每个人都想受到尊重。换句话说，每个人都想成为一个有影响力的人物。一旦这种信息植入你的思想，你会深刻地了解人为什么会做出某些事的原因。如果你把每一位自己所遇见的人，当做全世界最重要的人物来看待，那么你就会把对方当做是你心中最有影响力的人物来与他沟通。

如果要做一个有影响力的人，在领导他们之前，你首先要爱他们。人们一旦了解你对他们是真心的关怀，他们对你的感受就会改变。

向别人表达关怀不总是容易做到的一件事。人们会为你带来最伟大、最甜蜜的时刻，也会为你带来最困难、最伤痛、最悲恸的时刻。人是你能拥有最大的资产，也是你最大的负债。无论何时都保持对人的关怀，是一大挑战。

有一则短文《领导的矛盾戒律》中写道：

人们天生是不合逻辑、不讲道理、以自我为中心的——但我们还是要爱他们。

如果你做好事，别人会控告你别有用心——但你还是要做好事。

如果你有影响力了，你会赢得假朋友和真敌人——但你还是要扩大自己的影响。

你今日所做的好事也许明日就被人遗忘——但你还是要做。

诚实和坦诚使你容易受伤——但你还是要诚实和坦诚。

大人物的大思想可以被小人物的小心眼打倒——但你还是要有大思想。

多年的建树可能毁于一旦——但你还是要有建树。

人们也许真的需要帮助，却可能在你伸出援手时反咬你一口——但你还是要帮助他们。

贡献你最宝贵的一切给世人，你却可能得到一记老拳——但你还是要贡献你最宝贵的一切。

要是能够做得更好，就不要满足于好。

如果你想要帮助其他人，成为一位有影响力的人，就要保持笑容、分享、给予；倘若有人打你一巴掌，你还得把另一边脸颊让他再打一巴掌。这是正确的待人态度。更何况，你不清楚在你自己影响力的范围之内有谁会站起来，改变你和其他人的命运。

■ 了解别人思考的内容

每个人在不同的时刻所思考的内容是千差万别的，了解他人的所思所想，才能更好地了解他的需求和问题，从而引导他的思考方向，并且影响他人。了解他人思考内容有以下几种方法：

■"空杯心态"

保持"空杯心态"是一种理智和尊重对方的沟通状态。无论对方告诉你他的想法是什么，都要用最为冷静的态度去耐心地倾听，既不打断，也不做任何评论。把自己杯子里的水倒光，使自己的杯子空下来，才能更好地去装别人要给你的东西。因为每个人的想法都值得尊重，即使他们的想法是错误的，也可能为你提供一些有价值的东西。所以，保持空杯这一谦虚的心态，才能吸收到对方更多的思想和把握影响他人的方法。

复述确认

在耐心地倾听完对方的话之后，简单复述一遍对方所说的重点。这是为了防止误解或曲解对方的意思。歧义经常会使我们无法很好地理解对方的意思，用自己的话去复述确认既能够表示你对对方的尊重，同时也使术语、省略语、方言等所造成的语言障碍得以解除，使你所接收到的信息更为准确和完整。例如，你可以说"你说的意思是……对吗？"或者"让我来重复一下你的意思，你看看对不对？您的意思是……吗？"复述确认应该成为谈话中的一种习惯，它会大大增加沟通的效率，同时，为影响他人奠定良好的基础。

问开放式的问题

开放式的问题是用来吸收对方信息的最好方法。好的问题往往能掌控一个人的思考，因为思考本身就是一种问答过程。开放式的问题可以有很多种，像"您为什么这么想？""您喜欢什么运动？"等，这些问题的共同点是它们能打开对方的思路，使对方告诉你更多的想法；同时，这样的问题可以令对方更多地谈论他们自己，说一些他们感兴趣的事情，或是去思考一些他们可能很少去考虑的问题。其实，这也是影响他人的一种方法。

不要臆测对方的想法

语言是沟通的桥梁，有时也是沟通的障碍。如果我们仅仅根据对方的话来直接做判断，或者连对方的话都没有听完就做判断，那么误解对方的可能性就会非常大。随意猜测对方话语的意思，以自己的观点去理解对方的意思，很有可能造成沟通障碍。因此，时刻牢记不要去臆测对方的想法。

了解对方思考的内容需要的是耐心和细致，这是引导他人思考必不可少的步骤。同时，了解对方的思考内容，为影响他人奠定了基础，这样可以更好地把握对方的心理。

影响别人，就要打动别人的内心

初见一个人，他的言行举止都散发出一种独特的力量，深深地打动自己的内心，迫使自己不得不去喜欢他，这说明你被他影响了。因此，影响别人，就要打动别人的内心。

■ 先说出自己的错误

你是一个有影响的人，如果你要批评别人，要先谦虚地承认自己也不是十全十美、无可指责的，然后再指出人们的错误，这样就比较容易让人接受了。

圆滑的布洛亲王在1909年就已深切地感受到利用这种方法的重要。当时德皇威廉二世在位，他目空一切、高傲自大，他建设陆、海军，欲与全世界为敌。

于是，一件惊人的事情发生了！德皇说了一些令人难以置信的话，震撼了整个欧洲，甚至影响到全世界。最糟糕的是，德皇这些可笑、自傲、荒谬的言论，就在他做客英国时，当着民众宣示出来。他还允许《每日电讯》照原意在报上发表出来。

例如，他说他是唯一对英国感觉友善的德国人。他正在建造海军以对付日本的威胁。德皇威廉二世还表示，只有他一个人的力量，才能使英国不致屈辱于法、俄两国的威胁之下。他又说，英国洛伯特爵士在南非战胜荷兰人，都是出于他的计划。

在这100年来的和平时期，欧洲没有一位国王会说出这样惊人的话。这引起欧洲各国的哗然和骚动。英国非常愤怒，而德国的政治家更是为之震惊。

在这种惊慌发生、发展的时期，德皇也渐渐感到事态严重，有些慌张了。他向布洛亲王暗示，要他代为受过。是的，德皇要布洛亲王宣称那一切都是他的责任，是他建议德皇说出那些话。

可是，布洛亲王这样表示，他说："但是陛下，恐怕德国人或英国人，都不相信我会建议陛下说那些话。"

布洛亲王说这席话之后，立刻发觉自己犯了一个严重的错误。果然，他激起了德皇的愤怒。

他咆哮说："你认为我是一头笨驴,连你都不至于犯的错误,而我却做了出来。"

布洛亲王知道应该先做某种称赞,然后才指出他的错误,可是为时已晚了。他只有做第二步的努力——在批评后,再加以赞美。结果,立刻出现奇迹——其实称赞常是这样的。

布洛亲王恭敬地说:"陛下,我绝对不是含有那种意思,陛下在许多方面都远胜于我,当然不只是在海军的知识上,尤其是在自然科学方面。陛下每次谈到风雨表、无线电报等科学原理时,我总替自己感到羞耻,感觉自己知道得太少了……"

德皇脸上显现出笑容来,那是布洛亲王称赞了他。布洛抬高了他,贬低了自己。经布洛这样解释后,德皇宽恕了他。德皇热忱地说:"我不是常跟你这样讲,你和我要以能相辅相成而闻名,我们需要赤诚地合作,而且我们愿意这样做。"

他不只一次同布洛握手,而是很多很多次。那天下午,他紧紧握着布洛的手说:"如果有人向我说布洛不好,我就用拳头打在他的鼻子上。"

布洛亲王及时救了他自己!他虽然是个手腕灵活的外交家,可是他却做错了一件事。他开始应该谈自己的短处,而指出德皇的长处……不能暗示德皇是个智力不足的人,需要别人保护。

如果用几句贬低自己称赞对方的话,可以把盛怒中傲慢的德皇变成一个非常热忱的朋友,试想,谦逊和称赞,在我们日常生活中,能对我们产生怎样的效果?如果我们用得恰当,在人与人的关系上,真能发生不可思议的奇迹。要想影响他人,在人际交往时,可以说出自己的缺点,谦虚地表达一切,让他人接受你,从而进一步影响他人。

■ 没有人喜欢接受命令

曾经有位记者与美国资深传记作家艾达·塔贝尔夫人愉快地共进晚餐。记者告诉她自己正在写一本书,并共同讨论了"没有人喜欢接受命令"这一规则在人际交往中的重要作用。她谈到自己在为鲁比诺写传记时,曾见过一位和鲁比诺先生在同一办公室里共事三年的先生。他说几年来自己从未听到鲁比诺先生直接命令别人做过什么。鲁比诺总是提出建议,而不是命令。他从来不说类似这样的话,诸如"去做这个，去做那个"，或者"别这么做，别那么做"。他会说"你可以这么想"，或者"你是否认为这样会好一些呢"。每当他口述完一封信时，经常会问："你对此有什么想法？"而在阅读完助理写的信时，他又会说："也许这句话我们这样说会更妥当一些。"他总是给人们机会去主动地做事情，而不是要求别人做什么；他让他们自己做，并从自身的错误中学到东西。

使用这一技巧能让人们轻易地改正错误，因为它维护了人们的自尊。尊重他人的作用在于鼓励合作的同时避免了对抗。

无礼命令所引起的怨恨通常会维持很长时间——即使这个命令是为了让对方更正明显的错误。戴尔·尼尔顿是来自宾夕法尼亚州怀俄明市一个职业学校的教师，他讲到自己有一个学生曾将汽车违法地停在了车道上，并因此堵住了通往学校商店的入口。一位教师咆哮着走进教室，怒气冲冲地问道："是谁的车堵在了车道上？"当那个学生回答是自己的车时，他喊叫道："马上把汽车给我移开，否则我就要用链子把它拖走。"

学生的确做得不对，汽车不应该停在那里。但从那天起，不仅学生本人为那个教师的行为感到气愤，班里其他同学也都尽可能地让那位教师难堪，为他的工作设置障碍。

如果当初他不那么做，应该使用怎样的解决方法呢？假设他以一种友好的方式问道："是谁把车停在了车道上啊？"然后建议能否移开，以便其他车辆出入。那么学生一定会高兴地移开车，同学们也不会因此而愤愤不平。

使用提问的方式不仅能让命令变得更加顺耳，往往还能激发被询问者的创造力。如果人们能在一定程度上拥有决定执行命令的权利，他们会更加乐意接受这个命令。

所以，有影响力的人会认为：没有人喜欢被指使，要用提问取代直接命令。如果你想提高自己的影响力，你就该这样去行动。

■ 超越自卑

每个人在家庭、学校、社会中不断成长，应该努力克服自卑，追求优越，人格就是围绕这一潜在的基本努力而构建起来的。每个人克服自卑、寻求优越而获得补偿的方式各不相同，由此形成不同的生活风格和人格。当一个人面对自卑而积极地寻求补偿、追求优越时，自卑感反而是一种催人向上的动力，这时人会开拓和体验积极的生活。如果面对卑微、无能、弱小，自救无措而消沉，深重的自卑感就会把人吞没，使人放弃自我改善的念头，陷入消极的人生。另一个极端是，有的人为了使自己摆脱卑微，不顾别人的需要和社会的需求，只专注追求个人优越，导致过度补偿，变本加厉地自我表现，好大喜功，专横跋扈，贬低别人。

阿德勒最有代表性的一个理论是"自卑情结"。他认为，人天生有一种争强好胜、追求优势地位的本能冲动，但是，人从一出生起就处于弱小、卑微、幼稚、依赖和无助的境地，都体验着自卑。"所有的儿童都有一种内在的自卑感，它刺激想象力并诱发其企图改善个人的处境，以消除心理的自卑感。个人处境的改善导致自卑感的减弱。"阿德勒称这种机制为心理补偿，并认为，缺陷感越大，自卑感越重，越敏感，寻求补偿也越迫切，因此孱弱的儿童往往表现出比健全的儿童更好胜。

阿德勒进一步认为，补偿机制运用得适当与否，能决定人格是否正常发展。精神病就是潜意识中的一种补偿方法，是对自身无能的一种逃避和借口。他认为很多精神病都源于儿童期，这个责任在于父母。许多父母对子女不是娇生惯养就是独断专制。过严过高的要求，往往使孩子因达不到目标而悲观失望，最后无意识地患起精神病来逃避。要求过宽，易使子女养成自私任性、骄横霸道的性格，这样的儿童一离开家庭进入社会，就会处处感到不如意、受委屈，也会无意识地患上精神病以逃避生活目标和压力。因此阿德勒得出结论：预防重于治疗。他于1921年创办了一个儿童指导诊所，并在维也纳教育研究所担任讲师，全力推行健全人格的教育。

历史上，我们不难发现许多有名的人物，他们的言行和隐藏在内心中真正的意识，表里并不一致。甚至有些人虽然看似开朗，但事实上却充满着自卑心理，并对世事抱着内疚或欲求不满之感。

自卑常常在不经意间闯进我们的内心世界。甚至控制着我们的生活。在我们有所决定、有所取舍的时候，向我们勒索着勇气和胆略；在我们要大踏步向前迈进的时候，自卑会拉住我们的衣袖，叫我们小心地雷。自卑是人生最大的跨栏，每个人都必须成功跨越才能到达人生的巅峰。

事实上，当代许多有影响力的企业家中也有不少白手起家的例子，他们在此之前并没有被贫穷吓倒，也没有为贫苦而屈服，而是超越自卑的心理，一步一步走向成功，逐渐成为一个有影响力的人，从而站在财富之巅。

■ 鼓励人们成功

一个有影响力的人在批评别人时，是不会随意指出别人错误的，因为人都有自知之明，响鼓还不用重锤敲呢！其实，在某些时候，表扬比批评更有效，更能让人保留面子，从而更能激发人的积极性。

无论是在工作中，或是在生活里，每个人都难免会犯这样或那样的错误，这可以说是人生中不可避免的事情。然而，你面对一个犯了错误的人时，用什么样的方式去纠正他的错误，却有着很多值得商榷的地方。如果你喜欢直接地指出别人的错误，有时候非但不能使他改正，反而可能会令对方对你产生误解或怀恨心理。如果你想成为一个有影响力的人，那么，用表扬的方式纠正别人的错误也是个不错的方式。

波德·莱曼一生都跟随着马戏团漂泊，四处演出。很多人喜欢看波德训练新来的小狗进行表演。其中有一只进步很慢，但波德总是表扬地拍拍它，还煞费苦心地喂它肉吃。

这并不是什么新鲜事，几百年来驯兽员都懂得使用这个技巧。

但奇怪的是，为什么我们在试图改变他人时却不会使用这个常识呢？为什么我们不把鞭子改成甜头，不让埋怨变为赞美呢？即使再微小的进步也应该表扬，这样做才能鼓励他人继续进步。

心理学家杰斯·莱尔在他的著作《宝贝，我并不伟大——但我就是我》中这样写道："赞美就像阳光一样温暖着人们的心灵，离开它，我们便无法茁壮成长。但是不知何故，大部分人只带给他人寒风般的批评，总是吝啬将赞美的阳光赋予身边的伙伴。"

回顾自己的人生，你会发现几句赞扬的话可以极大地改变自己的整个未来，你的人生也一定有过如此的经历。赞美能发挥出惊人的魅力，这样的例子在历史上举不胜举。

许多年前，一个10岁男孩在那不勒斯的一家工厂工作。他渴望成为一名歌唱家，但启蒙老师却打击了他。"你根本不会唱歌，"他说，"你的嗓音太糟糕了，听上去就像寒风穿过窗户缝儿。"

但他的母亲——一个贫穷的农村妇女——用胳膊搂着他夸奖他，告诉他妈妈知道他会唱歌并且已经看到他的进步了。她光着脚走路，以省钱支付他的音乐课费用。农民母亲的赞美和激励改变了他的一生。这个男孩名叫恩里科·卡勒斯奥，他后来成为当时最著名的歌剧演唱家。

西雅图的波音公司的一个部门经理有一次大发雷霆，原来他看到了一份报告上有一个错别字，那是个拼写错误，有人把"Believe"写成了"Beleive"。

这位经理很是精明能干，可是有个怪毛病，他的眼睛里容不得任何一个拼写错误，他叫来了那个写错字的工程师。

整个走廊里都能听得见部门经理的声音："你这个混蛋连这么点错误都要犯，你到底读过书没有？E怎么可能在I的前面，记住，I永远在E的前面。"

可是，没过几天，那位可爱的经理又发现了同样的拼写错误，而且又是出自同一人之手。

这次，经理被彻底地激怒了，他叫来了那个"屡教不改"的工程师，怒不可遏地冲他咆哮道："你耳朵长在头顶上了吗？为什么我说了你不听？"

那个工程师很平静，说道："你是说I永远在E之前吗？"经理说："看来你是明知故犯了。"

工程师二话没说，随手从桌上拿起一份文件，把上面的"Boeing"字样一笔勾去，写成了"Boieng"。

由此，我们可以看出，两种不同的处理方式导致了两种多么不同的结果。如果你想提高自己的影响力，就要学会用表扬去纠正别人的错误。

影响力的本质：有效影响他人的艺术

在瞬息万变的职场和社会中，我们求生存、谋发展，就要从心理影响作用的综合性指导开始，从而使自己无论在工作、社交还是家庭生活中，都能合理并有效地说服他人，有效地对他人施加影响。

让你的声音充满感染力

在日常生活中，几乎所有的人都会相信："未来的世界，是会说话的人的天地，让不会说的人走出来！"声音的好坏往往决定你影响力的大小。因此，日常生活中，一定要让你的声音充满感染力。

■ 声音散发出的影响力

如果你有一副好听的嗓音，那么，这就是你参与说话讨论的天生资质，你就一定能引起别人的注意，并很可能因此成为讨论的主角。如果你没有一副悦耳动听的好嗓音，那么你也要力求使自己的声音给人以如沐春风之感。

那么，怎样才能使你的声音散发出影响力呢？

注意自己聊天的语调

语调能反映出一个人的内心世界、情感和态度：你是一个热情诚恳、令人信服、乐观幽默、可亲可近的人，还是一个呆板保守、具有挑衅性、好阿谀奉承、令人生厌的人；你是一个优柔寡断、自卑、充满敌意的人，还是一个诚实果断、自信、坦率并尊重他人的人。从你说话的语调中，人们都能感受出来。

无论你谈论什么样的话题，都应保持说话的语调与所谈及的内容相协调，并能恰当地表明你对某一话题的态度。

动听的语调有助于提高影响力，亲切的话语往往比雷霆万钧更能得到你预期的效果。

美国一家影片公司曾经推出一部《维多利亚女王》，其中有这样一组镜头：

维多利亚女王很晚才结束工作，当她走回卧房门前时，发现房门紧闭，于是她抬手敲门。

卧房内，她的丈夫阿尔伯特公爵问："是谁？"

"快开门吧，除了维多利亚女王还能是谁。"

她没好气地回答。

没有反应。她接着又敲，阿尔伯特公爵又问："请再说一遍，你到底是谁？"

"维多利亚！"她依然高傲地回答。

还是没动静。

她停了片刻，再次轻轻敲门。

"谁呀？"

这回维多利亚轻声应答："我是你的妻子，给我开门好吗？阿尔伯特。"

门开了。

从上面的影片情节中，我们可以发现：以亲切动人的声音提出要求远比凭借权势地位发出命令更能得到对方的友好反馈。

所以，如果你采用平易近人的语气跟下属或是不如自己的人谈话，更加有助于你提高自己的威信和影响力。因为温和的话语不会给任何人造成压力，自然而然能为你赢得更多人的喜欢。

注意发音的准确性

人们所说出的每一句话、每一个词都是由一个个最基本的语音单位组成，然后加上适当的重音和语调。正确而恰当的发音，将有助于你准确地表达自己的思想。这也是提高你的言辞智商的一个重要方面。只有清晰准确地发出每一个音节，才能清楚明白地表达出自己的思想。相反，不清晰的发音将有损于你的形象，有碍于你展示自己的思想和才能。

不要让声音尖刻刺耳

每个人的音域范围可塑性很大，或高亢，或低沉，或单一，或浑厚。聊天时，你必须注意控制自己的音色，不要让自己的声音尖刻刺耳。

有时，为了获得一种特殊的表达效果，人们会故意降低音调。但大多数情况下，应该在自身音调的上下限之间找到一种恰当的平衡。

聊天时不要使用鼻音

在日常生活中，我们经常听到"……哼……嗯……"的发音，这就是鼻音。如果你聊天时常常使用鼻音，肯定不会受到欢迎，因为你的声音让人听起来似在抱怨，毫无生气，十分消极。有些人将"哼嗯"这种鼻音视为一种时髦的聊天方式，但如果你想让自己所说的话更具吸引力和说服力，如果你期望自己的语言更加富有魅力，那么从现在开始就别再使用鼻音。

控制说话时的音量

有的人说话时为了引起别人的注意，发出的声音往往又尖又高。

其实，语言的威慑力和影响力与声音的大小，是完全不同的两回事。不要以为大喊大叫就一定能影响他人，声音过大只能迫使他人不愿听你讲话，甚至讨厌你这个人。与音调一样，我们聊天的声音大小也有其范围。试着发出各种音量大小不同的声音，并仔细听听，找到一种最为合适的、最易为人所接受的音量。

充满热情与活力

响亮而生机勃勃的声音给人以充满活力与生命力旺盛之感。当你向他人传递信息、劝说他人时，这一点有着重大的影响力。当你讲话时，你的情绪、表情同你聊天的内容一样，会带动和感染你的听众。

注意聊天的语速

在语言交流中，语速的快慢将不同程度地影响你向他人传递的信息。语速太快如同音调过高一样，给人以紧张和焦虑之感。如果你聊天的语速太快，以至于某些词语含糊不清，他人就无法听懂你所说的内容。当然，如果语速太慢，又会令人逐渐丧失耐心，有焦躁沉闷之感。

努力保持恰当的语速，不要太快也不要太慢，并在聊天时不断地调整。当你想和别人交谈时，选择合适的语速十分重要。偶尔的停顿无关紧要，不过不要在停顿时加上"嗯"或时不时地清嗓子。

要知道声音的力量足以影响世界。而且，我们自己说话的语速，总是随我们自身的变化而变化。它深刻地影响着我们感知自己以及他人反应的方式。在"影响力的调查问卷"的回答者中，有高达 90% 的人都认为，语速是一个人影响力的最重要的构成要素之一。

■ 完美声音的三大原则

语言优美

要想成为一个有影响力的人，在社会交往场合中，要把话说得更美，同时也要运用自己的口才促使交际的胜利。可以从以下几条入手：

第一，说话要诚恳、亲切、谦虚、热情、生动活泼、富有风趣，这样才有吸引力，这样才能使对方喜爱听。

第二，最好是说普通话，力求规范化。最低限度的就是容易让人听清楚，不至于产生误解。还要吐字清晰，声音悦耳，另外给人一种美的感受。

第三，说话还要有一定的技巧，注意培养口才，讲究方式方法，必须该含蓄的含蓄，该婉转的婉转，另外还要善于以情动人、以理服人。

第四，说话要忌用教训人的口气，要多多运用商量式的口气。千万不要打断别人说话，也不要随意插话，转换了人家的话题。

第五，说话要有一定的中心，要有题旨，不要信口开河，漫无边际，使人听不清摸不着头脑。说话要简洁扼要，不要啰唆个没完没了，使人感到非常地烦腻，失去了足够的耐心。

第六，遇到不顺心不愉快的事，不发脾气，不说粗野的话，不强词夺理，更忌冷嘲热讽、恶语伤人。要表现得有涵养。

第七，在社交场合，切忌任意贬低别人，揭人之短。应尽量避免谈到对方以前的过失、生理上的缺陷，或对方本人及亲属中的某些难以启齿的事，以免伤害对方，结下怨隙。语言不慎，常易引起事端。

第八，对方向你说话时，要洗耳恭听，不要表现得漫不经心，似听非听，在那里打毛衣、钩花边、看书报，或左顾右盼、哈欠不断。凡此种种，是对人不尊重的表现，易引起对方反感，以后再不愿和你交谈。

总而言之，一定要懂得言谈方面的礼节。

完美打造声音

在火车、飞机上，或者在机器轰鸣的工厂里，不得已需要提高声音说话，但平时就没有必要大声说话。试想四周一片宁静，或树下谈心，或围炉叙旧，高声谈话是多么煞风景啊！在客厅里，过高的声音会使主人讨厌；在公共地方，同伴更会觉得难堪。

另外，说话有节奏，快慢合适，可以让你的话充满感情，常常留心那些能解除听众疲倦的说话技巧，常常留心舞台上的那些名角对白的特点，这是最好的参考，你必须细细揣摩。在叙述一件事的过程中，或发表较长的意见时，这是很有用的。

练习你的声音、节奏和说话的字眼等谈话细节，完全打造声音，你就可能语惊四座、魅力四射。

诚意的赞美，博得他人的称许

良言一句三冬暖，没有人不喜欢听赞美的语言。对他人发自内心的赞美，既能使对方感到愉快，自己也会感到心境开阔。掌握了恰到好处地赞美他人的技巧，是一个人影响力扩大的标志。

■ 赞扬的力量

英国大戏剧家莎士比亚说："你希望别人有某种优点，你就赞美那人拥有你希望于他的优点。"

甲乙两个猎人外出打猎，第一天各猎得两只野兔回家。甲的妻子见后，冷冷地说："就打了两只啊？"丈夫在心里埋怨着。第二天他故意空手回家，让女人知道打猎是不容易的事情。乙猎人遇到的情况恰好相反，他的妻子看见他带回两只野兔，就欢天喜地说："你竟然打到了两只？"乙听了心里喜悦："两只算什么。"他骄傲地回答女人。第二天，他竟打回来4只野兔。

人得到赞美，其喜悦心情固然无可比拟，但更重要的是赞美所产生的力量是巨大的，它能够激发人的积极性和创造性，增添人们克服困难、战胜困难的勇气，甚至使人创造出种种奇迹来。所以有格言说：最有力的鼓励是赞美。如果你想提高自己的影响力，你必须懂得赞美可以激起人的自尊心。为了维护自尊，即便是一个无意进取的人，只要赞美得当，他也会自己督促自己，加倍努力，把人们所赞扬的方面做得更好，这比单纯用命令和批评要有效得多。

马斯是一个专门推销各种食品罐头的推销员，他此次的任务是要拿下本市最大型商场的订单。于是，他找到了负责人罗伯特经理。

见面后，马斯说："经理先生，我有幸逛过你们商场很多次，作为本市最大的专业食品商店，我非常欣赏你们商场高雅的店堂布局，商场货柜上也陈列了国内外许多著名品牌的食品，窗明几净，工作人员都是和蔼待客，百问不厌，看得出来，您为此花费了不少心血，可敬可佩！"

听了马斯的这一席恭维之后，托马斯经理不由得连声说："谢谢！谢谢！做得还不够，还请多多指教，请多多指教！"嘴上这样说，心里却是美滋滋的。

在现实生活中，每个人都会觉得自己有可以夸耀赞美的地方。赞美接近法使用得最多的人群是公司里的业务人员。通常，赞美接近法就是业务人员利用人们希望赞美自己的愿望，来达到接近顾客的目的。当然，我们要想成为一位有影响力的人，也不妨使用此法。

当你到朋友家里做客时，看到客厅墙上有一幅山水画，你往往会情不自禁地赞许道："这幅画真不错，给这客厅平添了几分诗意，显出了几分雅致，谁买的？眼力可真不错！"

也许，这句话只是自己不经意间说出来的，但你的朋友会感到很欣慰，心中的滋味一定很不错。

对于业务人员，和顾客初次接触也可以这样。一番寒暄过后，身旁的一切都可以成为恭维的话题。可以对接待室的装潢设计赞叹一番，还可以具体地谈及桌上、地上或是窗台上的花卉或盆景等，这些花卉和盆景造型如何新颖独特，颜色亮度等又是如何搭配得当，甚至还可以对它们的摆放位置用"恰到好处，错落有致"一类的词语来形容一番。

然而，有影响力和具有创造精神的业务员经常能找出对方的亮点，并加以巧妙赞美。因为赞美是说给他人听的，赞美物件时，必须与人挂上钩，我们只是称赞东西有什么特色，是无法突出对人的赞赏的。要紧紧盯住对方的知识、能力和品位进行称赞。

如果我们喜欢自己的顾客，也就不难发现他值得赞美的地方。

当我们的赞美正合对方心意时，会加倍成就他们自信的感觉。这的确是感化人的有效方法。换句话说，能挠到对方痒处的赞美，作用才是最大的。

怎么发现别人的痒处呢？

日本最具影响力的业务员齐藤竹之助说："想轻易发现每个人身上最普遍的弱点，是很简单的事情，因为你只要观察他们最爱谈的话题便可以知道。因为言为心声，心中最希望的，也就是他们嘴里谈得最多的。你就在这些地方去挠他，一定能挠到他的痒处。"

例如，对于一位非常漂亮的女士，我们要避免对她容貌的绝色进行赞美，因为她对这一点已经有绝对的自信。但是，当我们转而去称赞她的智慧、仁慈，而她的智力恰巧不如其他人时，那么我们的称赞，一定会令她芳心大悦。

另外，诚恳的态度是提高影响力的关键。只有态度诚恳，你的赞美才能显得自然，别人才会对你的赞美感兴趣，你才能提高自己的影响力。

■ 善意赞美，建立良好的人际关系

当自己的利益、形象受到对方诋毁时，有些人能忍气吞声，有些人则以牙还牙。这时自己的心情也很糟糕，和对手的关系相当微妙。如果进行明确解释，反而给人越描越黑的感觉。在这种状况下，采用赞扬方式有助于使对方消除敌意，增进双方的了解，迅速赢得对方的好感，为自己提高影响力和建立良好的人际关系奠定基础。

某地有一家历史悠久的药店，店主洛克具有丰富的经营经验。当他们的事业蒸蒸日上时，离他不远的地方又新开了一家小药店。洛克十分不满这位新来的对手，到处向人宣扬小店卖错药，毫无配方经验。小店主听了很气愤，想到法院去起诉。后来，一位律师劝他不妨试试表示善意的方法。第二次，顾客们又向小店主述说洛克的攻击时，小店主说："你一定是误会了。洛克是本地最好的药店主，他任何时候都乐意给急诊病人配药。他这种对病人的关心给我们大家树立了榜样。

我们这个地方正在发展之中，有足够的余地可供我们做生意，我是以洛克作为榜样的。"当洛克听到这些话后，急不可耐地找到自己年轻的对手，还向他介绍自己的经验和忠告。就这样，双方之间怨恨消除了，而且还建立了深厚的友谊。

1815年6月，英军总司令威灵顿公爵在滑铁卢打败拿破仑后返回伦敦，当时举办了一个隆重而盛大的庆祝晚宴，参加宴会的有社会各界名流、贵族绅士，还有许多善战的军官和士兵。

晚宴的佳肴十分丰盛，末了，在每一个人面前都放了一碗清水。其中一名士兵大大方方地将这碗水端起来喝了一口，见此情形，在场的贵宾都窃笑不已。原来，这碗水是在吃点心前用来洗手的。而这个农家出身的士兵哪里懂得这种宫廷里的规矩，因而出了笑话，当时那位士兵的脸羞得通红。

就在这个时候，威灵顿公爵端起这碗洗手水站了起来："女士们、先生们，为这位'冲锋陷阵'的战士献上深情的'酒'，同这位英勇的战士一起干一杯吧！"

一阵热烈的掌声后，大家举杯同饮。

威灵顿公爵在关键时刻挽回了战士的面子，同时也提高了自己的影响力，并借机赞扬了那位英勇的战士，维护了战士的自尊。可以想象，这位战士会以什么样的方式去回报。

■ 巧妙的赞美可以使人醒悟

如果你是位有影响力的人，要想使别人对自己的行为进行反思，用赞美的语言比直接进谏效果要好得多。因为赞美的语言已经说出其优点，如果不改正自己的行为，那就是等于自己向别人否定自己的优点。要知道，谁都想拥有更多的优点，抛弃自身的缺点。

战国时期，魏国吞并了中山国，魏文侯把这块新占来的土地分封给自己的儿子。一天，他问群臣："我是个什么样的君主？"众人答道："仁君。"只有大臣任座表示异议："您得了中山后，不封给您的弟弟，而封给您的儿子，这怎么能说您是仁君呢？"文侯闻言发怒，任座忙离席而去。文侯又问翟璜，翟璜回答说："我认为您是仁君。"文侯说："为什么呢？"翟璜说："我听说，君主仁厚，大臣就耿直。刚才任座说话那么坦率，我就是根据这点认为您是仁君。"文侯听后，又羞又喜，赶紧叫翟璜把任座请了回来，并亲自下堂迎接，待他为上宾。翟璜精于美言辞令，短短数语，竟促使文侯醒悟。

据《韩非子·喻志》载：楚庄王莅政三年，沉湎安逸，不理政事，没有发任何命令，也没有任何治理国家的措施和作为。有一天，一个大臣在车里意有所指地对楚王说："我听说有只大鸟栖息在南山之上，三年不飞不叫，不理羽毛，默默无闻，这是什么道理呢？"这时，右司马接着说："三年不飞，是为了养丰羽毛；三年不叫，是为了察看民情；虽然不飞，但一飞冲天；虽然不鸣，但一鸣惊人。"楚庄王听后，一反常态，临朝听政，励精图治，废除弊政，重用人才，结果，楚国日趋强盛。

公众讲话，提高影响力的最好时刻

职场中，演讲已成为十分重要并且非常广泛的活动了。"一人之辩，重于九鼎之宝；三寸之舌，强于百万之师"，能在大庭广众之下风度翩翩、妙语生花、言辞清朗、影响众人的职场高手，可以依靠演讲不断提升自己的影响力。

■ 演讲的语言一定要具有影响力

在演讲的过程中，听众对演讲的知觉还有一个几乎人人皆知而又常常被忽视的特点，就是口语化。按说，演讲主要是口语表达，语言的口语化本该不成问题。但由于演讲总要比一般的随意交谈或在非正式场合的说话更规范、文雅和生动，也由于许多演讲者在准备稿子的时候常常要堆砌辞藻、雕章琢句或摘抄报章，以为是讲求文采，其实容易使演讲的语言"文章化"。

那么，怎样做到演讲的语言口语化而更具有影响力呢？

第一，尽量选取双音节的词，并注意词语的音节搭配。口语是线性语流结构，以声传意，瞬间即逝，不像读书看报，一遍看过去没弄清，还可以再看一遍，所以同义的词最好用双音节或多音节的，而不要用单音节的。古汉语之所以难懂，多用单音节的词是原因之一。好在现代汉语的词语大多由原先的单音节变为双音节或多音节了，这就容易让人听清楚，更适合于"口传"或"耳收"。例如，说"我初次谈恋爱时"就不如说"我第一次谈恋爱的时候"更为顺口入耳；说"因我没经专门的演讲训练"，就不如说"因为我没有经过专门的演讲训练"显得清晰舒畅。当然，单音节的词并不是一概不能用，而是表达同样的意思最好少用单音节的词，多用双音节或多音节的词。

第二，在用词风格上，多用通俗生动的"现成话"，而不要文白夹杂。口语也要修辞，多用俗谚俚语和选用职业术语、绝妙类比。也就是说，口语要多用浅易通俗、生动活泼的"现成话"。诗人艾青按说是十分精通典雅的语言了，但他在《诗论》中强调说："最富于自然的语言是口语。"

语言要通俗不单是为了简明易懂，更不是浅薄庸俗、单调乏味，而是为了既通俗易懂，又具体、生动、活泼、形象。这正如秦牧在《艺海拾贝》中说的："历代以来，开一代文风的杰作，起前代之衰的妙文，都在一定程度上一反因循守旧的书面语的习惯，勇于运用活生生的口头语言。古代的说书人，讲到故事中的人物心头不安时，不说忐忑不安，却说'心里有十五个吊桶打水，七上八下'；讲到羞耻时，不说满面羞赧，却说'恨不得有个地洞钻下去'；讲到赶快逃跑时，不说赶快逃跑，而说'只恨爹娘少生了两条腿'；讲到着急时不说着急，却说'急得像只热锅上的蚂蚁'。所有这些都博得听众的赞赏喝彩，而且流传至今仍有强烈的形象性、新鲜感。"

人们往往有一种习惯性的看法，认为口语简单粗浅，而书面语应当完善而文雅。实际上，现代实用语言在口头和书面两大方面并无多大差别，也不该有多大差别。有些人讲话、致辞或答问总要按照稿子念。如果你的口语不生动，不善于脱稿讲话，那么你写出来的稿子也往往是平板冗长、干巴乏味的，当然也就不具备口语的特点。不是口语化的东西却又用嘴说，这就是某些人的口语表达既不通俗又不生动的主要原因。而另一种倾向是只求简单明白，不求细致生动，这就流于粗俗和浅陋。正确的理解和做法是，书面语言要尽量多用通俗而生动的口语；而在口语表达上要尽量吸收书面语中那些精炼而严谨的词语。只有这样，我们的语言才会通俗易懂又生动活泼。

第三，句式要简短而灵活。我们先来看看一个外国人的一篇汉语作文：

我，叫施吉利，加拿大人，很喜欢汉语。我买了许多书，特别是《汉语词典》

《北方方言辞典》《成语辞典》等。我发现成语、谚语、俗语很好,准确、生动、幽默、风趣。

有一天,很热,我到楼下散步,看见卖西瓜的,是个个体户。我说:"你的西瓜好不好?"

他说:"震了!"

我问:"什么叫震了?"

他答:"震了就是没治了!"

"什么叫没治了?"

"没治了就是好极了!您看我的西瓜多好!"

这时,我用了两句刚学的:"没有调查就没有发言权,你是不是王婆卖瓜,自卖自夸?"

"是骡子是马拉出来遛遛,我的瓜皮儿薄、籽儿小、瓤子甜,咬一口,牙掉啦。""咔嚓"一声,他切开一个。

我一吃,皮儿厚,籽儿白,瓤儿是酸的。我说:"你要实事求是,不要弄虚作假。"

他的脸"唰"地红到脖子根儿。我说没有关系,买卖不成仁义在。他一听急眼了:"这个不算。""咔嚓"又切开一个。我一看,皮儿倍儿薄,籽儿倍儿黑,瓤儿倍儿甜,我狼吞虎咽地吃起来。

他说:"好吃不好吃?"

我一伸大拇指:"盖了帽儿啦!"

这位外国人学汉语也真学得"盖了帽儿了",一是采用了生动的俗语,二是句式简短。这虽然是用笔写的作文,但语句大多是五六个字,最长的才有十来个字,体现了口语的特点。

所以,要想在演讲中提高自己的影响力,一定要学会把握语言的风格,注意文采,使演讲通俗易懂。

■ 精心设计开场白

对于演讲来说,精彩的开场白能够引起听众的兴趣,赢得他们的好感,使演讲顺利地切入正题。否则,就难以与听众建立良好的互动关系。

大会主持人是大会的核心人物，要鼓动听众，使气氛热烈，还要做好组织工作，所以，没有好的讲话水平是很难担此要职的。

主持人在讲话前，就要根据会议的内容、特点、会议要求、听众情绪、会场情况等，设计好开场白。

若开场白给人印象是深刻的，就能起到先入为主、吸引听众的效果。精彩的开场白往往能像磁铁一样紧紧地吸引住听众，增强他们对会议的兴趣。有经验的会议主持人，大都非常注意开场的几句话，多是经过反复琢磨、认真推敲，力求一上来就给听众留下一个好的印象。首先要自问三条：能安定听众情绪，形成专心听讲的气氛吗？能恰当介绍报告内容、报告人的身份进而吸引听众吗？形式新颖、不落俗套吗？符合这三条，开场白的效果肯定是好的，而良好的开场往往是大会成功的起点。

开场白不能拖泥带水，既要把开会的目的讲明白，又要把重点点出来，使与会者有思想准备，为领会会议精神打下良好的基础。同时，又不能三言两语，草草了事，意不明，言已尽，给人以茫然之感，使与会者不明白会议的议题，失去对会议的兴趣。好的开头可以一下抓住与会者的心，给人深刻的印象，吸引人们继续听下去。就像看一部引人入胜的电影，开始就兴味盎然，人们自然急于了解下面的情节。

开场白要陈述的内容，包括会议的背景、主题、目的、意义、议程和开法，其语言要简明扼要、条理清晰，语调和表情都要与会议气氛协调一致。

一般情况下，好的开场白主要有三条：一是直接点题，提纲挈领，要言不烦地把会议的内容、主题讲清楚，让与会者明白；二是借题发挥，调动全场的情绪，造成适宜会议开展的气氛，使与会者亢奋起来；三是出口成章，运用富有启示性、诱导性的语言，引导全场迅速进入境界，让与会者集中精力。开场要尽量避免那种陈旧死板、千篇一律的格式。要根据会议的实际，或说内容，或讲形式，或道特点，或提要求，或谈历史上的今天，或讲别处的此时此刻，或幽他一默，总之要因境制宜、灵活构思、巧妙设计、出语不凡，让与会者在不知不觉中进入你精心设计的"圈套"。

1883年，恩格斯在伦敦参加马克思的葬礼时，在墓前说："3月14日下午2

点3刻，当代伟大的思想家停止思想了……永远地睡着了。"

恩格斯不说"逝世"，而说"停止思想"，说"睡着了"，他用委婉的语言，表达了对伟大革命导师去世的巨大悲痛，渲染了悼念的气氛。

演讲的开头是听众听到的第一声，获得的第一印象。它负有静场、镇台的使命，会造成一种气氛，迅速"逮"住听众，让他们全神贯注地倾听，因此应下大力气做好开场白。如果把一席演讲比作百米赛跑，那么，开头就是起跑。因而精心设计一个引人入胜的开场白具有特别重要的意义，它的优劣往往直接影响演讲的进程和效果。

演讲的开头不拘一格，多种多样，常见的有：

第一，直入式。也就是开门见山，演讲一开始就直截了当地进入演讲本题。或者叙述演讲的题目，或者叙述演讲的主题，或者叙述演讲的缘由，或者讲具体的事实，或者提出某位名人提供的问题，或者出题要求听众举手作答。

第二，导入式。就是在演讲本题之前，先来一个楔子，用一段与演讲正题既无关又有关的话语调动听众的感情和思想，引起听众的兴趣和关切之后再展开正题。这个楔子，可以是个幽默故事、一件惊人事实、一则笑话、一首小诗，也可以是一个比喻、一段名言，还可以做出某种承诺、提出某个问题。

第三，即兴式。也就是开头就地取材，临场发挥。它的方法有很多，你可以讲当场的情景、当日的天气；或者谈谈自己的感受；或接过上一位说话人的话茬。

不管你如何开头，总的要旨不变，那就是抓住听众，打开局面。切不可故弄玄虚，或者东拉西扯，不着边际。当然，开头还必须切合话题，简明扼要。

有了一个引人注意的开场白，就能够迅速引起听众对你的兴趣和好感。第一炮打响之后，要把握住有利时机，及时切入正题，乘胜前进。

■ 不拘一格的结尾

和开头一样，结尾也是最能显示演讲艺术的重要环节。结尾是一场演说中最具战略性的一点。当一个优秀的演说者退席后，他最后所说的几句话，将会在听众耳边回响，将被保持最长久的记忆。"余音绕梁"即是如此，因此结尾也须精心设计。结尾是走向成功的最后一步，弄得好，能曲终奏雅，给听众留下美好而难忘的印象；弄得不好，会功亏一篑，令人失望和扫兴。因而这最后的部分也是演讲中最需要讲究策略的地方。

那么如何才能有一个好的结尾呢？一般来说，演讲的结尾方式有以下类型：

1. 总结观点性的结尾

演说者往往有种错误的想法，认为自己要讲的观点在自己脑海中如水晶般清楚，因此听众也会同样清楚。事实并不尽然，演说者对自己的观点已经思考过相当长的时间了，但对听众来说这些观点却是全新的。它们就好像一把丢向听众的弹珠，有的可能落在听众身上，但绝大部分则零乱地掉在地上。听众只能"记住一大堆事情，但没有一样能够记得很清楚"，所以有必要在演讲结束时总结一下观点。

下面的演说者是芝加哥的一名交通经理，他在这方面做得比较成功。

"各位，简而言之，根据我们在自己后院操作这套信号系统的经验，在东部、西部、北部使用这套机器的经验，它操作简单，效果很好，再加上在一年之内它阻止撞车事件发生而节省的财力，我怀着最急切和最坦荡的心情建议：在我们的南方分公司立即采用这套机器。"

他的成功之处在哪里？那就是我们可以不必听到他演说的其余部分，就可以看到并感觉到那些内容。像这样的总结极为有效，不妨在实际运用中加以发挥。

2. 鼓动号召性的结尾

这种结尾是用得最多的一种，它以发出号召收拢全篇，其优点是鼓动性强，能给听众极大的鼓舞和深刻的印象。

例如：周恩来在《亚非会议全体会议上的补充发言》的结尾："十六亿亚非人民期待着我们会议的成功。全世界愿意和平的国家和人民期待着我们的会议能为扩大和平区域和建立集体和平有所贡献。让我们亚非国家团结起来，为亚非会议的成功而努力吧！"

3. 借用名言收尾

这也是常见的结尾方法之一。用被人们普遍认可和使用的名人名言或诗句结束演讲，能给整个演讲的论点一个强有力的证明，进一步深化主题，并把演讲推向高潮。

在 1995 年国际大专辩论会即有名的"狮城舌战"上，复旦大学四辩蒋昌健在进行总结演讲时，就引用了顾城的名言，可以说是神来之笔，令无数听众拍手叫绝。

"只有认识人性本恶，才能调动一切社会教化的手段来扬善避恶。光阴荏苒，逝者如斯，在物质和科学技术突飞猛进的同时，而人类的精神家园可谓是花果飘零。在这个时候，我们要警惕，人性本恶这个基本的命题。可喜的是，在东方的大地上，我们说传统文化的发扬光大，已经开始走向了新的春天。我们也相信，通过传统文化的精华，必将使人类从无节制的欲望中合理地扼制并加以引导，从他律走向自律，从执法走向立法。人类才可能挽狂澜于既倒，扶大厦于将倾。黑夜给了我黑色的眼睛，而我却要用它来寻找光明！"

4. 激发高潮生结尾

激发高潮是很普遍的结束方法，这通常很难控制，但是如果处理得当，效果就会好得出乎意料。整个演说逐步向上发展，在结尾时达到高峰，句子的分量也愈来愈强。

林肯在一次有关尼亚加拉大瀑布的演说中，运用了这种方法：

"这使我们回忆起过去。当哥伦布首次发现这个大陆，当基督在十字架上受苦，当摩西领导以色列人通过红海，甚至当亚当首次自其造物者手中诞生时，那时候和现在一样，尼亚加拉瀑布早已在此地怒吼。已经绝种但其骨头塞满印第安土墩的巨人族，当年也曾以他们的眼睛凝视着尼亚加拉瀑布，正如我们今天一般。尼亚加拉瀑布与人类的远祖同期，但比第一位人类更久远。今天，它仍和一万年以前一样声势浩大。早已死亡，而只有从骨头碎片才能证明它们曾经生存在这个世界上的史无前例的巨象，也曾经看过尼亚加拉瀑布。在这段漫长无比的时间里，这个瀑布从未静止过一分钟，从未干枯，从未冻上过，从未合眼，从未休息。"

他的每一个比喻都比前一个更为强烈，他把他那个时代拿来分别和哥伦布、基督、摩西、亚当等时代相比较，因而累积了效果，达到了高潮。

所以，精妙的结尾既是收缩，又是高峰；既水到渠成，又戛然而止；既铿锵有力，又余音袅袅；既别开生面，又来得自然。

5. 借助动作结尾

这种方式不是很常用，但如能加以巧用，效果也很不错。1930 年，鲁迅在上海中华艺术大学作《绘画杂论》的演讲，指出喜欢"病态的女性"是一种畸形的审美观。讲到最后，他拿出一幅画着病态女人的月份牌，请听众"欣赏欣赏"，引得哄堂大笑，他在笑声和掌声中结束了他的演讲。

6. 哲理升华性结尾

例如，李燕杰在做《德才学识与真善美》的演讲时，这么说道："一个人没有强烈的希求成功的愿望而能取得成功，天下绝无此事，人间也绝无此理。在人类历史上，存在遇到障碍、遇到困难、遇到打击的时候，由于缺乏坚韧和毅力而后倒转，就造成了千万个放弃理想的失败者的墓碑，这是人生历史上一条沉痛的哲理。"

■ 即兴演讲的影响力

即兴演讲通常是在演讲者事先未做准备的情况下，根据需要而做的临时发言。因此，即兴演讲在思维的敏捷性、语言的逻辑性和口头表达的雄辩性方面都有更高的要求。

如何做好即兴演讲，避免因措手不及而陷入难堪的境地呢？美国演讲专家理查德总结了一个即兴演讲的"四步曲"，这四步分别是：

1. 用话语呼唤起听众的兴趣

理查德认为，即兴演讲不能平铺直叙地开始，如："今天，我要讲的内容是保障行人生命安全……"应该这样开头："在上星期四，特购的 450 具晶莹闪亮的棺材已运到了我们的城市……"理查德设计的这一开头语无疑具有一种先声夺人的气势，它能激起听众的兴趣，使他们很想弄清事情的究竟，这也是即兴演讲成功的关键。

2. 阐明必须听演讲者演讲的理由

理查德说："接下去你应向听众讲明为什么应当听你演讲。"若谈交通安全问题，可这样讲："不讲交通安全，那订购的 450 具棺材也许在等待着我，等待着你，等待着我们的亲人。"理查德所主张的演讲的内容既联系着"我"（演讲者），又联系着"你"（听讲者），还联系着场外与你我有关系的千千万万的人，这就使所有的与会者不知不觉地成了他的"俘虏"，在心理上与他产生了共鸣。

3. 用鲜活的例子加以说明

理查德指出，比如谈交通安全问题，你若用活生生的事例来说明那些会使人们送命的潜在因素，远比只讲那些干巴巴的条文要好得多。事实上，演讲的传播媒介主要是口语，辅之以体态语。与书面语相比，口语和体态语在传达事例方面比传达条文更具有优势。特别是即兴演讲，我们更要注意在这方面扬长避短。

4. 讲述解决方法

理查德要求演讲者注意的是，这一步一定要告诉听众你谈了老半天是想让人家做些什么，最好能讲得生动一点、具体一点、实际一点。从根本上说，告诉听众解决方法是演讲者的目的所在，如果演讲者忘记了这一步，或者这一步处理不好，就会给听众留下无的放矢或不知所云的感觉。

掌握理查德的"四步曲"，能使演讲者的演讲做到言之有物、有的放矢，同时也使演讲者能有条不紊地陈述自己的观点。这样的即兴演讲才能有效地传递你的语言魅力，从而影响你的听众。

用倾听搭起心灵的桥梁

心理学家说："最懂得倾听的人是最有影响力的人。"倾听，是一门人际关系的美学。因此，懂得倾听的人，是一个有影响力的人际关系的艺术家。

■ 用倾听抓住对方的心

每个人都有自己的性格特点，都有自己脆弱的一面，都需要心灵上的慰藉。如果你想在对方心中提高影响力，你就必须认真倾听对方的告白，并从中分析出他最需要的是什么，进而做到有的放矢，打动对方并抓住对方的心。

曾经听过一个骗婚惯犯的告白。他说他们惯用的骗术有三种：

一是在名片上罗列一大串显赫的职位。在职位面前，女人很容易被征服。二是第一次要表现得亲切。以温柔的举止尽心地表现出亲切，就会获得女性的好感。三是聆听女性的牢骚或苦恼。虽说只是静静地听，但容易获得女性的信任，提高自己在她们心中的影响力。骗婚事件的受害者绝大多数为老姑娘或中年妇女。

"有一定人生经验的女性怎么还会分不出真与假而上当受骗呢？"也许有人会这么想，但要是听了受害人的话就能理解了。

"女人要是一个人生活的话，一天24小时都会处于紧张状态。有时真需要找个人说说话、诉诉苦什么的，也许是中了邪吧。"

一个50多岁的秃顶男人，不论从哪方面讲都不能算是有魅力，却一连骗了10多位女性。

这件事证明：一个人要想提高自己的影响力，如果能够倾听别人的述说，是多么容易捉住他人的心！

同时，倾听也是身心全方位的美妙肢体语言，是一种人际相处的高超艺术，能全方位聆听，就能表现出不凡的倾听魅力来。

倾听，是一门人际关系的美学，懂得倾听的人，是一个有影响力的人际关系的艺术家。心理学家说："最懂得聆听的人，最有人缘。"说的就是这层意思。可惜我们一般人都一直误以为，在人际关系的互动里，说比听来得重要。

试想，当我们专注地聆听对方说话，嘴里还不时回应："我了解、感谢你的建议，感谢你宝贵的意见……"对方会不会觉得很开心呢？当然啦，因为对方已经感受到一股被尊重、接纳、认同的喜悦了。

倾听时，你的眼神也要给对方一种自信感。

倾听的肢体语言很重要，在此，你要提高自己影响力的话，你的双眼不要一直紧盯着对方的眼睛不放，这样会让他紧张害怕得讲不下去。只要看着对方的下巴到眉心轮这个区域，然后不时点头微笑，并做出适当的回应就可以了。如果没有回应的举动，对方很可能会觉得你只是在"敷衍他、应付他"而已。

如果你不喜欢听，或没有时间听，就应该明确地告诉对方，不要不好意思讲，又不好意思离开，然后很不舒服地在那里干着急，或烦躁地应付他、驳斥他，这都是不懂得倾听的艺术的行为。

如果时间有限，对方却偏离了主题"扯得太远"时，可以把他引回到主题上来，然后见机提出"我们共同来想个好办法"之类的建设性语言，这就是善加运用"同理心"，以增加彼此的关怀感与热络感。

倾听时，眼神要给对方一种自信感，不要说"不行""不要""不可以""不可能"，而要说"可以""一定可以"。从现在开始转化过去负面的教育，成为一种正面的能量，并多注意头部、耳朵、手势等肢体语言的配合。更重要的是心智的聆听，即多多用心去感觉。对方现在讲出来的东西背后隐藏的意义是什么。

表面的语言很多并不是真心的，我们要能听出它背后隐含的意义来。譬如，当老婆很生气地用高亢的音调骂你、指责你时，背后隐藏的意义可能是在呼求你的关爱、赞美与肯定，你已经好久没好好注意她、赞美她、爱她了。混乱情绪的背后，很可能是爱与帮助的期盼呢，我们要想提高自己的影响力，千万要懂得"用心倾听出来"才好。

某地区召开了一次"夏季哲学讲习会"。

在一群年轻的大学生中间，坐着一位中年工薪职员，专心地听着哲学教授的讲课，还时不时地提出一些尖锐的问题。讲习会结束后的一天，天天都来听讲的那位职员找到了哲学教授。"有什么事儿吗？"教授问，"上次讲习会太有益了，这期间我连看了三遍听课笔记，发现您有许多话都说得很好。但也有几个地方有点疑问，所以就冒昧找您来了。"教授欣然给予了详细的解说。

解说完以后，教授提出了心中一直存在的疑问。

"很抱歉，能问一下您的职业吗？"

"当然，我是人寿保险公司的推销员。"

教授平时对保险推销员是比较反感的，然而他看着眼前这位天天听自己那艰涩难懂的课，并且还连看了三遍笔记的人，不由打破对了保险推销员的成见。

倾听为保险员打开了成功之门，他用心影响着教授，又经过三番两次的拜访，终于成功地和教授签订了保险合同。最后一天，当办完所有必要手续而走出教授家门的时候，他快活地自言自语道："哲学结束了，下一个就是经济学。"推销员使用了推销手段，却也让我们看到耐心倾听也是对某些人投其所好，使自己获得影响力的一种有效方法。

■ 用倾听创造自己的成功

要想提升自己的影响力，要做到善于倾听，还得注意一些技巧。首先你要流露出专注的神情，身体要朝着说话者略微前倾，手头的东西肯定要放下来，如果不是忧伤的事，面带微笑是最好不过了。其次，在倾听过程中，要让对方把话说清、说完整而不能随意打断对方。如果能在对方说的过程中不时地随内容的变化而做出相应的回应，感觉会和谐许多。如果你是领导、经理，难免会有人来访或电话干扰，这时你得很抱歉地先说声："不好意思，请稍等。"当然，中断要尽量少。

在倾听的过程中，你如果能耐心地倾听对方说话，无形中，你让说者的自尊得到了满足，使他感到了自己说话的价值。反过来，说者对听者的感情就会发生一个飞跃，"他能理解我"，"我终于找到了一个倾诉的对象"，于是，二人心灵的距离缩短了，倾听使两人成了好朋友，那时，说服就变得容易多了。

善于倾听也是一种很好的"说话"，无言中增加了你的形象的影响力，使你在说服中大获成功。

人们都喜欢听自己的声音，当他们希望分享自己的思想、感情以及经验时，就需要听众。这是一种十分微妙的自我陶醉的心理：有人愿意听就觉得高兴，有人乐意听就觉得感激。

成为一名有影响力的听众，在企业界能产生很大的功效。譬如，一名推销员向某位顾客推销时，对顾客提出的种种问题表示关切，顾客就会感到很开心。见到此状，便应进一步表现出自己是很好的听众，此时，顾客不仅乐意讲，也愿意让你听他讲，这是一种互惠的关系，而这种关系就是商谈成功的第一步。无论是哪一种顾客，对于肯听自己说话的人都特别有好感。

总之，能成为一个好的听众，即向提升自己的影响力迈进了一大步。

最近有一项调查表明：有影响力的推销员不是侃侃而谈、口若悬河的人，而是少说多听的人。要想了解别人，你必须尽量让对方多说话，只有这样才可能知道别人真实的想法，才能进行客观的分析，从而做到知己知彼、百战百胜。

在中国商界中有着巨大影响力的李嘉诚，少年的他在一家茶馆中打工，他就利用茶馆这个特殊条件，从茶客的闲谈中去寻找和捕捉自己能够发展的机遇。在这段时间里，他得出的结论是：像自己这样一个孤立无援的苦孩子，要想发展和抓住机遇，最好是去当一名能够广泛接触社会的推销员。于是，他在17岁那年，毅然辞工，到一家塑料厂当了一名推销员。

他当推销员可不是光靠嘴皮子灵活，而是深入细致地打听和了解用户对产品的意见和希望，这样只要产品一出厂，他就知道该送到什么地方去。一年之后，他的销售额就远远超过了同行。

由于他熟悉用户，了解市场，能够掌握住机遇，所以终于在1948年底建立了自己的企业——长江塑料厂。

李嘉诚就是这样兢兢业业、未雨绸缪，随时不忘利用包括倾听在内的一切方法，去寻求机遇，开拓发展。正因为他有这样的奋进精神和继续寻求机遇的渴望，才使他成为一个商界的有心人和强者。功夫不负苦心人，只要人去找，机遇自会来，不怕听不到，就怕不去听，这恐怕也正是李嘉诚提高自己影响力的一个奥秘吧。

▪ 悉心聆听能使你获得好人缘

有些人在与陌生人初次谈话时，总喜欢自卖自夸、喋喋不休，让对方在大多数时间内听自己说，其实这是错误的。如果你想在对方心中提高自己的影响力，那么就让对方尽情地说话吧，他对自己的问题了解得比你多，所以向他提出问题吧，让他把一切都告诉你。

如果你不同意他的话，你也许很想打断他。不要那样做，那样做很危险。当他有许多话急着要说的时候，他不会理你的。因此，你要耐心地听着，抱着一种开阔的心胸，诚恳地鼓励他充分地说出自己的看法。

唐朝具有影响力的皇帝李世民曾以诚恳地诱导他人说出自己的看法著称。

宰相魏征在当时是朝野上下都敬佩的官吏。满朝文武既敬佩他的博学多才，又敬佩他的直言进谏，他因此一时名噪朝野。然而唐太宗却不相信，总想找机会试探魏征，有一次，魏征进谏，太宗问道："魏爱卿，你是忠臣还是良臣？"

魏征就深深地低着头说："老臣一向为国鞠躬尽瘁，往后当然也会坚守岗位，不负陛下所托。但，请陛下不要把老臣视为忠臣，而当作是良臣吧！"

于是，唐太宗便问道："忠臣与良臣有何不同呢？"

"自然有所不同。所谓良臣非但其本身可受世人称赞，而且也可以为君主带来名君的荣誉，双方都一样可以世世代代繁荣下去。但忠臣非但自己会遭受诛杀的横祸，而且君主也会背上暴虐无道的罪名，国家也会灭亡，最后也许只留下'曾经有位忠臣'的名声流传后世。由此可见，良臣与忠臣有如天地之别呢！"唐太宗听后深感佩服，从此不再对魏征有不良看法了。

袁先生是一家天然食品公司的颇具影响力的推销员。一天，他还是一如往常，把芦荟精的功能、效用告诉一位陌生的女顾客，对方同样没有兴趣。袁先生正准备向对方告辞时，突然看到阳台上摆着一盆美丽的盆栽，上面种着紫色的植物。袁先生于是请教对方说："好漂亮的盆栽！平常似乎很少见到。"

"确实很罕见。这种植物叫嘉德里亚，属于兰花的一种。它的美，在于那种优雅的风情。"女顾客解释道。

"的确如此。会不会很贵呢？"袁先生接着问道。

"很昂贵。这盆盆栽就要 800 元呢！"女顾客从容地接着说。

"什么？ 800 元……"袁先生故作惊讶地问道。

袁先生心里想："芦荟精也是 800 元，大概有希望成交？"于是慢慢把话题转入重点："每天都要浇水吗？"

"是的，每天都要很细心养育。"

"那么，这盆花也算是家中的一分子喽？"这位女顾客觉得袁先生真是有心人，于是开始倾囊传授所有关于兰花的学问，而袁先生也聚精会神地听。

过了一会儿，袁先生很自然地把刚才心里所想的事情提出来："太太，您这么喜欢兰花，您一定对植物很有研究，是一个高雅的人。同时您肯定也知道植物带给人类的种种好处，它能带给您温馨、健康和喜悦。我们的天然食品正是从植物里提取的精华，是纯粹的绿色食品。太太，今天就当作买一盆兰花，把天然食品买下来吧！"

结果对方竟爽快地答应下来。她一边打开钱包，一边还说道："即使是我丈夫，也不愿听我唠唠叨叨讲这么多；而你却愿意听我说，甚至能够理解我这番话。希望你改天再来听我谈兰花，好吗？"

这一结果出人意料，但并非在情理之外。实际上，袁先生在倾听的过程中就一步一步地影响着对方。其实，只要你善于以话语诱导陌生人，你要办的事情往往会柳暗花明，甚至在你毫无思想准备的情况下骤然成功，并提高自己的影响力。

其实，人性的弱点在于总想让别人认识自己、理解自己、肯定自己，而不愿主动去理解别人、承认别人。谁不想获得别人的理解和承认呢？那些主观意识比较浓，以自我为中心的人很难获得别人的理解和承认，主要是因为其要求别人给予自己的太多，而不懂得如何向别人奉献。一个只懂得索取而不懂得奉献的人怎能获得好人缘呢？所以，要提高自己的影响力，就要求我们更要悉心聆听对方的心声，了解其内心的苦楚与郁闷。

卡耐基说过这样一个故事，有一位员工一心想移民澳洲。有一次，他和他的上级在一家小酒店中谈梦想时，来了一位醉客打断话题："澳洲，澳洲有……有什么了不起的……"这时员工的脸色大变，露出憎恶的眼神，结果两人发生了冲突。对他来说，绝对无法原谅嘲笑自己梦想的人，平时忙于工作，梦想犹如强心剂，为生活带来了无比的希望。当对方热衷谈论经验时，你却以怀疑的口吻反问："是吗？"或凭自己的意思判断对方，甚至漫不经心，这种态度当然会影响对方，逐渐地降低谈话兴趣，并很快地结束谈话。

现在，我们回头看看上班族的世界。想必许多公司负责人都有一套经营计划，尽管这计划距离现实很远，很难实现，却是他们心目中的梦想，然而，不了解的听者可能会感到荒唐无稽。

其实，碰到这种情形时，不妨保持愉快的心情，一字一句耐心听完，避免表现出不耐烦的态度，这也是与人交谈须具备的礼貌之一。

有一位领导在参加了有关口才和人际关系方面的素质训练之后才发现，他之所以不受人欢迎，不是他说得不好，而是他说得太多。他不愿倾听他人说话，生怕自己处于下风。

他说很庆幸参加这次训练，他决定按训练课的要求，在交谈中多让别人说话，试着运用倾听技巧。

一开始他很不习惯，只是强迫自己按课程要求去做，慢慢地他发现了倾听的益处，并且也渐渐学会了一些倾听的技巧，这对他鼓舞不小。之后，每当他发现有人在谈论什么时，他便不声不响地凑过去，认真听他们说，并力争融入他们的话题。有时候，他还会想一些容易回答的问题去引起他们谈话的兴趣。他惊讶地发现：他的同事们果真改变了对他的态度，他们慢慢地喜欢和他交谈了。其实，在交谈时，尽可能让别人谈他们感兴趣的话题，这是在帮助鼓励对方讲话。

后来，他感慨万分地说："我感到'倾听'真是有用，它给我的帮助太大了。它既使我赢得了人缘，又使我赢得了更多的业务和金钱。"

意 志 力

　　意志力是成功者最不可或缺的"精神钙质"，在这个世界上，只有人类才有意志力，意志是人的最高领袖，是各种命令的发布者。如果一个人的精神总受意志控制，他将根据精神而不是条件反射来思考，从而使人的生活具有明确的目的性。

神奇的意志力

人与人之间、强者与弱者之间、大人物与小人物之间最大的差异，就在于其意志的力量，即所向无敌的决心。一旦确立了一个目标，就要坚持到底，不在奋斗中成功，便在奋斗中死亡。具备这样的品质，你就能在世界上做成任何事情。

——伯克斯顿

意志力是蕴藏在人体内的神秘力量

每个人的体内都沉睡着一股"神"赐的、无所不能的力量——意志力。意志力是不能形容、不能解释的，它似乎不存在于普通的感官中，而隐藏在心灵深处。凭借这种力量，你就能实现你的梦想，成为你想成为的人物。

■ 意志力是自我引导的力量

著名哲学家罗素曾说："古往今来，对于成功秘诀的谈论实在是太多了。其实，成功并没有什么秘诀。成功的声音一直在芸芸众生的耳边萦绕，只是没有人理会她罢了。而她反复述说的就是一个词——意志力。任何一个人，只要听见了她的声音并且用心去体会，就会获得足够的能量去攀越生命的巅峰。这几年来，我一直在努力致力于一项事业——试图在美国人的思想中植入这样一种观念：只要给予意志力以支配生命的自由，我们就会勇往直前。"

意志是人最重要的心理素质，是成功者最不可缺少的"精神钙质"。那么意志力究竟是怎样的一个含义呢？

我们不急于给意志力下一个抽象的定义，不妨先看看著名的世界冠军威尔玛的成长经历，从中我们会对意志力的内涵有深切的领悟。

1940 年 6 月 23 日，在美国一个贫困的铁路工人家庭，一位黑人妇女生下了她一生中的第 20 个孩子，这是个女孩，取名为威尔玛·鲁道夫。

4 岁那年，威尔玛不幸同时患上了双侧肺肺炎和猩红热。在那个年代，肺炎和猩红热都是致命的疾病。母亲每天抱着小威尔玛到处求医，医生们都摇头说难治，她以为这个孩子保不住了。然而，这个瘦小的孩子居然挺了过来。威尔玛勉强捡回来一条命，但是由于猩红热引发了小儿麻痹症，她的左腿残疾了。从此，幼小的威尔玛不得不靠拐杖来行走。看到邻居家的孩子追逐奔跑时，威尔玛的心中蒙上了一团阴影，她沮丧极了。

在她生命中那段灰暗的日子里，经历了太多苦难的母亲却不断地鼓励她，希望她相信自己并能超越自己。虽然有一大堆孩子，母亲还是把许多心血倾注在这个不幸的小女儿身上。母亲的鼓励带给了威尔玛希望的阳光，威尔玛曾经对母亲说："我的心中有个梦，不知道能不能实现。"母亲问威尔玛她的梦想是什么。威尔玛坚定地说："我想比邻居家的孩子跑得还快！"

母亲虽然一直不断地鼓励她，可此时还是忍不住哭了，她知道孩子的这个梦想将永远难以实现，除非奇迹出现。

在威尔玛 5 岁那年，一天，母亲听说城里有位善良的医生免费为穷人家的孩子治病。母亲便把女儿抱进手推车，推着她走了 3 天，来到城里的那家医院。母亲满怀希望地恳求医生帮助自己的孩子。医生仔细地为威尔玛做了检查，然后进到里屋。医生出来的时候拿了一副拐杖。母亲对医生说："我们已经有拐杖了。我希望她能靠自己的腿走路，而不是借助拐杖。"医生说："你的孩子患的是严重的小儿麻痹症，只有借助拐杖才能行走。"

坚强的母亲没有放弃希望，她从朋友那里打听到一种治疗小儿麻痹症的简易方法，那就是为患肢泡热水和按摩。母亲每天坚持为威尔玛按摩，并号召家里的人一有空就为威尔玛按摩。母亲还不断地打听治疗小儿麻痹症的偏方，买来各种各样的草药为威尔玛涂抹。

奇迹终于出现了！威尔玛 9 岁那年的一天，她扔掉拐杖站了起来。母亲一把抱住自己的孩子，泪如雨下。4 年的辛苦和期盼终于有了回报！

11 岁之前，威尔玛还是不能正常行走，她每天穿着一双特制的钉鞋练习走路。

开始时，她在母亲和兄弟姐妹的帮助下一小步一小步地行走，渐渐地就能穿着钉鞋独自行走。11 岁那年的夏天，威尔玛看见几个哥哥在院子里打篮球，她一时看得入了迷，看得自己心里也痒痒的，就脱下笨重的钉鞋，赤脚去和哥哥们玩篮球。一个哥哥大叫起来："威尔玛会走路了！"那天威尔玛可开心了，赤脚在院子里走个不停，仿佛要把几年里没有走过的路全补回来似的。全家人都集中在院子里看威尔玛赤脚走路，他们觉得威尔玛走路比世界上其他任何节目都好看。

13 岁那年，威尔玛决定参加中学举办的短跑比赛。学校的老师和同学都知道她曾经得过小儿麻痹症，直到此时腿脚还不是很利索，便都好心地劝她放弃比赛。威尔玛决意要参加比赛，老师只好通知她母亲，希望母亲能好好劝劝她。然而，母亲却说："她的腿已经好了。让她参加吧，我相信她能超越自己。"事实证明母亲的话是正确的。

比赛那天，母亲也到学校为威尔玛加油。威尔玛靠着惊人的毅力一举夺得 100 米和 200 米短跑的冠军，震惊了全校，老师和同学们也对她刮目相看。从此，威尔玛爱上了短跑运动，想尽办法参加一切短跑比赛，并总能获得不错的名次。同学们不知道威尔玛曾经不太灵便的腿为什么一下子变得那么神奇，只有母亲知道女儿成功背后的艰辛。坚强而倔强的女儿为了实现比邻居家的孩子跑得还快的梦想，每天早上坚持练习短跑，直练到小腿发胀、酸痛也不放弃。

在 1956 年的奥运会上，16 岁的威尔玛参加了 4×100 米的短跑接力赛，并和队友一起获得了铜牌。1960 年，威尔玛在美国田径锦标赛上以 22 秒 9 的成绩创造了 200 米的世界纪录。在当年举行的罗马奥运会上，威尔玛迎来了她体育生涯中辉煌的巅峰。她参加了 100 米、200 米和 4×100 米接力比赛，每场必胜，接连获得了 3 块奥运金牌。

是什么力量让一个从小就左腿残疾的小孩闯过命运的低谷，并最终成长为震惊世界的田径冠军？答案就是：她不屈不挠的人生之路上闪耀着两个大字——意志。

意志是人自觉地确定目的，并根据目的调节支配自身的行动，克服困难，去实现预定目标的心理过程，是人的主观能动性的突出表现形式。

作为一种普遍的"心智功能"，意志力是为人所熟知的东西，我们每天都能感受到它的存在。尽管不同的人对于意志力的源泉，对于意志力如何影响人，以及意志力的积极作用和局限性有着不同的看法，但大家都认同这样的看法：意志力本身是人类精神领域一个不可或缺的组成部分，甚至在我们每个人的生命中，意志力都发挥着超乎寻常的重要作用。

有人认为，意志力是"一种有意识的心理功能，其作用尤其体现在经过深思熟虑的行动上"。但是意志力一定是"有意识"作用的结果吗？许多看似无意识的举动，可能正是一个人意志力的体现；而另外一些脱离人的意志力指引的行为却肯定是有意识的。人的一切有意识的行动都是经过考虑的，因为即便这一行动是在瞬间做出的，思考的因素仍然在其中发挥着作用。所以说，意志力是自我引导的力量。

作为一种自我引导的精神力量，意志力是引导我们成功的伟大力量。如果你拥有强大的意志力，那么你全身的能量都可以在它的召唤下聚合起来，从而实现你的成功愿望。

■ 意志力的自由性

意志力是自我引导的精神力量，意志力在人的生活中发挥着巨大的作用。无论是就人的认知能力的发展来说，还是就人的情感能力的发展来说，意志都具有主导性的地位和功能。意志是人的主观能动性的集中体现。人，靠着巨大的意志力量塑造着自我，改造着自然和社会，创造着人间奇迹。

然而，当我们赞叹意志的力量如此神奇的时候，这是不是说人可以想怎样就可以怎样，想干什么就可以干什么，想怎么干就可以怎么干呢？一句话，人的意志是否无所不能？在心理学上，这些问题的实质是：人的意志是不是自由的？人究竟有没有意志自由？

对此，哲学史上有过两种极端的见解，相互争论了很久。

一种观点叫做"意志虚无论"。这种观点把意志视为对物质的一种机械的、消极的反映，它只承认必然性，并把这种必然性仅仅归结为机械必然性，完全否定人的意志的能动作用，认为人的行为完全是由外界刺激决定的，人的意志根本不起任何作用。

这种观点显然是错误的，随便举一个例子就可以看出它的错误。比如周末晚上，我们既可以出门访友，去舞厅跳舞，也可以在家里看电视、听音乐。事实上，人的行动具有高度的自主性。就是说，就一定条件下的具体行动而言，它确实是被人的主观意愿所左右的。在同样的情境下，人可以产生不同的行动动机，确立不同的目标，制定不同的行动计划。可见，人的行动不是机械地、被动地单纯由外部情境所决定，它必定受个人内部意志状态的调节，而这种调节证明了人具有某种程度的意志自由。

另一种观点叫"唯意志论"。唯意志论主张意志是世界的本源和人的真正本质，意志统辖理性，它由强调意志的非实体性、活动性而强调个人的能动性、创造性和不受任何约束的绝对的自由。"唯意志论"的代表人物是德国哲学家叔本华。

他认为，自在之物是现象（表象）的本质和内核，是可知的。不过，理性只能认识现象，主体只有通过直观才能领悟到自在之物。这个主体就是我的意志即自身直接存在的意志，它不是"我思"，而是"我要"，是一种神秘的欲求"活动"。我的身体就是我的意志的客体化或成为表象的意志，因此与我的意志所宣泄的各种主要欲望相契合，例如，我要吃，所以身体就有了牙齿、胃、食管等客体化形式。

在叔本华的生活意志论领域内，意志具有"自在性""自主性""自由性""完整性"。在他看来，意志不是从属于理性的，它不是理性的一个环节。实际上，意志是自在之物，是一切客体和现象存在的根据。

与意志的自在性、盲目性一致的是意志的自由。叔本华强调，意志作为自在之物，不受根据律的约束，"服从根据律的只是意志的现象，而不是意志本身；在这种意义上说，意志就要算是无根据的了"，"意志本身根本就是自由的，完全是自决的；对于它是没有什么法度的"。人绝不能为意志立法。在叔本华看来，意志是完整的、不可分的，它作为世界的本质无处不在，现象各异的事物在本质上都是同一意志的显现，不能说各种人或物可以按层次高低有区别地分享意志。他强调，意志是人的真正存在，人的理性是完全服从意志的。他说："意志是第一性的，最原始的；认识只是后来附加的，是作为意志现象的工具而隶属于意志现象的。因此，每一个人都是由于他的意志而是他，而他的性格也是最原始的，因为欲求是他本质的基地。"

唯意志论尽管包含不少合理因素，但它把意志的非理性特征绝对化，认为意志至上，意志高于并统辖理性，否定人们可以通过感觉经验和理性思维认识现实的世界，甚至认为人的这些以主客二分为特征的认识形式以及由这些认识形式构成的科学、概念、理论反而成为达到现实世界的障碍。在它看来，为了把握实在，必须借助于超出主客对立范围的本能、冲动、直觉，而感觉、概念等最多只能充当意志、本能、冲动的工具。

那么，辩证唯物主义又是怎样看待意志的自由问题的呢？

辩证唯物主义认为，意志自由与实践是辩证关联的。一方面，实践是意志自由的基础，意志自由只有通过具体的实践活动，不断地克服各种限制才能够历史地实现，它是个历史过程，有着具体的社会时空特征；另一方面，意志作为实践的一个要素对实践起着引导、规范作用，意志自由程度的提高会转而促进实践的发展。

人们在实现自己意志的过程中，如果不受任何因素的限制，那么，他或她就是绝对自由的，但这种状况在现实生活中不可能存在。人们在实现自己的意志的过程中，总是要受到这样或那样因素的制约，由此也决定了人们的意志不可能是绝对自由的。

一般的，一定历史时期的生产力发展水平，是影响人们实现其意志的最重要的因素。生产力发展水平代表着人们认识自然和改造自然的能力，而人们的生存意志和发展意志都是受自然界制约的。如果生产力发展水平低下，人们就会经常受到自然灾害等的威胁、伤害，人们就会生活于不自由的状态。生产力的发展，一方面增强了人们抵御自然灾害的能力，使人们免受或少受饥饿、自然灾害等的威胁和伤害；另一方面也使观念、精神方面的自由，更含有人通过合理的意志努力实现生存自由、实践自由之意；"我在自由地实现自由"更是强调人要通过自己的自主意志自觉自愿地实现自己的自由。因此，从实践意志论的角度看，就是强调要反思人的意志在自己生存中的地位和作用，强调要通过合理的意志努力确立适当的生存实践目标和实践方案，并进而适时、适度地调节实践过程，自觉、自愿、自主地实现自己的既定目的。

所谓意志自由，绝不是想怎么样就可以怎么样，想干什么就可以干什么，想怎么干就可以怎么干，而是在认识、掌握和运用客观规律的前提下，发挥主观能动性，不断地完善自我，不断地变革现实。如果一个人的言行违背了自然和社会发展的客观规律，就必然要碰壁，就不会有什么意志的自由。只有使自己的言行符合客观规律，才能有真正的意志自由。

最后我们还应认识到，人的意志自由既然是有条件的，是历史的产物，那么，随着人类历史的发展，随着社会和自然条件的日益改善，人的主观意志将获得越来越大的自由。正如恩格斯所说："最初的，从动物界分离出来的人，在一切本质方面是和动物本身一样不自由的；但是文化上的每一个进步，都是迈向自由的一步。"从开始懂得使用火和石头工具的那一天起，人类就向自由迈进了第一步。昨天的神话，今天已经变成现实；今天的幻想，有可能是明天的现实。对客观规律的认识越多，越能运用客观规律，人类的意志也就越自由。

意志力的三重角色

意志力永远是自我引导的精神力量。对于任何一个健康的人来说，意志力都扮演着三种重要的角色：强大的意志力是身体的主人，正确的意志力是心智功能的统帅，完善的意志力是个人道德的导师。

■ 意志力是身体的主人

强大的意志力是身体的主人，它总是借助于各种欲望或理念指挥着我们的身躯，它可以引导一个人的身体去完成许多难以想象的事业。

卡耐基小时候是一个自卑、忧郁的少年，他苍白瘦弱，笨嘴拙腮，无论是他身上的破夹克，还是两只出奇大的耳朵，以及小时因意外失去的食指，都成为同学们嘲笑他的理由。

一次，卡耐基再也无法忍受同学们的嘲笑了，他哭着跑回家里："妈妈，我不想上学了，他们都嘲笑我，嘲笑我的衣服、我的耳朵、我的手指……"

母亲静静地看了他几分钟，缓缓说道："你为什么不想办法在其他方面超过他们，让他们因佩服而尊敬你呢？"

母亲的话启发了卡耐基，他不再自怨自艾，而是开始在学校寻找机会出人头地。他发现：学校的演讲比赛非常吸引人，胜利者的名字不但广为人知，而且还往往被视为学校的英雄人物，这是一个超越别人的最好的机会。确定目标之后，卡耐基开始不懈地努力。卡耐基从小木讷口拙，为了能够流利地朗读，他常常在口中含上两块小的鹅卵石，然后高声朗读演讲稿，读了几遍后，才将鹅卵石取出来，之后再诵读，发现舌头轻松多了。

一次把石头取出来的时候，他发现石头上有红色的血迹，舌头也有点辣痛，原来，石头把舌头磨破了，然而他依然持之以恒地练习。

半年后，满怀信心的卡耐基参加了演讲比赛，却以失败而告终。以后，他又陆续参加了 12 次演讲比赛，仍是屡战屡败。最后一次比赛失败后，卡耐基觉得自己所有的美好梦想都破灭了，他开始怀疑自己，心情压抑，意志消沉。那段时间，他常常在河畔徘徊，想一死了之，但很快他又振作精神，开始重新面对生活。

河水没有夺走他的生命，河畔却成了他的演讲训练场。他经常在河畔一边踱步，一边背诵演讲词，并不时地做一些手势和面部表情训练。卡耐基为再次迎接挑战做着准备。

功夫不负有心人。1906 年，他获得了勒伯第青年演说家奖。从此，在演讲的舞台上，卡耐基一路攀升，成了世界演讲大师。

作为身体的主人，意志力对于躯体的支配作用常常可以从对身体的控制行为中发挥出来。强大的意志力可以促成良好的行为习惯，这就是意志力对人体的支配作用的证据。尽管对一些人来说，某一种习惯可能已经成为自然而然的行为了，但这常常是意志力持久地发挥作用的结果，一旦你失去意志力的作用，习惯就会慢慢消失；而且意志力还可能引导着我们的某种行为，使其不断地固化为习惯——尽管人们很多时候意识不到这一点。

比如，歌手对自己的气息能够控制自如，是他训练有素的表现；钢琴师娴熟的指法，其实也是他坚持不懈练习的结果；技艺精湛的骑士能在各种条件险恶的情境下很好地控制自己的肢体，是因为他的大脑已经能对各种境况做出快速的、恰当的反应；雄辩的演说家能让自己的感受迅速通过肢体语言表达出来，也是同样的道理。

在所有的这些例子中，都是意志力在发挥着作用，是指向某一特定目标的意志力，将具体的行动与意愿协调了起来，从而最终实现了这一目标。事实上，无论是哪一项技能，无论它有多么复杂，其中每一个具体的动作都离不开意志力的参与。它们都需要意志力来做出合乎要求的解释和指导。因而，尽管人们可能并不会自觉地意识到意志力的统领作用，但意志力确实是身体的统帅，并掌握着人生的至高权力。

此外，意志力对身体的支配还可以通过压抑自我来创造奇迹。自豪和骄傲可以使人克制住疼痛的呻吟，爱会让身患绝症的人强忍住泪水，甚至在一些足以令人发狂的情况下，受到刺激的神经也可以被意志力牢牢地控制住。此外，在你全身心投入做一件事时，可以不顾肚子对饥饿的抗议，当你沉浸在阅读中时，如果你的意志力足够强大的话，外界的声响就仿佛被隔绝在耳膜之外。在某些非常特殊的情况下，人的一些非常明显的倾向也可以被改变，甚至变得完全不同，这同样是来自意志力的巨大作用。另外，人为了坚持自己的观点，不背叛自己的信仰，甚至可以付出很大的代价，这也是意志力在起作用。

■ 意志力是心智的统帅

正确的意志力是心智的统帅。

最能说明这个问题的就是注意力的集中，而注意力的集中正是意志力作用的结果。在集中注意力时，思想就会将它的能量集中在一个物体或者一组物体上。比如把两本书放在眼前，我们可以大致领略两本书的文字，但当我们集中注意力，用心去感受其中一本书的内容时，那么，我们真的就只会关注那本书，而另外一本书由于意志力的作用而被忽略了。这个例子还可以很好地说明意志力可以引起人的抽象思维。人的思维在某种单一的行为中所显示出来的专注程度和力度，往往体现了意志力持久作用的结果。从这一点来说，意志力的强弱就体现在"集中注意力"的强弱上，或者说意志力的强弱表现在思考过程中，表现在人的自我控制能力的大小上。

古今中外，很多杰出的人物都具有这种强大的意志力，以至于他们在专注于自己的思想时，能够对周围的一切置若罔闻。

一天中午，贝多芬走进一家餐馆吃饭。当时餐馆里生意兴隆，侍者们忙得不可开交。一位侍者把贝多芬引领到座位后，就忙着去招呼其他客人了。于是贝多芬正好利用等待的空隙继续思考还没有完成的乐曲。

时间一分一秒地过去，贝多芬用手指轻轻地敲弹着餐桌的边沿，回想着几天来一直在构思的那首曲子。渐渐地，餐馆里的嘈杂声被贝多芬心中流淌的音乐所取代。他沉浸在自己的思绪里，仿佛又置身于家中的那架钢琴前，黑白琴键在他眼前闪烁着迷人的光芒。他舒缓地抬起手腕，弹下去……优美的音乐马上流淌开来，贝多芬感受着乐曲中一切微小的细节，有哪一处需要修改，他就马上拿起笔，在乐谱上标注……很快，几天来一直进展得不是很顺利的乐曲，竟然完美地呈现出来了！

"太好了！"贝多芬兴奋地欢呼起来。这时，他才发现自己竟然还坐在餐馆里，手下弹奏着的不是钢琴，而是铺着雪白桌布的餐桌。餐馆里的人都被他突然的大喊吓了一跳，人们诧异地看着他，以为他精神不正常。

侍者也立刻注意到了这位被冷落很久的客人，他以为贝多芬要大发雷霆，赶紧一边大声道歉，一边抓起菜单走过来："对不起，对不起，先生，我这就为您……"

"没关系，一共多少钱？请您快点给我结账！"贝多芬打断侍者的话，说道。他迫不及待地要赶回家去把刚刚构思好的乐曲记录下来。

"啊？"侍者大吃一惊，说，"可是，先生，您还没有吃呢！"

"哦？真的吗？我怎么觉得饱了呢？"贝多芬笑着说，"看来，音乐还能解除我的饥饿呢！"

和许多废寝忘食投身于事业的科学家、艺术家一样，贝多芬几乎把全部身心都投入到他所热爱的音乐事业中，所以才写出了震撼人心的《命运交响曲》《悲怆奏鸣曲》等一系列世界音乐史上的经典之作。这也向世人有力地证明了一点：只有排除干扰，将精力完全专注于一件事情上，才会产生伟大的思想结晶。

意志的力量同样还显著地表现在记忆这一行为上。在"记忆"的过程中，意志力常常会用其能量给人的精神"充电"。一些事实也会由于兴趣本身的巨大影响，而铭刻在人的大脑中。正如人们所认为的那样，在受教育的过程中，大脑格外需要意志力的激励。小和尚念经般的反复诵读功课是什么也学不到的。注意力、集中的思维和兴趣的有益影响都必须积极地参与到记忆过程中去，这样才能保证工作和学习的高效率。

注意力高度集中时，智力和体力活动都极度紧张，无关的运动都停止了，身体的各个部分都处于静止状态，甚至有时抬起的手都忘了放下，呼吸变得轻微缓慢，吸气短促而呼气延长，常常还发生呼吸暂时停止的现象（即屏息），心脏跳动加速，牙关紧咬等。一般说来，注意力高度集中只能是短时间的。此时所记住的东西，往往能记很长的时间，甚至一辈子不忘。

生活中，也许有的人天生就拥有良好的记忆能力，然而真正持久、清晰的记忆力却必须依赖于意志力的驱动和坚持不懈的努力；需要人们有意识地、自觉地训练大脑，保持记忆的连续性和准确性。

记忆的最初是利用形象记住事物，记忆力与想象力紧密相连。就是说，在头脑中好像有个电影银幕，当看到文字或听到话语的时候，要立刻在这个银幕上描绘出形象来。只要经常练习，养成这种习惯，那么看到或听到的事物的形象，就能在很短的时间里映现在头脑中，因而就容易留下记忆。

当脑海中浮现形象的时候，最关键的一点，就是尽可能把它们换成具体的物品。例如，从香烟这个词想象出自己常吸的某品牌香烟的形象；要是领带，就想象出一条有着时兴花样的领带的形象；如果是围巾，就想象出你所喜爱的经常围着围巾的形象。

记忆总是与想象紧密联系在一起的。若大脑对于过去只是一片空白，则无法拼凑出想象的图像。想象有着一系列奇妙的特性，如强制性、目的性和控制力。

我们头脑中有时冒出的各种念头尽管新颖得令人叫绝，但是或多或少有些模糊和令人迷惑。然而，这种脑海中的丰富联想必须要靠意志力的积极作用，必须进行不懈的磨炼才能够培养起来。

持续的思考和不懈的实践，会使得一个人在脑海里对事物的看法、对事物联系的观察、对各种事物的关系，形成更为生动可信的印象。如果一个人无法在这些方面做得很出色，通常是由于意志力没有引导好自己的思想能力，使其对事物的分析达到具体入微的境地。在强有力的意志的驱使下，人能想起一大堆的事实、各种各样的事物及其相应的规律、一大群的人、一个地区的概貌，甚至能够想起曾经有过的快乐幻想，以及很多很多对现实生活和理想世界的观念与设想。

自古至今，每个人的想象力都是非常丰富的。

文学的发展离不开作家的想象。可以说，没有想象就没有艺术，没有文学。艺术的生命根源于艺术家的想象力。想象是人类精神财富的一部分，整个人类的文明进程都离不开想象。想象是"十分强烈地促进人类发展的伟大天赋"。不仅在艺术领域，其他的社会科学领域诸如哲学、宗教领域，都需要想象。就是在自然科学领域里，想象也同样是科学家进行科学研究所必需的一种素质。正是由于人类具有奇特的想象力，才有了今天绚烂多彩的文明社会。

由此可见，意志力统率着人的心智，人在意志力的推动下创造着辉煌的文明。当意志力无比强大的时候，人能不断取得胜利；当意志力衰败之时，生活也将毫无生气。

■ 意志力是道德的导师

完善的意志力是个人道德的导师。

罗曼·罗兰说："没有伟大的品格，就没有伟大的人，甚至也没有伟大的艺术家，伟大的行动者。"品格是导引一个人行动的航标，拥有良好的品质，我们才不至于在人性的丛林中迷失方向。对此，邓肯说："有德行的人之所以有德行，只不过受到的诱惑不足而已；这不是因为他们生活单调刻板，而是因为他们专心致志奔向一个目标而无暇旁顾。"的确如此，每个人都需要构筑一个清晰和自信的道德价值观体系。它将使你战胜可能经历的道德失落，并消除你摇摆不定的沮丧心情。它能把你支离破碎的生活连成一体，是你走向未来的指路明灯。

道德的本质是什么？人类对此进行了种种探讨，如柏拉图的"善的理念"，康德的"善的意志"之说，都记载着先人对道德本质探索的痕迹。我国宋代的儒学者也曾企图用一个代表封建伦常的"理"去直接解释道德现象的内在本质，认为人的心中只要有了"理"，其行为就一定是符合当时的道德秩序的。按照马克思和恩格斯的论述，道德是一种以正确理解的利益为道德基础的社会行为公约，它强调个人利益服从全人类利益，它以精神观念的形式存在于人们的思想活动中。这就是说，道德的前提是对整体幸福、社会利益的追求，而不是对个人利益的追求。它强调个人对社会利益的服从和自我牺牲。因此，道德是人类理性意识的一种升华。

道德认识，就是对一定社会的道德行为准则及其执行意义的认识。道德认识过程是一个复杂的长期过程。它包括对道德概念和原则的理解，信念或观念的形成与巩固，以及运用这些观念去进行道德判断、分析情境、评定是非善恶等。道德认识的结果应导致道德观念的确定。

个人对道德观念和方法有了一个综合的了解，但这并不说明他是一个有道德的人。怎么会出现这种情况呢？这就像人们具有系统的批判思考能力，然而在实际生活中却不运用它们一样，因此，人们能掌握道德理论，却不一定能在生活之中具体地运用它。为了在生活中，使你自己达到更高的道德境界，你需要用意志力约束自己的行为，努力过一种有道德的生活。

本杰明·富兰克林小时候很喜欢钓鱼。他把大部分闲暇时间都花在了那个磨坊附近的池塘旁边。

一天，大家都站在泥塘里，本杰明对伙伴们说："站在这里太难受了。"

"就是嘛！"别的男孩子也说，"如果能换个地方多好啊！"

在泥塘附近的干地上，有许多用来建造新房地基的大石块。本杰明爬到石堆高处。"喂！"他说，"我有一个办法。站在那烂泥塘里太难受了，泥浆都快淹没到我的膝盖了，你们也一样吧！我建议大家来建一个小小的码头。看到这些石块没有？它们都是工人们用来建房子的。我们把这些石块搬到水边，建一个码头。大家说怎样？我们要不要这样做？"

"要！要！"大家齐声大喊，"就这样定了吧！"

于是，他们像蚂蚁那样两三个人一起搬一块石头。最后，他们终于把所有的石块都搬来了，建成了一个小小的码头。

第二天，当工人们来做工时，惊奇地发现所有的石块都不翼而飞了。工头仔细地看了看地面，发现了许多小脚印，有的光着脚，有的穿着鞋，沿着这些脚印，他们很快就找到了失踪的石块。

"嘿，我明白是怎么回事了。"工头说，"那些小坏蛋，他们偷石头来建了一个小码头。"

他们立即跑到地方法官那儿去报告。法官下令把那些偷石头的家伙带进来。

幸好，失物的主人比工头仁慈一点，他是一位绅士，他本人十分尊敬本杰明的父亲。而且孩子们在这整个事件中体现出来的气魄也让他觉得非常有趣。因此，他轻易地放了他们。

但是，这些孩子们却要受到来自他们父母的教训和惩罚。在那个悲伤的夜晚，许多荆条都被打断了。至于本杰明，他更害怕父亲的训斥，而不是鞭打。事实上，他父亲的确是愤怒了。"本杰明，过来！"富兰克林先生用他那一贯低沉而严厉的声音命令道。本杰明走到父亲的面前。"本杰明，"父亲问，"你为什么要去动别人的东西？"

"唉，爸爸！"本杰明抬起了先前低垂的头，正视着父亲的眼睛，"要是我仅仅是为了自己，我绝不会那么做。但是，我们建码头是为了大家都方便。如果把那些石头用来建房子，只有房子的主人才能使用，而建成码头却能为许多人服务。"

"孩子，"富兰克林严肃地说，"你的做法对公众造成的损害比对石头主人的伤害更大。我的确相信，人类的所有苦难，无论是个人的还是公众的，都来源于人们忽视了一个真理，那就是罪恶只能产生罪恶。正当的目的只能通过正当的手段去达到。"

本杰明·富兰克林一生都无法忘记他和父亲的那次谈话。在他以后的人生道路上，他始终实践着父亲教给他的道理。实际上，他后来成了美国有史以来最杰出的政治家和外交官之一。

应该说，本杰明·富兰克林是幸运的，他的父亲告诉了他一个不平凡的道理：一个人只有真正为公众的利益担当起自己应有的使命时，他才能不断激励自己的意志，勇往直前，他的所作所为才会变得伟大而值得称颂。

的确如此，完善的意志力是个人道德的导师。虽然，对于意志力的真正磨砺不可能离开高尚的品质和正直的观念——我们至少知道，忽视对良好道德的培养可能不会影响一个人造就强大的意志力，但若没有高层次的道德情操上的要求，则不可能培养出完善的意志力。意志力的最高境界就是一种合乎高尚道德要求而又强大的意志力。

"美德是对它自己的奖赏"这句格言包含了丰富的真理内涵，它是苏格拉底在其思考中提出的观点。他认为行恶"将危害和腐蚀我们自己，正义的行动将使我们得到升华，非正义的行动将把我们摧毁。"作为一个自由的人，你通过你的意志和你进行的选择，创造着你自己，就像雕塑家通过无数次的雕刻而塑造形象一样。如果你把自己创造成了一个有道德的人，那么，也就意味着你把自己创造成了一个有德行和有价值的人。但是，如果你不选择把你自己创造成一个有道德的人，那么，你就会逐渐变得腐化和堕落。你失去了你的道德情感，成为道德上的无知者和盲人，你将会逐渐被精神的疾病所蹂躏和摧残。

意志力的三个要素

意志力不仅能激活人类大脑休眠着的潜力，还能将所有保存着的气力和精力集中到要完成的任务上。并且它能以一种强大的力量感染它周围的人，迫使他们对它关注，承认它的存在。在人与人的竞争中，有着最坚强意志的人将获得胜利。

■ 有明确的目的

人的意志活动总具有明确的目的。所谓明确的目的，就是能清晰地意识到主体行动的过程及其结果。明确的目的性是人类行为不同于动物行为的一项最本质的特征。马克思说，人类为了"在自然物中实现自己的目的"，除了从事劳动的那些器官紧张之外，还需要有心理上的紧张，即"还需要有作为注意力表现出来的意志"。这说明，只有人类有目的的活动，才能在自然界打上自己意志的印记，而动物则不能做到这一点。

目的性是人所独有的。由于具有目的性，意志既可以推动人去从事达到目的所必需的行动，也可以制止与目的相矛盾的愿望和行动。比如，一个人已经确定利用业余时间复习功课的目的，这就使他在这一段时间内专心致志地学习，同时又要克制自己不受无关的诱惑的干扰，不去从事无关的活动。

目的性是意志的鲜明特征。在实际生活中，人的意志在实践的基础上把需要、愿望、梦想、动机、兴趣、情感等的内容综合为"目的"。目的总是指向一定的客体，并以一定的客观现实为依据。但直接的客观现实无法满足主体的需要，主体所提出的目的不论是何种性质、何种类型，都表现为要建立一种或实现一种客观世界中当下还没有的东西。目的表明人对客观世界的不满足，在它当中鲜明地体现着主观与客观、理想与现实的矛盾。目的是人的意识对客体的超前改造，是主体把自己的内在尺度运用于客体，对客体自在形式的一种批判性、否定性反映。人的意志不仅确定活动的目的，而且使之向一定持续性的行动转化。意志还能通过调节内在精神活动，使之为达到既定目的服务，支配行动以使之符合目的的要求。

迈克尔·戴尔是美国第四大个人电脑生产商。他 29 岁便成为富豪，但既不是靠继承遗产，也不是靠中彩票，而是靠坚持梦想的结果。

迈克尔是在得克萨斯州的休斯敦市长大的，有一兄一弟，父亲亚历山大是一位畸齿矫正医生，母亲罗兰是证券经纪人。迈克尔在少年时期就勤奋好学。十来岁就开始了赚钱生涯——在集邮杂志上刊登广告，出售邮票。后来，他用赚来的 2000 美元买了一台个人电脑。然后，他把电脑拆开，仔细研究它的构造及运作并多次安装成功。

迈克尔读高中时，找到了一份为报商征集新订户的工作。他推想新婚的人最有可能成为订户，于是雇朋友为他抄录新近结婚夫妇的姓名和地址。他将这些资料输入电脑，然后向每一对新婚夫妻发出一封有私人签名的信，允诺赠阅报纸两星期。这次他赚了 18 万美元，买了一辆德国宝马牌汽车。汽车推销员看到这个 17 岁的年轻人竟然用现金付账，惊愕得不得了。

大学期间，迈克尔·戴尔经常听到同学们谈论想买电脑，但由于售价太高，许多人买不起。戴尔心想："经销商的经营成本并不高，为什么要让他们赚那么丰厚的利润呢？为什么不由制造商直接卖给用户呢？"戴尔知道，万国商用机器公司规定，经销商每月必须提取一定数额的个人电脑，而多数经销商都无法把货全部卖掉。他也知道，如果存货积压太多，经销商的损失将很大。于是，他按成本价购得经销商的存货，然后在宿舍里加装配件，改进电脑的性能。这些经过改良的电脑十分受欢迎。戴尔见到市场的需求巨大，于是在当地刊登广告，以零售价的八五折推出他那些改装过的电脑。不久，许多商业机构、医生诊所和律师事务所都成了他的顾客。

由于戴尔一边上学一边创业，父母一直担心他的学习成绩会受到影响。父亲劝他说："如果你想创业，等你获得学位之后再说吧。"戴尔当时答应了，可是一回到奥斯汀，他就觉得如果听父亲的话，就是在放弃一个一生难遇的机会。"我认为我绝不能错过这个机会。"于是他又开始销售电脑，每月能赚 5 万多美元。戴尔坦白地告诉父母："我决定退学，自己开公司。""你的梦想到底是什么？"父亲问道。"和万国商用机器公司竞争。"戴尔说。和万国商用机器公司竞争？他父母大吃一惊，觉得他太自不量力了。但无论他们怎样劝说，戴尔始终不放弃自己的梦想。终于，他们达成了协议：他可以在暑假期间试办一家电脑公司，如果办得不成功，到9月就要回学校去读书。

得到父母的允许后，戴尔拿出全部积蓄创办了戴尔电脑公司，当时他19岁。他以每月续约一次的方式租了一个只有一间房的办事处，雇用了一名28岁的经理，负责处理财务和行政工作。在广告方面，他在一只空盒子底儿上画了戴尔电脑公司第一张广告的草图。朋友按草图重绘后拿到报馆去刊登。戴尔仍然专门直销经他改装的万国商用机器公司的个人电脑。第一个月营业额便达到18万美元，第二个月26.5万美元，一年间，平均每月售出个人电脑1000台。积极推行直销、按客户要求装配电脑、提供退货还钱以及对失灵电脑"保证翌日登门修理"的服务举措，为戴尔公司赢得了广阔的市场。大学毕业的时候，迈克尔·戴尔的公司每年营业额已达7000万美元。以后，戴尔停止出售改装电脑，转为自行设计、生产和销售自己的电脑。

如今，戴尔电脑公司在全球16个国家设有附属公司，每年收入超过数十亿美元，有雇员约5500名。戴尔个人的财产，估计在2.5亿到3亿美元之间。

假如戴尔不是从一开始就对自己的行为有明确的目的性，并坚持不懈地付出努力，显然他是不可能成为当今世界最年轻的富豪的。

马克思指出，"专属于人的劳动"一个重要特征就是具有"有目的的意志"。在人们的活动中，目的的提出，首先意味着人们对自身需要有了明确的意识，同时意味着人们对客观事物及其规律有了一定的认识。目的具有一定的主观性，但这并不意味着人在实践之前就不能提出相对合理的实践目的。这是因为，人的任何一次具体实践都以过去实践的经验为前提，人的需要是在过去改造世界的基础上形成的，同时，在这一过程中，人们也积累了关于某类客观对象的本质和规律的知识。

由此可知，意志与知识、思想联系密切，并总是受它们的影响，无论是知识、思想，还是意志，其产生的社会基础都是社会实践。作为人的价值关系和需要的现实形式，意志并非一种主观随意的东西。特别是，目的本身是否具有现实性、可实现性，意志是否真正把握了目的并能保证其实现，目的和意志本身都无法做出解答，这必须依赖社会实践。

在实践过程中，任何"有目的的意志"都必然受到来自客观世界和主体需要等多方面的检验、调节和制约，它们不可能是绝对自由、毫无约束的。人的意志自由的限度最终是由人类实践的内在矛盾和发展水平决定的。

■ 自觉地采取行动

意志活动必须是有目的的活动，然而有目的的行动又并非都是意志行动，意志行动还必须是自觉性的行为。所谓自觉性，就是指人在活动前，就能对活动的本体意义和社会意义有清晰、明确的目的。

一个具有充分自觉性的人，能根据对客观事物发展规律的认识，自觉地确定行动的目的，有步骤地采取有效的行动方法，从而减少行动的盲目性，加强自己的主观能动性。

下面就让我们从"清华神厨"张立勇的故事中来共同体会一下意志的自觉性。

被媒体誉为"清华神厨"的张立勇念高中时因贫困而辍学，开始了漫漫打工路。他先到广州打工，数年后，到清华大学第十五食堂做厨师。为了学习英语，他给自己制定了一张"残酷"的时间表，他的生活就以这张表为准则，一切都服从于它。

他的时间表是这样的：6 点必须起床，6 点 15 分到 6 点 30 分出去跑步，6 点 30 分到 7 点背英语，7 点到 7 点 10 分或者 7 点 15 分刷牙、洗脸，然后出发到食堂，7 点 30 分上班；午饭时间控制在 7 分钟之内，剩下的 8 分钟背英语；中午 1 点钟听英语广播；晚上 8 点下班，学习英语到 12 点，深夜 12 点 45 分到 1 点 15 分收听英语广播。

他称这个时间表是"永不动摇的时间表"。

为了学习，他往往到夜里两三点钟才休息，累的时候，定好的闹铃声听不到，上班就会迟到并挨领导的批评。为了能早起床，他就多买了一个闹钟，再加上朋友送的一个，上班就不会迟到了。闹钟保证了他的时间表不发生变化，保证了他的学习计划。

就是这张"永不动摇的时间表"，让惰性没有了可乘之机。

张立勇白天上班的时候很辛苦，几乎没有自由时间。但他认为时间就像是海绵，一挤就有了，日积月累便会积攒很多时间。食堂的工作很紧张，中间休息的时间很短，按规定，在给学生卖饭之前，内部有 15 分钟时间先吃饭。然而，张立勇却是用 7 分钟吃饭，在节约下来的 8 分钟里，就躲在食堂碗柜后面背英语。常常是同事在碗柜这一边吃饭，他在另一边背英语。

为了学习，张立勇饱受着很大的精神压力，有时候是他的父母生病了，有时候是遭到同事笑话。每个人都有惰性和依赖性，太累的时候，他也想着偷懒，但是他有很强的理智和自控能力。他在床头写上"克己""行胜于言""挑战自我"等警句，时时提醒自己："你不能偷懒，至少你目前不能偷懒，你不能喝酒，你不能谈女朋友，你没有时间打牌，你还没有资格享受。"他以各种方式时刻提醒自己。

这张"永不动摇的时间表"更是对一个人毅力和耐心的考验。

张立勇一边工作一边学习，休息时间很少，经常犯困，晚上 8 点下班后赶到教室，坐下来就想睡觉。但是，无论身体和精神有多累，他要求自己必须实现自己制定的学习目标。假定一天该看完 10 页，结果难以控制，趴在桌上睡着了，1 页也没看完。面对这种状况，他就打满一杯热气腾腾的开水。别人的水一般是凉了再喝，而他是趁热喝，开水烫得全身打个激灵，舌头痛得不行，然而睡意却马上就消失了。这种执行方式几近于"残酷"，却是超强毅力的体现。

张立勇每天的学习任务都很明确，有的时候他必须要战胜自己的身体。人都是有惰性的，也特别容易自我放松，如果稍微松懈一下，就会浪费很多时间，学习的连贯性和学习计划就会遭到破坏。古人云："明日复明日，明日何其多，我生待明日，万事成蹉跎。"这大概是最好的警示诗了。他告诫自己，越是在困难的时候越要想办法坚持下来。否则，所有的努力都会化成泡影。

张立勇就是这样"永不动摇"地学习，十年磨炼，终于学有所成。这张"永不动摇的时间表"改变了他的命运。张立勇在清华大学食堂工作了 8 年，坚持自学英语，通过了国家英语四、六级考试，托福考了 630 分，被清华大学学生尊称为"馒头神"，被媒体誉为"清华神厨"。

综观古今，惰性是与成功失之交臂的原因。惰性，使人的才华被埋没，使人的潜能被扼杀，使人的希望变得虚无缥缈。如果一个人一生为惰性所控制，那他只有忍受"南柯一梦"的失落，很难有大的作为。只有克服惰性，才能取得更大的成功。

张立勇意识到用知识改变命运的重要性，并以"永不动摇的时间表"督促自已，战胜惰性，并最终成就了自己的梦想，这就体现了一个人的意志的自觉性。

古今中外，凡是在事业上有所成就、有所建树的人，都具有自觉的、坚强的意志力。而一个缺乏自觉性的人，他在意志方面，就会表现出这样两种不良品质：一是受暗示性；三是独断性。前者极易轻信别人，易受外界的干扰，轻易改变自己原来的决定；后者经常顽固地拒绝别人的劝告或意见，甚至不顾现实情况的变化，固执己见，独断专行。

■ 克服遇到的困难

意志力只有在困难的克服之中才能得到体现，不与克服困难相联系的行动，不是意志活动。

意志的强度与克服困难的大小、多少成正比例关系。在一定的条件下，意志越坚强，就越能克服更多更大的困难；反之，意志越软弱，就只能克服较少较小的困难，甚至于不能克服困难。同样，克服的困难越多越大，则意志就会锻炼得越坚强；反之，克服的困难越少越小，则意志就会变得越软弱。这就好比攀登高峰，在攀登险峰的过程中，每跨越一个困难，我们的意志就得到一次磨炼。

在行动中遇到的困难多种多样，归结起来不外两大类：一类是内部困难。内部困难是指主体的心理和生理方面的障碍，包括对所做决定的正确性产生怀疑，相反的要求和愿望的干扰，消极情绪，信心不足，犹豫不决的态度，缺乏知识和经验，能力有限，身体健康状况不好等。另一类是外部困难。外部困难主要指外界条件的障碍，包括来自家庭、社会和他人的阻挠，缺乏必要的工作条件和工具，自然环境的不利，社会环境的局限等。

在实际活动中，内部困难与外部困难是彼此影响、相互联系的。首先，内部困难往往是由外部困难引起的，内部困难一经产生，反过来又使得外部困难更加难以克服。比如，在执行决定时由于预先没有估计到的突发事件引起了新的困难，于是内心就可能产生对执行决定不利的想法，从而不积极想办法去克服困难，外部困难也就越发显得困难了。其次，外部困难总是通过它引发的内部困难而起作用。就是说，同一种客观条件下的同一情况的出现，对甲可能构成困难，对乙可能根本说不上困难。

我们平时所说的克服困难，往往偏重指外部困难，而忽略内部困难。其实在内外困难中内部困难是个关键因素，内部困难的克服对完成意志行动更为重要。因而所谓克服困难，事实上克服恐惧、胆怯、犹豫、退缩等内部困难才是首要的。

另外，针对每个人在困难面前的表现情况来看，意志又可被划分为意志坚强型及意志懦弱型。

坚强型的本质特性，就是不怕困难、知难而进；就是敢于迎接困难，敢于克服困难。属于这种类型的人，其对待困难的态度是："困难像弹簧，你强它就弱，你弱它就强。"坚强型的人，往往都具有很强的韧性，很强的忍耐力。他们能忍受一般人无法忍受的痛苦、经得起一般人不能经受的考验。

懦弱型的本质特征，就是害怕困难，知难而退。属于这种类型的人，其对待困难的态度是：惊慌失措、畏首畏尾。这种人缺乏韧性，毫无忍耐力。无论是肉体上的痛苦，或精神上的折磨，他们都一概无法忍受。他们只能在顺境中生活，不能在逆境中奋斗。

在现实生活中，我们所见到的大多数人，有的是坚强性多于懦弱性；有的是懦弱性多于坚强性；有的是坚强性与懦弱性基本相当。纯粹的坚强型或懦弱型的人是不多见的。

每一个人在奋斗中都会遇到各种困难、挫折和失败，不同的心态，是成功者与普通人的区别。

任何成功者的早期经历都能印证温德尔·菲利普斯的至理名言："失败是成功之母。"

许多人最终迈向成功，都是在经历了无数次失败之后。不曾失败者不会成功。

1978年10月15日，当了福特公司整整8年总裁的艾科卡，突然被公司老板亨利·福特解雇了。原来亨利·福特是个专横武断的人，他嫉妒艾科卡日益增长的声望和权力，害怕他会夺走他家族的利益。艾科卡仿佛一下子从天堂被踢下地狱，他尝尽了挫折、失败以及世态炎凉的滋味。在厄运面前，艾科卡毫不气馁，转入另一个濒临破产的大汽车公司——克莱斯勒公司，以顽强的意志去迎接挑战。当时的克莱斯勒公司负债累累，就任董事长的艾科卡首先重建公司的管理系统，他辞退了35名不称职者，招聘和提升了许多充满活力、极有才干的年轻人。

不料当时世界的能源危机突然袭来，汽车销售大幅度下降，在这种严峻的形式下，艾科卡快刀斩乱麻，裁员9万人，精简管理层。同时，艾科卡多方游说，努力争取政府贷款。在那段艰难的日子里，艾科卡身负巨大的压力和工作重荷，一星期跑几次华盛顿，一天发疯似的开上8～10个会。终于，美国的参、众两院通过了政府向克莱斯勒公司提供15亿美元贷款的决定。1982年，乌云消散，克莱斯勒公司复兴了。次年，公司的纯利便达到9亿多美元。经过艰苦的努力，艾科尔又一次赢来了事业的辉煌，他用意志战胜了命运。

或许你的往事不堪回首；或许你没有取得期望的成功；或许你失去了至爱亲朋，失去了企业，甚至住房；或许你因病不能工作，意外事故剥夺你行动的能力，然而，即使面对这一切的不幸，你也不能屈服。你或许会说，你经历过太多的失败，再努力也没有用，你几乎不可能取得成功。然而，这意味着你还没有从失败的打击中站立起来，就又受到了新的打击。这简直毫无道理！

只要永不屈服，就不会真正失败。不管失败过多少次，不管时间早晚，成功总是可能的。

对于一个没有失掉勇气、意志、自尊和自信的人来说，就不会有失败，他最终定是一个胜利者。

如果你是一位强者，如果你有足够的勇气和毅力，失败只会唤醒你的雄心，让你更强大。

意志过程的三个阶段

作为一种自我引导的精神力量，意志力是指引我们成功的伟大力量。意志力在很大程度上取决于一个人是否相信自己的能力，以及对所要做的事保持坚定的决心。如果你拥有强大的意志力，那么你全身的能量都可以在它的召唤下聚合起来，从而实现你的成功。

■ 下定决心

决心是意志过程的第一个阶段。我国古代学者所提倡的"立志"，便含有下定决心的意思。如说"有志者事竟成"，意即下定决心去做好某一件事，就一定能取得成功。下定决心不是轻而易举的，它往往要经过一系列复杂的心理活动：认清客观条件，展开动机冲突分析，积极进行思考。只有明确情况，才会决心大；盲目下定的决心，即使决心再大，也是无济于事的。下定决心主要表现在两个方面：一是确定行动的目的。每一个意志行动都有其最终的目的，而这个最终目的并非是一下子就能定下的，它往往需要人们反复衡量、多次比较，然后才能以决心——决定的形式确定下来。这里要指出的是，决心是决定的内部基础，而决定则是决心的外部表现。二是选择达到目的的行动方法和方式。选择什么样的方式方法去实现目的，可能与知识、经验有关，也可能与动机、目的有关。但不论怎样，行动的方式方法的最终选择，也必须以决心——决定的形式才能确定下来。

坚定的决心是一种力量，坚定的决心是你战胜困难所必需的。拥有了坚定的信念与决心，就能赢得别人全部的信任，就能处处获得别人的帮助。而那种做事三心二意、没有干劲和毅力的人，就没有人愿意信任他或支持他，因为大家都知道他做事不可靠，随时都会面临失败。

坚韧的人从不会停下来想他到底能不能成功。他唯一要考虑的问题就是如何前进，如何走得更远，如何接近目标。无论途中有高山、有河流，还是有沼泽，他都会去攀登、去穿越。而所有其他方面的考虑，都是为了实现这个终极目标。

为了发明矿工用的安全灯，乔治·斯蒂芬森带着巨大的勇气来进行实验。他下决心要对安全灯进行全面的实验和检测，为此，他亲自到矿井中去，这使他的朋友们大为惊讶和不安。当斯蒂芬森问矿工们，哪里是最危险的坑道时，别人告诉他有一条坑道充满了瓦斯，随时有爆炸的危险，他们劝他赶紧回去。可他却义无反顾，立马到那里去检验自己的安全灯。而其他人看到这一情景，竟然不约而同地后退到安全距离以外。

斯蒂芬森慢慢地向前走去，也许前面就是死亡，或者失败，但在斯蒂芬森看来，失败比死亡更糟。而斯蒂芬森那勇敢的心没有为之战栗，他的手并没有因此而颤抖。到了最危险地段，他在瓦斯汹涌的坑道里持着自己的安全灯，静静地等待结果发生。一开始灯的火焰突然亮了一下，然后就开始明明灭灭地闪烁——火焰暗下去了——最后熄灭了。在这种可怕的气体中，斯蒂芬森的灯并没有产生任何容易引起爆炸的迹象。没有爆炸！显然，斯蒂芬森发明了一种可以在矿坑里使用的安全照明灯，这种灯不会遇到可燃气体就发生爆炸，他为成千上万的矿工们的安全做出了巨大贡献。

这就是最初的"实用的煤矿照明安全灯"的由来。

一旦下了决心，不留后路，竭尽全力，向前进取，那么即使遇到千万困难，也不会退缩。如果抱着不达目的绝不罢休的决心，就会不怕牺牲，排除万难，去争取胜利，把犹豫、胆怯等妖魔全部赶走。在坚定的决心下，成功之敌必无藏身之地。

一个人有了决心，方能克服种种艰难，获得胜利，这样才能得到人们的敬仰。所以，有决心的人，必定是个最终的胜利者。只有决心，才能增强信心，才能充分发挥才智，从而在事业上获得伟大的成就。

如果你认真地考察过自己，对自己的体格、学问、专长、才能和志趣有一个深刻的把握，同时你也已经找到"性之相近、力之所能"的职业了，就不要再彷徨犹豫，更不要费尽心机去找比手头的工作更好的职业，而是应该立即坚定意志，集中精力于工作之上，全力以赴。唯有坚定的决心，才能引导你迈向成功。

如果你真的认为目前的工作是找错了，并且确信，如果换别的工作一定会比目前的处境更好，那么这时你就应该当机立断，马上辞去现在的工作。

许多人最终没有成功，不是因为他们能力不够、诚心不足或者是没有对成功的渴望，而是因为缺乏足够坚定的决心。这种人做事的时候往往虎头蛇尾、有始无终、东拼西凑、草草了事。他们总是怀疑自己目前所做的事情能否成功，永远都在考虑到底要做哪一种事，即使他们认定某种职业绝对有成功的把握，但做到一半他们也觉得还是另一个职业比较妥当。这种人最终还是难免以失败作为结局。对于这种人所做的事情，别人肯定无从信任，就是连他自己也常常毫无把握。

一个人有了铁一般的决心，无形中就能给他人一种信用的保证，暗示着他做事一定会负责，不远处就有成功的希望。举例来说，一位建筑师设计好图纸后，如能完全依照图样，一步一步去施工，一座理想的大厦不久就会拔地而起。倘若这位建筑师一面施工，一面不停地改动那图纸，东改一下，西动一下，试想这所大厦还能盖成吗？所以说，做任何事情，下决心时固然应该考虑周详，但主意打定后，就千万不能有所动摇了，而应该按照拟定的计划，踏踏实实去做，一步一个脚印，不达目的誓不罢休。

成功者绝不可能是遇事迟疑不决、优柔寡断的人。成功者的特征是：绝不因任何困难而沮丧，咬定青山不放松，认定目标勇往直前。

通常，人们最信任的人就是那些拥有坚定的决心的人。他们也会遇到困难，碰到障碍和挫折，但即使失败，也不会败得一塌糊涂、败得一蹶不振。

只要有坚定的决心，即使才能平平的人也会有成功的一天；否则，即使是一个才识超群、能力非凡的人，也将遭受失败的命运。

一家全球闻名的保险公司总经理说过，在工作中，他所遇到的最大难题就是选择可靠的工作人员。因为每次招聘经过严格的考试后，难得有一两位候选人是合格的。

他的考试很特殊，目的在于测试应试者是不是一个有坚定的信念与决心的人。在面试中，他用种种消极的话语来测试应试者的信念与决心，告诉他们保险业的重重危机和实际工作中的巨大阻力，以此来试探他们。

很多人听了他的话之后，也就认为前途一片暗淡，因而打消了要去保险公司工作的信念。而只有极少数人在听了这位总经理对前景的种种惨淡描述后，仍然不为所动，决心依旧。同时，言谈举止之中能够做到处处谨慎大方，并能显出忠诚可靠、富有勇气的个性，这样的人才是这家大保险公司所需要的。

坚定的决心，这是公司对所有合格的应试者要求的条件，如果没有这些特征，无论才识如何渊博，都无法得到公司的认同。

永不屈服、百折不回的意志力是获得成功的基础，而坚定的信念与决心是意志力的第一大要素。库伊雷博士说过："许多青年人的失败都可以归咎于缺乏信念与决心。"的确，大多数青年颇有才学，也具备成就事业的能力，但他们的致命弱点是缺乏信念、没有决心，所以，终其一生，只能从事一些平庸安稳的工作。他们即使遭遇微不足道的困难与阻力，也会往后退缩，裹足不前，这样的人怎么可能成功呢？如果你想要获得成功，就必须为自己赢得美好的声誉，让你周围的人都知道：一件事到了你的手里，就一定会做成。而这首先需要你自己对做这件事拥有坚定的决心。

一旦你树立了坚定的决心，无论在哪里，你都能找到一个适合你的好职位。与之相反，如果你自己都看不起自己，只知糊里糊涂地生活，一味依赖别人，那么你迟早有一天会被人踢到一边。

决心称得上是世间最有价值的美德，只要凭着坚定的决心，一个人的力量就能发挥得淋漓尽致。

■ 树立信心

自信心是意志过程的第二个阶段。

自信心，是相信自己的愿望或预料一定能实现的心理状态。一个人如果没有自信心，就不能大有作为；一个民族如果没有自信心，则不能兴旺昌盛。人才的造就，事业的成功，都要经过千险万阻，而自信心是获得成功的精神支柱。

自信是人生价值的自我实现，是对自我能力的坚定信赖。失去自信，就是心灵的自杀，它像潮湿了的火柴，再也不能点燃成功的火焰。

许多人的失败，不在于他们不能成功，而是因为他们不敢争取，或不敢不断争取。而自信则是成功的基石，它能使人强大，能使丑小鸭变成白天鹅。道理很简单，你只要对你所从事的事业充满必胜的信心，就会采取相应的行动，并且百折不挠，直至成功。而没有自信，绝无行动，这样，再壮丽的理想也只不过是没有曝光的底片。

1956年10月20日，一位叫林德曼的精神病学专家独自一人驾着一叶小舟驶进了波涛汹涌的大西洋。在这之前，已经有不少勇士相继驾舟横渡大西洋，结果均遭失败，遇难者众。林德曼认为，这些死难者首先不是从肉体上败下阵来的，主要是死于精神上的崩溃，死于恐怖和绝望。一个人只要对自己抱有信心，就能保持精神和机体的健康，并能够克服道路上的困难。为了验证自己的观点，他决定亲自驾船进行"实验"。

林德曼驾驶的船只有5米长，是目前所知载人横渡大西洋的最小的船。它设计得适合湖泊、没有急流的河流、平静的沿海水域，有一点像远洋航行的帆船。虽然如此，林德曼的小船顽强地抵抗了大西洋的浪涛，尽管曾两次倾覆，仍数次在飓风中死里逃生。出发前，林德曼装了60罐食物、96罐牛奶和72罐啤酒在这个 27 千克的小船上。食物和装备把船塞得太满了，没地方放得下一个炉子。旅程中食物不够时，他就只好抓鱼来生吃。在海上航行期间，他的体重减轻了 20 多千克。最终，林德曼用了 72 天成功横渡大西洋。

林德曼驾着这艘弱不禁风的小船横渡大西洋的时候没有做任何记录。他感兴趣的是人应对极限条件下精神紧张的方式。他靠自我催眠和他发明的一种"心理卫生"系统来克服恐慌和想要自杀的绝望。独自在波涛中拼搏了两个半月，不充足的食物，仅能伸直双腿的空间，这些给了林德曼一个机会去试验和改进他的方法。在航行中，林德曼遇到了难以想象的困难，多次濒临死亡，他的眼前甚至出现了幻觉，运动感也处于麻木状态，有时真有绝望之感。但只要这个念头一升起，他马上就大声自责："懦夫，你想重蹈覆辙，葬身此地吗？不，我一定能够成功！"生的希望支持着林德曼，最后他终于成功了。他在回顾成功的体会时说："我从内心深处相信一定会成功，这个信念在艰难中与我自身融为一体，它充满了周围的每一个细胞。"

林德曼的经历表明，人只要对自己保持坚定的信心，就能够闯过重重难关，并最终取胜。

在现实生活中，信心一旦与思考结合，就能激发潜意识来激活无限的智慧和力量，使每个人的欲求转化为物质、财富、事业等方面的有形价值。有人说：成大事的欲望是创造和拥有财富的源泉。人一旦产生了这一欲望并经由自我暗示和潜意识的激发后形成一种信心，这种信心便会转化为一种动力。它能够激发潜意识释放出无穷的热情、精力和智慧，进而帮助其获得巨大的财富与事业上的成就。所以，有人把"信心"比喻为"一个人心理建筑的工程师"。

在每一个成功者的背后，都有一股巨大的力量——信心——在支持和推动着他们不断走向成功。

每个人都不能离开自信，它是你生命中的指路明灯。

自信心是引导人们走向胜利的阶梯。一般来说，自信心充足者的适应能力较高，反之，则适应能力较低。但很多人都缺乏自信，因而终生默默无闻。

曾经有人做过这样一个调查：你自己认为最难解决的私人问题是什么？600 个大学生中，75% 的人在答卷上选择"信心不足"的答案。

十分巧合的是，这个世界上至少有 2/3 的人营养不良，也就是说，世界上信心不足的人数和营养不良的人数几乎一样多。营养不良，使人身体无法正常发育；自信心不足，也会带来精神上的发育不良。

缺乏自信心，是人生的一大悲哀。这种悲哀在于，他们把"自我"丢失了。一个人丢失了"自我"，便没有了灵魂，没有了动力，没有了生活的乐趣。

当自信心融合在思想里时，潜意识便会立即拾起这种震撼，把它变成等量的精神力量，再转送到无限智慧的领域里促成成功思想的物质化。可见，自信心对成功是何等重要。说白一点，缺乏自信心的人将一事无成。

自信的建立并非像有些人想象的那样困难，它是一个认识自我、肯定自我的过程。只要你总想着自己的长处，总想着自己已经成功的经验，你的自信心便会逐渐在你的心中复苏、生根，并逐渐主导你的潜意识。经过一段时间的努力，自信心便会融入你的性格。

■ 保持恒心

恒心是意志过程的第三个阶段。我国古代学者更强调恒心的价值。如荀子云："锲而舍之，朽木不折；锲而不舍，金石可镂。"在意志过程中，恒心阶段具有更为本质的意义。因为光有决心和信心，而没有坚持到底的恒心，自然毫无意义：决心成了水中之月，信心也成了闪烁流星。恒心的坚持在于，一方面要善于抵制不符合行动目的的主观因素的干扰，做到面临重重诱惑而不为所动；另一方面要善于长久地维持已经开始的符合目的的行动，做到无论从事什么工作，都有始有终。具有恒心的人，不论前进的道路上如何险阻重重，都不会放弃对目标的执着追求；不论行动的过程中如何枝节横生，总是目不旁顾，坚持既定的方向。

恒心是克服一切困难的钥匙，它可以使人们成就一切事业；它可以使人们在面临大灾祸、大困苦的时候不致覆亡；它可以使人们以铁路、电报等工具，将各洲贯通联络起来；它可以使人们寻见新陆地，获得大胜利；它可以使贫苦的孩子受大学教育，在社会上有所表现；它可以使纤弱的女子担当起持家的重担，使残疾的人能够挣钱养活衰老的父母；它可以使人们逢山凿隧道，遇水架大桥。

世界上没有任何东西可以替代恒心，知识、金钱、权势以及其他一切的一切都不能替代。

恒心是一切成大事者的特征。劳苦不足以使他们灰心，困难不足以使他们丧失意志，不管是怎样的艰难困苦，他们总会坚持忍耐着，因为"坚韧"是他们的天性。他们或许缺乏某种良好的素质，或许有种种弱点、缺陷，但是恒心是成大事的人绝不会缺少的涵养。

凡是用恒心当做资本从事事业者，他成功的可能，比那些以金钱为资本从事事业者要大得多。人们的成功史，每时每刻都在证明拥有恒心可以使人脱离贫穷，可以使弱者变成强者，变无用为有用。

著名的发明家爱迪生也是一个具有恒心的人。每当他发明一件东西的时候，他都要忍受别人的讥笑和指责，因为他的观念太新了，别人无法接受，甚至有不少人把他的新奇发明视为洪水猛兽。但是，爱迪生能够忍受任何的讥笑，他努力地为自己的发现寻找依据，并争取别人参与试验和试用。相传他在发明电灯的过程中，为寻找适合做灯丝的材料，曾先后试验过 1000 种材料。当别人嘲笑他的时候，他却回答："在失败 999 次的同时，我也找到了 999 种不能用电来发光的材料。"

"继续吧！继续吧！没有任何东西可以取代恒心。只凭聪明的人，不能够成功，因为聪明而不能成功的人实在太多了。"发展了麦当劳连锁快餐的韦郭先生，他曾经讲过一些关于恒心的话，他说，"只凭天才的人不能够成功，因为怀才不遇的人在这个世界上也着实不少。教育也并不能够取代恒心，在今日的社会中，不是有很多自暴自弃的读书人吗？只有恒心，才是成功的唯一要素。"

当人们竭尽全力却依然要面临失败的结局，当其他各种能力都已束手无策、宣告绝望之时，恒心便悄然来临，帮助人们取得胜利、获得成功。

依靠无坚不摧的恒心而做成的事业是神奇的。当一切力量都已枯竭了、一切才能宣告失败时，恒心却能依然坚守阵地。依靠恒心，终能克服许多困难，甚至最后做成许多原本已经不抱希望的事情。

当人人都停滞不前的时候，只有富有恒心的人才会坚持去做；人人都因感到绝望而放弃的信仰，只有富有恒心的人才会坚持着，继续为自己的意见辩护。所以，具有这种卓越品质的人，最终都能获得良好的声誉和可观的收益。

提高意志力的基本方法

只有通过夜以继日、坚持不懈的努力，我们才能培养出坚强的意志力，它可以面对一切困难的挑战。这种自我训练的过程是循序渐进的，而最终使意志力达到较高境界所需的时间也因人而异。但是，培养这种坚强的意志力所花费的血汗和代价，与这种意志力对我们的人生所具有的巨大价值相比，又是多么的微不足道。

意志力训练提升个人素质

一个有心修炼和提升自己意志力的人，将获得无比巨大的力量，这种力量不仅能够完全地控制一个人的精神世界，而且能够引导人的心智达到前所未有的高度——此时，一个人从未设想能拥有的智能、天赋或能力都变成了现实。

■ 人需要培养意志力

意志力对于人的发展至关重要，人需要培养自己的意志力。

我们可以通过有意识地运用各种激励方法和教育而使意志力得到锻炼和加强，并且还可以通过完成每个具体行为目标来培养意志力。强大的愿望潜藏在每个人的内心深处，但是在受到召唤之前，它默默地沉睡在那里，人们忽视了它的存在。正因为如此，对个人意志力的科学训练总会产生奇迹。

生活中，许多人的意志力都亟待加强，然而令人不可思议的是，很少有作品对这个问题进行专门论述。在现代教育体系中，人们很少重视对意志力的培养这一问题。在关于教育学和心理学的著作中，时常有文章指出意志力培养的重要性，但是关于个人该如何培养意志力的论述，却显得苍白无力，言之甚少。培养意志力的重要性确实非同寻常，因为它往往能够决定一个人的命运，甚至它的影响要超过智力的影响。

一个铁块的最佳用途是什么？第一个人是个技艺不纯熟的铁匠，而且没有要提高技艺的雄心壮志。在他的眼中，这个铁块的最佳用途莫过于把它制成马掌，他为此竟还自鸣得意。他认为这个粗铁块每千克只值四五分钱，所以不值得花太多的时间和精力去加工它。他强健的肌肉和三脚猫的技术已经把这块铁的价值从1元提高到10元了，对此他已经很满意了。

此时，来了一个磨刀匠，他受过一点更好的训练，有一点雄心和更高一点的眼光，他对铁匠说："这就是你在那块铁里见到的一切吗？给我一块铁，我来告诉你，头脑、技艺和辛劳能把它变成什么。"他对这块粗铁看得更深些，他研究过很多锻冶的工序，他有工具，有压磨抛光的轮子，有烧制的炉子。于是，铁被熔化掉，碳化成钢，然后被取出来，经过锻冶，被加热到白热状态，然后投入冷水或石油中以增强韧度，最后细致耐心地进行压磨抛光。当所有这些都完成之后，奇迹出现了，他竟然制成了价值2000元的刀片。铁匠惊讶万分，因为自己只能做出价值仅10元的粗制马掌。经过提炼加工，这块铁的价值已被大大提高了。

另一个工匠看了磨刀匠的出色成果后说："如果依你的技术做不出更好的产品，那么能做成刀片也已经相当不错了。但是你应该明白这块铁的价值你连一半都还没挖掘出来，它还有更好的用途。我研究过铁，知道它里面藏着什么，知道能用它做出什么来。"

与前两个工匠相比，这个匠人的技艺更精湛，眼光也更犀利，他受过更好的训练，有更高的理想和更坚韧的意志力，他能更深入地看到这块铁的分子——不再囿于马掌和刀片。他用显微镜般精确的双眼把生铁变成了最精致的绣花针。他已使磨刀匠的产品的价值翻了数倍，他认为他已经榨尽了这块铁的价值。当然，制作肉眼看不见的针头需要有比制造刀片更精细的工序和更高超的技艺。

但是，这时又来了一个技艺更高超的工匠，他的头脑更灵活，手艺更精湛，更有耐心，而且受过顶级训练，他对马掌、刀片、绣花针不屑一顾，他用这块铁做成了精细的钟表发条。别的工匠只能看到价值仅几千元的刀片或绣花针，他那双犀利的眼睛却看到了价值10万元的产品。

也许你会认为故事应该结束了，然而，故事还没有结束，又一个更出色的工匠出现了。他告诉我们，这块生铁还没有物尽其用，他可以让这块铁造出更有价值的东西。在他的眼里，即使钟表发条也算不上上乘之作。他知道用这种生铁可以制成一种弹性物质，而一般粗通冶金学的人是无能为力的。他知道，如果锻铁时再细心些，它就不会再坚硬锋利，而会变成一种特殊的金属，富含许多新的品质。

这个工匠用一种犀利的、几近明察秋毫的眼光看出，钟表发条的每一道制作工序还可以改进；每一个加工步骤还能更完善；金属质地还可以精益求精，它的每一条纤维、每一个纹理都能做得更完善。于是，他采用了许多精加工和细致锻冶的工序，成功地把他的产品变成了几乎看不见的精细的游丝线圈。一番艰苦劳作之后，他梦想成真，把仅值1元的铁块变成了价值100万元的产品，同样重量的黄金的价格都比不上它。

但是，铁块的价值还没有完全被发掘，还有一个工人，他的工艺水平已是登峰造极。他拿来一块钢，精雕细刻之后所呈现出的东西使钟表发条和游丝线圈都黯然失色。待他的工作完成之后，你见到了几个牙医常用来勾出最细微牙神经的精致钩状物。1千克这种柔细的带钩钢丝，如果能收集到的话，要比黄金贵几百倍。

此刻，你一定会对铁块的潜力产生新的认识吧。当铁块被当作废铁被孤零零地扔弃在垃圾堆里时，你是否曾经思量过它有着未被开发的巨大的价值？其实，故事中的铁块就是你自己，故事中的工匠也是你自己。一个人要成为有多大价值的人才，取决于你对自己的锻造。一块质地粗糙的铁块经过千锤百炼之后，会变得更硬更纯更有韧性，成为非常有价值的可用之材。而一个由肉体、思想、道德和精神力量完美结合在一起的人，同样经过千锤百炼之后，他又会产生多么大的价值呢？你也要学工匠把你自己这块材料加工成器，自觉地接受生活中各种痛苦的考验，生活中逆境的打击、贫困与痛苦中的挣扎、灾难与丧失之痛的刺激、艰苦环境的压迫、忧患焦虑的折磨、令人心寒的冷嘲热讽、经年累月枯燥的教育求索和纪律约束带来的劳累，你经受住并与之斗争，你在各种挑战中，独具匠心、锲而不舍地锻造自己，最终，生活的各种磨砺只会促使你更强大，更魅力非凡，更超凡脱俗。

那些逃避考验与磨难的人是懦夫，是庸人，是无药可救的失败者。一块铁经过日晒雨淋就会生锈，变得毫无价值；人的意志也一样，如果不经常努力去完善它、考验它、增强它的韧性，它也会腐蚀掉。

做一个像马掌一样普通的铁块并不是难事，但是要提高人生这个产品的价值就绝非等闲之事了。很多人都认为自己的天赋低劣，不如别人。但只要你愿意，通过耐心苦干、学习和斗争，就可以把自己从粗笨的马掌千锤百炼成精细的游丝。只要持之以恒、坚忍不拔，就可以把原材料的价值提升至令人难以置信的高度。

■ 操控你的意志力

一个有着坚强意志力的人，便有无穷的力量。不论做什么事都要有坚强的意志，应当坚信任何事情只有付出极大的努力才能获得成功。

人的意志力有着极大的力量，它能克服一切困难，不论所经历的时间有多长，付出的代价有多大，无坚不摧的意志力终能帮助人们到达成功的彼岸。

一个能控制自己意志力的人，也就拥有了自我引导的伟大力量。这种巨大的力量可以实现他的期待，完成他的目标。如果他的意志力坚固得跟钻石一样，并以这种意志力引导自己朝着目标前进，那么他所面对的一切困难，都会迎刃而解。

如果你见到一个年轻人，他用斩钉截铁的态度去实施他的计划，而丝毫没有"如果""或者""但是""可能"的念头，那么这样的年轻人，就拥有了强大的意志力，成功也必定会属于他。

凡有明确目标、并能照着既定程序去做的人，便能坚定自己的意志力，而这种意志力足以支撑他的成功。

人人都应该去争取理想的自由，因为只有自由地张扬自己的理想，才能创造出宏大、完美的成就。如果一个人不去争取理想的自由，不以实现最高人生目标为要务，那么不论他多么尽心尽职，多么发奋努力，他的一生也不会有大的成就。

如果一个人无法控制自己的意志力，那么他就很难获得持之以恒的信心，也就失去了发明与创造的可能性。有许多年轻人最初很热心于他们自己的事业，但是由于缺乏意志力与恒心，竟然在一夜之间就放弃了自己原有的事业，而去进行别的事业。他们常常对自己所处的位置、所拥有的才能表示怀疑。他们不知道他们的才能怎样加以利用才会最有价值。面对困难，他们常常感到灰心，甚至是沮丧。

当他们听到某人成就了某项事业，他们便开始埋怨自己，为何自己不也去做同样的事业，而不检讨自己由于意志力不坚定，浪费了多少成就事业的机会。

可以肯定地说，如果一个人经常放弃他一贯期待的目标，经常松懈自己的意志力，他就绝不会成为一个成功者。

要使自己的生命具有特殊意义，要与众不同，就要做高尚的事情。无论历时多么久，无论面临多少艰难曲折，绝不可放弃成功的志向和希望。

任何想要获得成功的人都必须谨记下面的格言：有志者，事竟成，破釜沉舟，百二秦关终属楚；苦心人，天不负，卧薪尝胆，三千越甲可吞吴。

"噢，好样的，那些有着强健意志的人们！"丁尼生这样写道，所有时代和每个国家的诗人们都曾唱颂过同样的赞歌。丁尼生说出了人类对意志力的崇敬和爱慕。他还说道："充满了活力的意志，你将永恒，而那些没有你的人只能为你震惊。"

人类的意志是一件很奇怪、很微妙、无法触摸，但却非常真实的东西，它与每个人最深处的自我有着紧密的联系。

人类的意志是一种活生生的力量，和电、磁或其他任何自然的力量一样。意志和能量、引力一样真实。从原子到人，愿望和意志都是存在的，首先是做某事的欲望，然后是要做成它的意志。这是一个不变的法则，存在于所有不同形状、不同级别的事物之中，不管是有生命的，还是无生命的。

对于知道如何运用意志力的人来说，没有什么是不可能的，只要他的意志足够强健。意志力在很大程度上取决于一个人是否相信自己的能力，或者说行动取决于信心。在正常情况下，一般人不相信自己有独立的意志。只有当出现了新的、出乎意料的要求，当有必要运用意志的时候，许多人才意识到他们有这样一种东西叫做意志。对许多人来说，甚至连这样的情况也不会发生。

意志不是固执。有着坚强意志的人知道何时撤退也知道何时进攻，他从不站在原地。如果条件允许他会后退一步，但后退只是为了下一次更好地开始，因为他总有一个明确的目标在心头。当意志让他前进时，他会像一艘强劲的汽船一样迎头赶上，强大而有力，不会为任何事而停下来。这一种精神状态在慈善家兼作家霍华德的引文中有最好的描述。

"他决心的力量是如此之大，只有在某些特别的情况下才有所表现。如果这不是某种习惯的行为的话，这一种力量会看起来太过强烈、鲁莽，但是因其并不是断断续续的行为，它才具有了某种沉静的力量。它不会超过平静坚定的界限，更不会煽动起混乱。那是一种强烈的平静，由于人类精神控制着它不会更强烈，由于个人的性格它也不会更平静，而是在其中达成一种统一。"

他相信所有个人力量的基础存在于意志，如果有人想在这个世界上取得任何成就的话，他就必须有坚强的意志。要有坚强的意志，最好的办法就是意识到你缺少意志力，然后不停地对自己说："我可以，我将做成这件事。"反复诵读从最好的文学作品中摘录出来的有关意志力的部分，一点一点在你内心建立起一种不可阻挡的力量，它将能克服想把你从你生命目标拉开的任何诱惑。

有志于在经济上取得成功的人应该有一种特质，也就是一种心理特质，即"我能做到，我将做到"的心理状态。这一特质是两种重要因素的组合。第一是相信自己的能力、力量，这将给人以信心，从而在心理上为意志力的出现铺平道路。第二是坚定自己的意志，当你将所有的力量、决心倾入其中，说"我将做到"的时候，你的意志就会变成一种强大的动态力量，扫清前进道路上的所有障碍。

这一意志力的外现不仅能激活人类大脑休眠着的潜力，还能将所有保存着的气力、精神集中到要完成的任务上。事实上，意志力所能做到的比这还要多，它能以一种强大的力量感染它周围的人，迫使他们对它关注，承认它的存在。在人与人的竞争中有着最坚强意志的人将获得胜利。竞争可能很短，也可能很长，但结局总是一样的：有着坚强意志力的人将获胜。但苏醒的意志力所能做的还不只这些，它还可以隔着很远的距离把人吸引到拥有强烈意志力的人身边。在自然法则的作用下，事物会被推进一个强大意志力构成的中心。环顾你的四周，你会看到有着强大意志力的人建起了一个强大的磁场，伸向四面八方，影响着一个又一个人，吸引着其他的人加入那一意志掀起的运动里。他们能建起巨大的意志的漩涡或是旋风，远近的人都能感受得到。而且事实上所有有着强大意志力的人都不同程度地这样做了，只是依据他们意志力的大小而有所不同。

意志力训练的基本原则

一支普通的竹子，若不历经千雕万琢的艰辛，怎能成为一支演奏悠扬音乐的笛子？一个人的成长，若非经历无数次的磨砺，又哪能培养出坚韧的意志和健全的性情！

■ 注意力是意志力提升的先决条件

要想对意志力进行科学的训练，就必须以注意力的训练作为开端。注意力是精神发展的动力之一。注意力是我们获取精神生活的原始素材，是最普通的探索工具。然而，能充分注意到自己的感觉、又能很好地利用自己感觉器官的人确实是太少了。这是被人们忽视的一大领域。

注意力是有目的地将心理活动长时间地集中于某一事物或某些事物上的能力，它是智商的重要构成部分。成功者往往具有更好的注意力，对人生和事业更专注、更执着。良好的注意力首先表现在注意力的范围上，即注意力在同一时间内所能清楚地抓住对象的数量，也就是在同一时间里能同时注意到多少问题的出现。善于控制自己的注意力，这样它就能根据我们的需要，具有一定的指向性、集中性和稳定性，继而提高我们的智能水平。注意力的集中与稳定是深入认识客观事物、提高工作效率的必要条件。

然而，我们生活在一个丰富多彩、纷繁复杂的世界上，各种对感官刺激的物质纷至沓来，让我们目不暇接。它分散了我们的注意力，妨碍了大脑皮质优势兴奋中心的形成和稳定，从而影响了我们对某一特定事物清楚、深入地认识。因此，我们必须加强注意力的调控能力。

从前，有个棋艺大师名叫弈秋。为了不让弈秋高超的棋艺失传，人们为他挑选了两个小孩子做徒弟。这两个小家伙都聪明得很，无论学什么都是一学就会，老百姓对这两个孩子寄予了很大的希望。

在学棋的过程中，一个孩子专心致志，一心一意地学，弈秋老师所讲的每一句话，他都牢记在心。另一个孩子却整天三心二意，漫不经心的，他把老师的话全当成耳旁风。一天，他又在胡思乱想，想象着天上飞来一群天鹅，自己立即拉弓射箭，好几只天鹅"扑啦啦"落下来，啊！好肥的天鹅呀！是烤着吃好，还是煮着吃好呢？他心里盘算着，嘴里流出了口水，心也早就飞到了天空中……

就这样日复一日，年复一年，结果是，在同一个老师的教导下，学出了一个超越弈秋的著名棋圣和一个一无所长的庸人。

歌德这样说："你最适合站在哪里，你就应该站在哪里。"这句话可以作为对那些三心二意者的最好忠告。

无论是谁，如果不趁年富力强的黄金时代去养成善于集中精力的好习惯，那么他以后一定不会有什么大成就。世界上最大的浪费，就是把一个人宝贵的精力无谓地分散到许多不同的事情上。一个人的时间有限、能力有限、资源有限，想要样样都精、门门都通，绝不可能办到，如果你想在任何一个方面做出什么成就，就一定要牢记这条法则。

那些富有经验的园丁往往习惯把树木上许多能开花结实的枝条剪去，一般人都觉得很可惜。但是，园丁们知道，为了使树木能茁壮成长，为了让以后的果实结得更饱满，就必须要忍痛将这些旁枝剪去。若要保留这些枝条，那么将来的总收成肯定要减少很多。人也是这样，人若过多地分散了自己的精力，就会"浮光掠影"，一无所长。人只有将注意力集中于一个点，并不断地努力下去，才能最终有所收获。

那么，我们该如何培养自己的专注力呢？

（1）提高参加活动（工作或学习）的自觉性，明确活动的目的和任务。如果一个人对自己所从事的活动的社会意义与个人意义有明确的认识，对这一活动的具体目的与任务有明确的了解，那他就一定能提高注意力集中的水平，使自己专心致志、聚精会神地去从事这一活动。

（2）选择清除头脑中分散注意力、产生压力的想法，使自己完全沉浸于此时此刻，集中注意力于一些平静和赋予能力的工作上，以便专心于所必须解决的问题，清晰的思考，富有创造力，做一些有质量的决定，较大程度地提高自身的效率。

（3）增强兴趣，激发情感，使自己津津有味、乐不知疲地进行活动。注意力与兴趣、情感的关系非常密切，一个对自己所从事的活动具有浓厚兴趣和热烈情感的人，他在活动时就一定能全神贯注、专心致志。

（4）一次只专心地做一件事，全身心投入并积极地希望它成功，这样你的心里就不会感到精疲力竭。不要让你的思维转到别的事情、别的需要或别的想法上去。专心于你已经决定去做的那个重要项目，放弃其他所有的事。

你可以把你需要做的事想象成是一大排抽屉中的一个小抽屉。你的工作只是一次拉开一个抽屉，令人满意地完成抽屉内的工作，然后将抽屉推回去。不要总想着所有的抽屉，将精力集中于你已经打开的那个抽屉。一旦你把一个抽屉推回去了，就不要再去想它，这样，你就不会因为干扰而分心了。

（5）养成深入思考的习惯。一个肯开动脑筋、积极思考的人，他就会为活动所吸引，从而使自己沉湎于活动之中；反之，一个浅尝辄止、懒于思考的人，他在活动中，就会如蜻蜓点水，无法使自己的注意力保持高度的集中。因此，我们为了引起并保持专心的注意状态，就必须使自己养成深入思考的习惯。

（6）保持身体健康，使自己有足够的活力和精力去进行活动。我国著名数学家张素诚说："要做到专心，就要身体好。身体不好，常想找医生看病，就专心不了。"

（7）注意适时休息。研究表明，如果人们在一天中经常得到能够缓解压力的休息，那么我们的工作效率将会高得多。事实上，我们必须通过休息来加快速度和改进自己的工作。同时，通过转移我们的注意力，能使我们从旧框框中解脱出来，解放我们成就事业的创造力。

重新控制思维的一种方法是停止工作，让大脑得到休息。

一旦你感到大脑有点僵化，不能很好地思考问题或不能集中注意力时，停止你手中的工作，让大脑得到片刻休息。站起来，走一会儿，喝杯水，跟别人交谈几句，呼吸一些新鲜空气，或者躲到一个安静的地方，参加一项与你的工作毫不相关的活动，让你的大脑完全沉浸在轻松有趣的活动之中。这么做能打断精神压力慢慢地积聚起来的危险过程，缓和大脑的紧张程度，恢复你大脑的思考能力。

■ 运用自我激励的力量

自我激励，即激发自己，鼓励自己，自己激发自己的动机，充实动力源，使自己的精神振作起来。自我激励之所以能够培养意志力，在于自我激励能够激发你成功的信心与欲望，从而使你具备一往无前的动力。

自我激励是激励的一种。有没有激励，人朝目标前进的动力是很不一样的。美国心理学家詹姆士的研究表明，一个没有受到激励的人，仅能发挥其能力的20%～30%，而当他受到激励时，其能力可以发挥出90%，相当于前者的3～4倍。可见，自我激励不仅对培养意志力，而且对开发潜能也大有影响。

在现代社会中，学会自我激励是很重要的，这是因为剧变的社会既为人们创造了大量的发展机会，也为人们设置了种种的"陷阱"。当人们处于顺境时，一般容易兴高采烈，甚至忘乎所以；而当人们陷于逆境时，往往不知所措、消极悲观。想干一番事业，干出一点成绩来，就会有许多意想不到的事情发生。挫折、打击会突然降临到你的头上，流言蜚语、造谣中伤会接踵而来，如果碰到一些很会耍心计、玩权术的顶头上司，那么难堪的小鞋、莫名其妙的打击，就会一个接一个。此时，尤其需要自励，使自己保持一颗平常心，重新取得心理平衡，使精神振作起来，保持自己旺盛的斗志。

对于那些意志力不是很强，稍有一点"风吹草动"、稍稍遭到失败就无法忍受的人，特别需要使用自我激励这种辅助手段来培养意志力。

那么，怎样运用自我激励来培养意志力呢？

首先，必须学会正确认识自己。古人曰："君子不患人之不己知，患不自知也。"认识自己就是认识自己的长处和短处，不将长处当短处，不将短处当长处，绝不护短，绝不自己原谅自己。只有知道了自己遭到失败、挫折的原因在哪儿，才会有的放矢地重新起步，也才有可能培养你的意志力。

怎样认识自己的短处呢？认真反省是一个关键。

自我激励的重要因素是要自己看得起自己。许多人有这样一个毛病：风平浪静时，自是、自爱甚至自负得不得了，而一遇到问题，就妄自菲薄、自暴自弃、消极颓废，有时甚至还想用一些激化矛盾的方式进行对抗。为什么会这样？其实就是因为自己的内心过于自卑、容易自馁，认为自己这也不行那也不行，什么都干不了。因此一定要自尊，要采取切实的措施自己帮助自己，这是自我激励得以实现的重要手段。也就是说，在遇到挫折失败之后，在认真吸取教训的基础上，重新设定奋斗目标，采取一些切实可行的措施，拟定可行性的计划，用一点一点的成功来激励自己，用社会的承认来增强信心，脚踏实地，一步一步前进。

只要你认真地抱着希望，"我希望自己能成功"，或是"我希望自己成为首屈一指的人"，你就一定能找到成功的方法，这就是"贾金斯法则"。

贾金斯博士说："睡眠之前留在脑海中的知识或意识，会成为潜意识，深刻地留在自己的脑海中，并可转化成行动力。"

这个原则经常被我们应用在生活之中。例如，明天要去旅行，必须早上5点钟起床，可是家里又没有闹钟，在这种情况之下，怀着一颗忐忑不安的心入睡，生怕自己睡过了头。结果，早上果然5点钟准时起床。在我们的日常生活中，这种靠着潜意识控制自己生理时钟的例子，一年总有几次。

再例如，有些人每晚临睡前一定要看一点书，这就是利用心理学上的记忆原则来增强记忆。如果你认为自己的意志薄弱，那就对自己说："我一定可以加强自己的意志。"例如，你看到一位很有希望的顾客，你就假想自己很成功地和这位顾客签约的情景。只要你有信心，这种自信心就能让你成为很有魅力的人。这样，每晚就寝前想一次，你就能锻炼意志力。

但是，运用这个方法时要注意下面几点。

（1）做好睡眠的准备之后再上床。

（2）声音不可太大。不要一边听收音机，一边行动。

（3）读书或自我期许之后就睡觉。

（4）上了床之后就不要再下床做别的事。

现在就剩下实行了。不，应该说是持续地实行。首先要让自己具有清楚的意志，然后不断地实行，这样你就能够不断地进行自我激励，你的人生就能逐渐迈向成功。

另外，自我暗示也是一种典型的自我激励的方法，是培养意志力的很好的辅助手段。

所谓"人若败之，必先自败"。许多具有真才实学的人终其一生却少有所成，其原因在于他们深为令人泄气的自我暗示所害。无论他们想开始做什么事，他们总是胡思乱想着可能招致的失败，他们总是想象着失败之后随之而来的羞辱，一直到他们完全丧失意志力和创造力为止。

对一个人来说，可能发生的最坏的事情莫过于他的脑子里总认为自己生来就是个不幸的人，命运之神总是跟他过不去。其实，在我们自己的思想王国之外，根本就没有什么命运女神。我们就是自己的命运女神，我们自己控制、主宰着自己的命运。

在每个地方，尽管都有一些人抱怨他们的环境不好，他们没有机会施展自己的才华，但是，就是在相同的条件下，有一些人却设法取得了成功，使自己脱颖而出，天下闻名。这两种人最大的区别就在于自我暗示的不同，前者始终抱着必败的心态，而后者则始终坚信自己会成功。

成功是不可能来自于自认为失败的自我暗示的，就好像玫瑰是不可能来自于长满蓟草的土壤一样。当一个人非常担心失败或贫困时，当他总是想着可能会失败或贫困时，他的潜意识里就会形成这种失败思想的印象，因而，他就会使自己处于越来越不利的地位。换句话说，他的思想、他的心态使得他试图做成的事情变得不可能了。

我们的不幸，或是我们自己认为的所谓"残酷的命运"，其实与我们的自我暗示有莫大的关系。我们经常看到有些能力并不十分突出的人却干得非常不错，而我们自己的境况反不如他们，甚至一败涂地，我们往往认为有某种神秘的力量在帮他们，而在我们身上总有某种东西在拖我们的后腿。实际上却是我们的思想、我们的心态出了问题。

可以这么说，我们面临的问题便是我们根本不知道该如何提高自己。我们对自己不够严格，我们对自己的要求不够高。我们应该期待自己有更加光辉灿烂的未来，应该认为自己是具有超凡潜质的卓越人物。总之，我们一定要对自己有很高的评价。

无论别人如何评价你的能力，你绝不能怀疑自己能成就一番事业的能力，你应对自己能成为杰出人物怀有充分的信心。而运用自我暗示，能够很成功地增强你的信心。

个人的自我暗示中蕴藏着一笔很大的财富，蕴藏着一笔极大的资本。你在立身行事时，要不断地暗示自己一定会成功，会获得发展、进步。光是这种发展的声音，光是这种积极进取的声音，光是这种能有所成就的声音，光是这种在社会中举足轻重的声音，就足以激起你无限的潜力。

与情绪的影响力相比，自我暗示更能控制情绪——尤其不会受到消极想法所左右。当然，在心情平静时，情绪很容易控制；但是当你心情恶劣、充满不安的感觉时，情绪就很难做有效的控制——除非你经由持续的练习和训练！而在自我暗示的状态下，你才有能力练习控制情绪。再者，由于情绪在追求理想时所扮演的角色十分重要，因此学会情绪的控制，在你个人的事业上，将产生重大的影响力。

有这样一段故事：

一位从纽约到芝加哥的人看了一下他的手表，然后告诉他芝加哥的朋友说已经12点了，其实表上的时间要比芝加哥的时间早一个小时。但这位在芝加哥的人没有想到芝加哥和纽约之间的时差，听说已经12点了，就对这位纽约客人说他已经饿了，他要去吃中午饭。

这个故事很有趣，同时也告诉我们自我暗示的作用。只要你给自己一个暗示，那么你的行为就将遵循这一暗示的指导。

一位年轻的歌手受邀参加试唱会，她一直期盼能有这个机会，但是她过去已经参加过3次了，每次都因为害怕失败，最终败得很惨。这位年轻的女士嗓子很好，但是，过去她一直对自己说："轮到我演唱的时候，便担心观众也许会不喜欢我。我会努力，但是我心中充满了畏惧和忧虑不安。"这样消极的自我暗示肯定不能帮助她演唱成功。

她以下面的方法克服了这种消极的自我暗示。她把自己关在房中，一天3次，舒服地坐在一张太师椅中，放松她的身体，闭上她的眼睛，尽可能使她的心灵和身体平静下来。因为身体停止活动，可以形成心智的不抵抗，而使心智更容易去接受暗示。然后她对自己说："我唱得很好，我泰然自若，沉着安详，有信心而镇静。"以此来反击畏惧的提示。她每次都带着感情，缓慢而静静地重复说上5～10次。她每天必定"坐"3次，再加上睡前的一次。一个星期过去以后，她真的完全泰然自若、充满了信心。当试唱会来临的时候，她唱得好极了。

许多抱怨自己脾气暴躁的人，被证明极易接受自我提示，而且能够获得很好的效果。办法是，大约花1个月的时间，每天早晨、中午和晚上临睡之前，对自己说下面的话："从今以后，我将变得更具有幽默感。每天我将变得更可爱，更容易谅解别人。从现在起，我将要成为周围人愉悦和友善的中心，我以幽默感染他们。这种快乐、欢愉和幸福的心情，日渐成为我正常而自然的心志状态。我时时心存感恩。"

和自我激励一样，自我暗示可以给自我以信心，同时暗示的内容本身就是你前进的动力与方向，所以自我暗示可以让你鼓起勇气，一往无前，由此你获得了战胜自我，特别是战胜内心恐惧感的强大意志力。

■ 严格地进行自我修炼

生物学上有一个很著名的实验，被称为"温水效应"：

如果你把一只青蛙扔进开水里，它因突然受到巨大的痛苦刺激，便会用力一搏，跃出水面，置之死地而后生；但如果你把它放在一盆凉水里，并使水逐渐升温，由于青蛙慢慢适应了那惬意的温水，所以达到一定热度时，青蛙并不会再跃出水面，它就在这舒适之中被烫死了。

实验告诉人们一个极浅显的道理：让你感到舒适满足的东西，往往正是导致你失败的原因。青蛙如此，人又何尝不是这样？正所谓"忧劳可以兴国，逸豫可以亡身"。舒适的生活往往使人丧失毅力以及应对挫折的能力。当危机突然来临，人们往往就会不堪一击。因此，我们无论在何种情况下，都应保持一种危机意识，并自觉地磨炼自己的意志力。

战国时期著名纵横家苏秦第一次游说失败后回到家里，一副狼狈的样子，一家人很不高兴，都看不起他。在家人的责怪下，苏秦非常难过。他想：我就这么没出息吗？出外游说、宣传我的主张，人家为什么不接受呢？那一定是自己没有把书读好，没有把道理讲清楚。于是他暗暗下决心，要把兵法研习好。

白天，他跟兄弟一起劳动，晚上就刻苦学习，直到深夜。夜深人静时，他读着读着就疲倦了，总想睡觉，眼皮特别沉重，怎么也睁不开。为了治瞌睡，他找来一把锥子，当困劲上来的时候，就用锥子往大腿上一刺，血流出来了，疼痛难忍，但人也不再瞌睡了。精神振作起来，他又继续读书。

苏秦就这样苦读了一年多，掌握了姜太公的兵法，他还研究了各诸侯国的特点以及它们之间的利害冲突。他又研究了各诸侯的心理，以便于游说他们的时候，自己的意见、主张能被采纳。

后来，他的才华终于得到了大家的认可，六国诸侯正式订立合纵的盟约，大家一致推苏秦为"纵约长"，把六国的相印都交给他，让他专门管理联盟的事。

苏秦"合纵"的成功来自于他的真才实学。但这种真才实学不付出努力是很难取得的。尽管苏秦当时已有家室，年龄也不算小了，但他能够发愤图强，克服万难，并不惜用"锥刺股"的方法来刺激自己保持一颗清醒的头脑去学习，他严格要求自己的精神，实在值得大家学习。

生活中，拥有坚强意志的人，并不是天生就具有强大的意志力的，而是经过严格修炼而来的。锻炼意志必须讲究三严：严肃、严格、严厉。首先，对锻炼意志必须怀着严肃的态度。同时还必须严格要求自己，如果对自己放松要求，一味放纵自己，意志锻炼又从何谈起呢？再者，要严厉地对待自己，一旦意志薄弱，要严厉地惩罚自己。只有做到"三严"，才能真正锻炼出钢铁般的意志。

没有严格要求，就不可能有意志的锻炼和铸造。任何一项培养意志的练习和锻炼，都要以严格要求为前提。没有严格要求，即使进行锻炼，其效果也会大打折扣。那些"下次再努力吧"，"明天再也不这样了"的借口，都是培养意志的大敌。

原女排教练袁伟民在训练女排时就有个"狠"劲。平时，他非常关心、爱护女排队员，待她们和蔼、亲切，对她们的生活关心备至。可一上了训练场，他的要求便非常严格。女队员累得浑身出汗如水洗一般，他又扔过去一个球，"继续练"；女队员累得趴在地上起不来了，他又扔过去一个球，"还得练"。他知道，不这样练是练不出世界冠军的，也正是凭着这股狠劲，我们的女排姑娘们才在世界运动赛场上取得了骄人的成绩。

意志力锻炼要秉持严格的原则，并在实际行动中坚持下去。

因为在意志力的锻炼过程中，常有与既定目的不符合的、具有诱惑力事物的吸引，这就要求我们学会控制自己的感情，排除主客观因素的干扰，目不旁顾，使自己的行动按照预定方向和轨道坚持到底。而任何见异思迁、半途而废的行为，都只会使意志力锻炼前功尽弃，徒劳无功。

当然，我们对意志力的培养也不必一味强调"苦练"，而要把"苦练"与"趣味"结合起来，才能激发出更大的热情，将意志力锻炼坚持下去，并取得良好的效果。

■ 训练效果源自合理的安排

训练的效果在很大程度上取决于活动安排是否合理。这就要求不仅要有科学系统的训练，还要注意休息，做到劳逸结合。

意志力训练要循序渐进

意志力训练应按照意志发展的特点，针对不同的年龄阶段，在循序渐进的过程中使意志得到锻炼。

任何良好的意志品质的形成，都不是一朝一夕的事，总有一个逐步发展、逐渐巩固的过程。因此，意志力的锻炼不可能一蹴而就。另外，各年龄阶段的人，都有各自阶段的生理、心理特点，也就是在意志发展上呈现出不同的年龄特征。意志的年龄特征是分阶段的，各阶段是相互衔接由低到高逐步发展的。这也决定了意志培养要循序渐进。

因此，我们应当针对自己的年龄特征、个性特性和意志发展的阶段，选择相应的锻炼方式。应保持意志锻炼的活动的难易适中，太容易了不能达到锻炼意志的目的；太难了，则不仅有损于身心健康，还会降低自信心。按照循序渐进原则，难度应逐步增高，就像爬坡一样，一步步地向高处攀爬。

有这样一个两只虫子的故事。

第一只虫子跋山涉水，终于来到一株苹果树下。它抬头看见树上长满了红红的、可口的苹果，馋得口水直流。当它看到其他虫子往上爬时，自己也就着急地跟着往上爬。但它没有目的，也没有终点，更不知自己到底想要哪一个苹果，也没想过怎样去摘取苹果。它的最后结局呢？也许找到了一个大苹果，幸福地生活着；也可能在树叶中迷了路，一无所获。

第二只虫子可不是一只普通的虫，它做事有自己的规划。它知道自己要什么苹果，也知道苹果是怎么长大的。因此它没有忘记带着望远镜观察苹果，它的目标并不是一个大苹果，而是一朵含苞待放的苹果花。它计算着自己的行程，估计当它到达的时候，这朵花正好长成一个成熟的大苹果，它就能得到自己满意的苹果了。结果它如愿以偿，得到了一个又大又甜的苹果，从此过着幸福快乐的日子。

遵循"循序渐进"法则锻炼意志，可以从身边的小事做起。例如，早上闹钟响了，却不愿意起床，这时你要命令自己立即起来。这就是对自己懒惰的挑战，去赢得对自己的一个小小的胜利，增强信心。这样，从生活中的小事着手，循序渐进，久而久之，你的意志就会变得非常坚强。

实行全面综合的系统性训练

一个人良好意志品质的形成，是与其知识技能、道德品质以及健康体魄的发展分不开的。坚持系统性原则，就是把意志锻炼与日常的学习生活有机地联系起来，不能单纯地进行所谓意志锻炼，而是把意志锻炼作为德智体全面发展的有机组织部分。

首先，一个人的意志发展与其思维和语言的发展有密切关系。运用思维和语言的力量，可以对意志产生一种激励作用，加强语言和思维训练，这对意志的发展是大有裨益的。

其次，良好的意志品质与一个人的道德品质密切相关。一个人能树立远大而崇高的抱负，能使个人行为服从于社会道德准则，才是意志坚强的人。而且，人的有些意志行动，本身就是道德行为，从这个角度说，道德意志又是一个人品德的有机成分。

再次，意志锻炼与身体锻炼相互联系。我们看到的事实是，在相似条件下，体魄健全的人往往更能保持坚强的毅力，并将行动坚持到底。锻炼身体的过程也是锤炼意志的过程。

制订出科学有序的计划

计划要前紧后松，先难后易。首先，计划应分阶段进行。一个长达一个月的计划，分成四周进行，每周分别明确任务、明确目标，非常便于检查进度。阶段数以三至五个为宜，如果每个阶段里的时间都很长，大阶段里可以套小阶段，每个阶段总结一下计划完成情况，可以提前小庆祝一下，拖后了则要尽快弥补。"周"和"月"这两个单位其实是很好用的，不过也要见机行事。

其次，计划要有修改和弥补的余地，并且这个余地不能影响计划整体的实现进度。如果你的时间紧，就要自己加把劲，把计划订得更紧一点，好留一点时间在最后一两天，复习完了还能看看有没有什么遗漏。工作更是如此，要有了解全局的能力。

注意劳逸结合

当紧张地行动了一段时间之后，可以听一些使你放松的音乐，或从事一些别的轻松有趣的活动，这有助于你保持一种积极的、富有成效的心理状态。当你休息一阵再继续努力，你会发现你干起来更有劲头，精力也更充沛了。

意志力提高的基本方法

水滴可以穿石，绳锯可以断木。如果三心二意，哪怕是天才，也势必一事无成；只有仰仗坚忍不拔的意志力，日积月累，才能看到梦想成真之日。勤快的人能笑到最后，耐跑的马才会脱颖而出。

■ 用认知引导意志力

为什么把"用认知引导意志力"作为意志力锻炼的一个基本方法？让我们先来看看下面这则人物故事。

巴尔扎克的父母一心想让巴尔扎克在法律界出人头地，于是在巴尔扎克中学毕业后，他们便强迫巴尔扎克到巴黎的一所大学学习法律，并让巴尔扎克早早地去律师事务所实习。可是，巴尔扎克对法律这在当时又有名声又赚钱的专业并不感兴趣，他真正喜欢的是文学，他希望能用自己的笔描绘人世百态，鞭笞社会的丑恶现象。尤其是在律师事务所实习期间饱览了巴黎社会种种腐朽不堪的面貌后，他更加坚定了做一个文人的决心。

巴尔扎克的父母见儿子决心已定，也不好强行阻挡，便跟巴尔扎克签订了一份协议：必须在两年内成名，否则就要服从父母的安排，继续攻读法律。巴尔扎克的父母虽然表面上与儿子签订了协议，却对巴尔扎克的生活费用一扣再扣，让这位习惯了好日子的年轻人不得不放下架子，住到贫民窟的阁楼去。他们认为这样，巴尔扎克尝到苦头后，就会知难而退了。可是，巴尔扎克是一个意志坚定的人，他执着地追求着理想，他在半饥半饱的状态下夜以继日地创作。半年过后，巴尔扎克饱含心血和激情的处女作——诗体悲剧《克伦威尔》脱稿了，可是，上演后观众的全盘否定，给这位满怀期望的青年当头一击！

首战失利的巴尔扎克一边顶着家中的压力，一边承受着自尊心的敲打。另外，这时他想从印刷出版业中赚一笔钱的梦想也破灭了，而且还身负巨额债务。处在这样的关头，是退缩，还是坚持？巴尔扎克很快从困境中抬起头来，毅然在拿破仑像的立脚点写下了那句著名的座右铭：我要用笔完成他用剑未能完成的事业。

就这样，饱尝磨难的巴尔扎克凭借着坚忍不拔的斗志，踏上了严肃的、真正意义上的文学道路。从19世纪30年代到19世纪50年代这段时间里，巴尔扎克每天工作18个小时。贫穷、饥饿、债务、孤独一直围绕着他、纠缠着他，但这些全被他抛到九霄云外，他全身心地投入到写作中。随着一部部反映社会现实的的经典巨著的问世，巴尔扎克终于成为举世瞩目的伟大文学家。

巴尔扎克顽强的意志源于什么？源于对真理的认识和追求。

由巴尔扎克的事迹，我们可以看出意志与认知过程密切相关，意志的产生是以认知活动为前提的。

（1）意志的自觉目的性取决于认知活动。人的任何目的都不是凭空产生的，它是人认知活动的结果。人只有认识了客观世界的运行规律，认识了自身的需要和客观规律之间的关系，才能自觉地提出和确定切合实际的行动目的。

（2）意志过程的调节依赖于认知。在意志行动过程中，要随时认识形势的不断变化，分析主客观条件，根据新的认识调节自己的行动，以矫正偏差，加速意志行动的过程，以最终实现目的。

（3）实现目的的方法等也只有通过认知活动才能形成。目的的实现，必须有一定的方式和方法以及有关步骤等才行，这些方法也只有在认知活动中才能掌握。人的认知越丰富越深入，选择的方式和方法也就越合理。人为了确定目的，为了选择方法和步骤，必须要依据相关的认识，从实际情况出发，拟定合理有效的活动方案，编制切实可行的行动计划，并对这一切进行反复的权衡和斟酌。

（4）困难的克服也与认知有关。人只有对困难的性质有了清楚的了解，并具备了相应的知识，才有可能采取相应的办法去克服它。如果对困难的性质没有清楚透彻的认知，头脑中没有相应的方案，人们对困难的克服只能是盲目的，因而也就很难收到应有的效果。

既然人的意志是在认知基础上产生的，那在意志锻炼中，我们就理所当然地应以认知引导作为首先的基本方法。

我们应该怎样运用认知引导法来锻炼意志呢？

（1）增加自己的科学文化知识。人只有掌握知识、运用知识，才能认识客观规律，有效地影响客观世界，充分实现意志的能动作用，从而形成良好的意志品质。相反，愚昧无知的人，满足于现有的一丁点肤浅认识，他们看不到自己的责任与使命，没有上进的意识与动力，他们很容易安于现状，不思进取。

所以，我们应该多读书，认识世界，认识人生，增强才干，增强力量，成为意志坚强的人。要切记，人改造客观世界的能力，是与人对客观世界的认识程度成正比的。

（2）形成科学的世界观。世界观是人的认知活动的定向工具，是人的行为的最高调节器。用科学的世界观武装自己，是锻炼自己具有良好的意志品质的基本条件。因为只有树立科学的世界观，才能正确地确立自己的行动目的，并对思想和行为做出实事求是的正确评价，明辨是非、善恶和荣辱。只有树立起科学的世界观，才能具有高度的责任感和使命感，才能在行动中自觉地遵照社会的发展规律，激励自己强大的意志力，去做出有利于社会发展的事情来。

（3）掌握有关意志锻炼的专门知识。掌握专门的意志锻炼的知识，有助于引导自己积极主动地锻炼意志。

比如可以阅读一些人物传记，获得意志锻炼的感性知识，或是掌握意志力的相关理论知识。这些理性和感性的知识，都会提高我们意志锻炼的效果。

■ 用情感激励意志力

情感是人对客观事物是否符合自己的需要而产生的态度体验。就是说，情感是由客观事物与我们需要的关系决定的。在活动中，人的需要得到满足，就产生肯定的情感，从而对人的行为产生激励作用。强烈而深刻的感情可以给人以巨大的意志力量，从而推动人去克服前路上的一切困难。

宋代大将军李卫，一次带兵杀赴疆场，不料自己的军队势单力薄，他们寡不敌众，被敌军围困在一座小山顶上。

李卫眼见大家士气低落，心想怎么作战呢？于是有一天，他集合所有将士，在一座寺庙前面，告诉他们："各位部将，我们今天就要出阵了，究竟打胜仗还是败仗？我们请求神明帮我们做决定吧。我这里有 9 枚铜钱，把它们丢到地下，如果都是正面朝上，表示神明指示此战必定胜利；如果反面朝上，就表示这场战争将会失败。"

听了这番话，部将与士兵虔诚祈祷磕头礼拜，求神明指示。

将军将铜钱朝空中丢掷，结果，所有铜钱都是正面朝上，大家一看非常欢喜振奋，认为是神明指示这场战争必定胜利。

于是，每个士兵都士气高昂、信心十足，他们奋勇作战，果真突出重围，打了胜仗。班师回朝后，有部将就对李卫说，真感谢神明指示我们今天打了胜仗。这时李卫才据实以告："不必感谢神明，其实应该感谢这 9 枚铜钱。"他把身边的这 9 枚铜钱掏出来给部将看，才发现原来所有铜钱的两面都是正面。

在这场战斗中，聪明的将军巧妙地运用了铜钱来鼓舞战士们必胜的士气，靠着这股强大的激情，他们最终赢得了战争的胜利。

应该怎样利用情感激励法来锻炼意志呢？

注意培养自己的高级情感需要

（1）培养理智感。理智感是人在智力活动过程中认识、探求或维护真理的需要是否获得满足，而产生的情感体验。这种情感在人的认知活动中有着巨大作用。没有这种理智感的参与，就不可能使认知得到深入。理智感是认知活动的强大动力，它激励人积极地从事各种智力活动，并激发出强大的意志力去克服活动中的困难。

（2）培养道德感。道德感是由道德生活的需要与道德观点是否得到满足而产生的内心体验。道德感从社会生活的各个方面表现出来。它表现在对待祖国、集体、人与人的关系上，也表现在工作、事业、学习等诸方面。杜甫云："会当凌绝顶，一览众山小。"说的就是一种远大的道德情感。古往今来，众多为人类做出重大贡献的英雄豪杰，在他们身上，无不凝聚着这些崇高的道德感。正是这些高尚炽烈的情感，推动他们为理想做出了艰苦卓绝的努力。

（3）培养美感。美感是由审美的需要是否获得满足而产生的情感体验。美感绝不是仅仅有助于人的艺术鉴赏，美感对人的社会生活及其社会行为也具有积极作用。

比如：爬山、游泳、打球，可以强健我们的筋骨，锻炼我们的意志；看戏、看电影、游览参观，可以活跃我们的精神，开阔我们的视野；吟诗、读书、绘画，可以丰富我们的知识，陶冶我们的情操；雄浑豪放的音乐，使人精神振奋，斗志昂扬，意气风发；轻松愉快的曲调，能使人心旷神怡；棋类活动、扑克游戏对人的智力、耐心、判断力的发展都有促进作用，等等。一个人的业余生活越是丰富多彩，生活就越会充实和愉快。喜悠悠、乐陶陶、美滋滋的愉快心境，常产生于自己所喜爱的业余活动之中。越是烦闷、困苦之时，越需要有益身心的健康情趣和娱乐。充满情趣的生活，能使我们更感到生活的美好，感到生活充满阳光，从而更加热爱生活，振奋斗志。革命导师马克思、恩格斯、列宁，在把毕生精力献给人类解放事业的同时，生活情趣也都是十分广泛而高雅的。他们都喜欢诗歌、小说，爱好下棋。马克思是一位跳棋能手，恩格斯则是一位高明的骑手，假日里经常骑马跨越壕沟和篱笆。列宁的象棋棋艺能与名家对弈。那些在科学上有重大建树的伟大科学家们，也并非整天埋在书堆里。爱因斯坦爱好拉小提琴，喜欢划船。居里夫人爱好旅行、游泳、骑自行车。巴甫洛夫喜欢读小说、集邮、画画、种花。我国科学家钱三强喜欢读古典文学、唱歌、打乒乓球和篮球。苏步青爱好写诗，喜欢音乐、戏曲和欣赏舞蹈。华罗庚喜欢写诗填词，等等。充满美感的业余生活，不仅不会瓦解人的斗志，相反，能够活跃人们的情绪，调节神经系统，使人的精力更充沛，性格更健康而坚强，因而，对人生是十分有利的。

从情感的两极性来激发意志力

情感的一个基本性质是它的两极性，如满意与不满、快乐与痛苦、狂欢与盛怒等，一面是肯定的态度体验，一面是否定的态度体验，这就是两极性。从意志的激发来说，两极的情感即肯定的情感与否定的情感，都能具有激励作用。

公元前494年，吴王夫差为给父亲报仇，亲自带领人马攻打越国。越国连吃败仗，抵挡不住，遂向吴王求和，答应向吴国称臣。勾践夫妇留在吴国伺候吴王，为吴王当马夫，忍辱负重，委曲求全，终使吴王放他回国。回国后，越王立志报仇雪恨，睡在柴草上。为了磨炼自己的意志，他在身边放一苦胆，每天尝一口。在他的感召下，众大臣励精图治，使越国很快富强起来，终于灭了吴国。

首先，肯定的情感可以起"增力"作用。如自信会使人精神焕发，干劲倍增，也就增强了克服困难的勇气和力量。其次，否定的情感有时也具有"增力"作用。如不满、愤怒、痛苦等，常常极大地激发出人的力量，促使人不畏艰险，不惧困难，奋发图强。因此，我们尤其应注意通过情感两极的体验来激发意志力量。

注意提高情感的效能

我们已经明确，人类的情感是有其效能的。但是，这并不是说任何人的任何一种具体情感体验，都有实际的足够效能。不同情感的效能有高低差别。高效能的情感体验，可以激励人的行动，鼓舞士气，增强信心，排除困难，给人一种动力；低效能的情感体验，往往只是陶醉或沉溺其中，不能把情感转化为行动的力量，没有激励作用。比如郁郁寡欢、灰心丧气就是低效能的情感体验，并不能对意志行动有推动作用。因此，应克服消极情感，学会由情感走向行动，使情感具有激励作用。

为了在自己的内心激发出一种积极向上的情感，你可以运用自我沟通的力量。

一旦你开始从事一件事情时，你就不妨对自己说："现在，我做这件事是最恰当不过了，我必定会取得成功。你在自我沟通时要不断地对自己说一些催人奋发、鼓舞人心，使人勇敢、坚毅起来的话语，这样，你就会惊异地发现，这种自我沟通会迅速地使你重新鼓起勇气，使你重新振作起来，使你重新拾起已经丢掉的意志力。"

■ 借用榜样督促自我

苏霍姆林斯基曾说过："世界是通过形象进入人的意识的。"榜样教育正是通过榜样的言论、行为、活动和事迹，把抽象的道德规范具体化、人格化，使受教育者看得见、摸得着、学得了。

榜样是无声的力量，是活的教科书，它具有生动、形象、具体的特点，其身上所体现出的好习惯是实实在在的。榜样具有很强的自律性，他们的美德既不是先天的，也不是在某种机遇中偶然形成的，而是在长期的社会实践中，通过自我修养、自我严格要求而锻炼出来的。他们的言行，往往亲切感人，很容易激起学习者思想感情上的共鸣，有较大的号召力，促使人们自觉地按榜样那样调节自己的言行，抵制外界不良诱因的干扰，坚持实践品德行为。可以说"先进人物本身就是一部催人奋进的教科书"，具有很强的说服力。

比尔小时候，一有机会就到湖中小岛上他家的小木屋旁钓鱼。

一天，他跟父亲在薄暮时去垂钓，他在鱼钩上挂上鱼饵，用卷轴钓鱼竿放钓。

鱼饵划破水面，在夕阳照射下，水面泛起一圈圈涟漪，随着月亮在湖面升起，涟漪化作银光粼粼。

渔竿弯折成弧形时，他知道一定是有大家伙上钩了。他父亲投以赞赏的目光，看着儿子戏弄那条鱼。

终于，他小心翼翼地把那条精疲力竭的鱼拖出水面。那是条他从未见过的大鲈鱼！

趁着月色，父子俩望着那条煞是神气漂亮的大鱼。它的腮不断张合。父亲看看手表，是晚上10点——离钓鲈鱼季节的时间还有两小时。

"孩子，你必须把这条鱼放掉。"他说。

"为什么？"儿子很不情愿地大嚷起来。

"还会有别的鱼的。"父亲说。

"但不会有这么大的。"儿子又嚷道。

他朝湖的四周看看，月光下没有渔舟，也没有钓客。他再望望父亲。

虽然没有人见到他们，也不可能有人知道这条鱼是什么时候钓到的。但儿子从父亲斩钉截铁的口气中知道，这个决定丝毫没有商量的余地。他只好慢吞吞地从大鲈鱼的唇上取出鱼钩，把鱼放进水中。

那鱼摆动着强劲有力的身子没入水里。小男孩心想：我这辈子休想再见到这么大的鱼了。

那是34年前的事。今天，比尔先生已成为一名卓有成就的建筑师。

果然不出所料，那次以后，他再也没钓到过像他几十年前那个晚上钓到的那么棒的大鱼了。可是，每当他想要放弃自己的原则的时候，他就会想起那天晚上，想起父亲坚决地让他放走的那条大鱼，他便有了坚守正义的力量。

榜样可以像一面镜子那样促使受教育者经常对照自己、检查自己，引起自愧和内疚，从而自觉地克服缺点，矫正自己的不良言行。

正因为榜样在家庭教育中具有如此重要的意义，所以从古至今的教育家无不对榜样示范法予以高度的重视。孔子在教育过程中就经常以尧、舜、管仲和周公等作为学生的榜样，要求学生"见贤思齐焉，见不贤而内自省也"。荀子也提出过"学莫便乎近其人"的主张。

面对榜样，我们可以采用"内省法"，剖析审视自己的言行，从而督促自己像榜样那样，保持顽强的意志力。

所谓"内省"，用今天的眼光来看，就是通过内心的自我检查、自我分析、自我解剖，用"旁观者"的眼光批判地看待和审视自己，找出自己的缺点，并且决心改正缺点。鲁迅说过："我的确时时解剖别人，然而更多的是无情地解剖我自己。"这种自我解剖的办法就是一种内省的办法。

要在内心深处形成顽强的意志力，并非一件易事。这需要同自己心灵深处种种负面的念头进行顽强的斗争。罗曼·罗兰在他的《约翰·克利斯朵夫》中写道："人生是一场无休、无歇、无情的战斗，凡是要做个够得上称为人的人，都得时时刻刻同无形的敌人作战，本能中那些致人死命的力量，乱人心意的欲望，暧昧的念头，使你堕落、使你自行毁灭的念头，都是这一类的顽敌。"

对待这样的敌人，必须在心灵之中加以祛除。你在自己的内心设立一个"法庭"，自己充当着严格无情的"审判官"，与意志力的敌人作斗争。

当你体内的正面意念战胜了负面意念，并付诸持久坚定的行动时，你的意志力就会越来越强大了。

▉ 在实践活动中锻炼意志力

美国著名小说家杰克·伦敦，在谈到自己的成功经历时说："意志不是与生俱来的，而是在参与实践的斗争中磨炼出来。"

的确如此，人们的优良意志品质并不是主观上想要就能自然产生的，也不是闭门修养的方法所能奏效的，主要是靠在实践中培养。为了学会游泳，就必须下到水里去。为了培养良好的意志力，你就得置身于需要并能产生这种意志品质的实践之中。

我国学者自古就给了了实际锻炼充分的重视。孔子特别重视"躬行"，主张凡事要躬行。荀子说："学至于行之而止矣。"墨子说："士虽有学而行为本焉。"朱熹更强调实践"洒扫、应对、进退之节"，认为实践是"爱亲、敬长、隆师、亲友之道"，是"修身、齐家、治国、平天下之本"。古代人讲究道德教育要"入乎耳，著乎心，布乎四体，形乎动静"。孟子有段名言："天将降大任于斯人也，必先苦其心志，劳其筋骨，饿其体肤，空乏其身，行拂乱其所为，所以动心忍性，增益其所不能。"这段话的大意是：要想让一个人挑起重担，必须让身心和意志受到磨难，让他的筋骨受些劳累，让他的肠胃挨些饥饿，让他的身体空虚困乏起来，让他做的事不能轻易达到目的，这是为了激励他的意志，磨炼他的耐性，增强他的各种能力。总之，就是让人们在艰苦磨炼的实践中培养艰苦奋斗、自强不息的精神和担当重任的本领。墨家也很重视实际锻炼，鼓励人在实践中磨炼自强不息的精神，墨子说："强必荣，不强必辱；强必富，不强必穷；强必饱，不强必饥……"

可见我国古代就有让孩子在实践中磨炼成才的传统。中华民族历来唾弃养尊处优、肩不能担、手不能提的"纨绔子弟"，鄙视生平无大志、碌碌无为的庸人。

通常说来，一个人的经历越是充满风浪，越能锻炼意志品质。平静的生活是使人安心的，但可惜的是，一潭死水的生活只是培养没出息者的温床，只能塑造出软弱、平庸之辈。在生活中，经历过大风大浪的磨炼，或在改革中经受了惊涛骇浪考验的人，意志往往是坚强的。而在生活中没有干什么大事业、没有经历过风浪考验的人，则常常表现得脆弱和软弱，遇到一点不大的挫折也能使他惊慌失措。波澜壮阔的伟大人生，要靠波澜壮阔的伟大实践来塑造。坚强无畏的意志，只会产生于久经生活磨炼和考验的那些人身上。

如果你要想培养自己坚毅果敢的意志力，你应该尽可能多让自己参与实践活动，无论是学习，做家务，还是社会活动，都可以磨炼你的意志。

不过，无论是在哪一种实际活动中磨炼意志，我们都应注意以下几点：

（1）明确恰当的要求。也就是要明确意志锻炼的目标，以激发锻炼的积极性。给自己提出的要求：一是应当合理；二是应当简短；三是应当坚决；四是应当有系统性和连贯性，呈渐进的阶梯式。这样可以推动自己步步向前。

（2）把握好任务的难度。太容易的活动没有锻炼意志的意义，太困难的活动也会挫伤意志锻炼的积极性。所谓把握好难度，就是说需要完成的任务，应该既是困难的，又是力所能及的。

（3）尽量自主解决困难。在活动中遇到困难时，可以接受帮助和指导，但不要让别人代替自己克服困难。

（4）了解活动的结果。心理学的研究告诉我们，在练习活动中，是否知道练习过程中每一步的结果，最后的效果是不一样的。知道结果的效果好。所以，我们的意志锻炼活动中，应该了解每次锻炼活动的结果，这有助于增强锻炼的自觉性和积极性，提高意志锻炼的效果。

（5）利用活动的群体效应。意志锻炼的各种活动，可以群体方式进行，在群体中，相互作用会影响活动者的意志力。

■ 在体育活动中磨砺坚强意志

人的意志品质与其身体健康状况是有关系的。一方面，意志坚强能够促使人锻炼身体，更为健康；另一方面，健康的体质也容易表现出较强的意志力。人们在体育锻炼中，体质增强了，精力旺盛了，也就为他们克服困难提供了有利条件。日本学者德永等人，对大学生的体力和意志的关系进行跟踪观察，发现体力差的学生相对来说自卑感强，服从性强，独立性、自主性差。美国心理学家梯尔曼，曾对一群体力强度差的中学生进行了为期一个月的体育锻炼。结果表明，这些学生不仅体力增强了，而且自制性、坚持性等意志品质，也有不同程度的提高。

国外有关专家的研究表明，一些项目的体育锻炼可以培养良好的性格品质。这些性格特征包括：决心、进取心、自信心、坚韧性、责任感、勇敢、果断性、主动性、独立性和自制力等。所以，要想培养良好的性格品质，我们不妨积极参加一些体育锻炼。不同体育锻炼项目有利于培养不同的性格特征。比如，足球、篮球和排球等运动项目，除了要求队员要勇于拼抢，果断处理各种紧急情况外，还要有集体主义精神，能够与队员积极地配合。而诸如棋类项目，则可以培养人的沉着冷静、灵活等性格品质。那么，不同运动项目可以培养哪些性格品质呢？有人总结了下表。

各项运动项目和性格特征

运动项目	主要品质	次要品质	更次要品质
骑自行车、游泳、划船、跑步、滑冰、滑雪	顽强性	自我控制、坚定性	主动性、独立性、果断性、勇敢
艺术体操、举重、田径、跳跃、投掷、花样滑冰、射击	顽强性、自我控制	勇敢	主动性、独立性、果断性
跳水、障碍赛跑、骑马、登山、摩托车、跳伞	勇敢、果断	勇敢、果断	主动性、独立性
球类运动	主动性、独立性	顽强、果断、勇敢	自我控制、坚定性
击剑、摔跤	主动性、独立性	果断、勇敢	自我控制、顽强、坚定性

青年朋友每天尽量抽出一点时间，或早晨或下午，因地制宜，选择一项自己喜欢的运动项目，持之以恒，一方面可以锻炼身体，另一方面还可以塑造良好的性格特征，这是一举两得的事情，何乐而不为呢？

选择什么项目锻炼好呢？可根据自身及外界的条件选择那些对场地要求不高，经济、效果好的项目，如慢跑、短跑等田径项目，如果有条件，还可以选择篮球、排球、足球、羽毛球、网球和乒乓球等。无论选择哪个项目，最关键的问题是要能够持之以恒，切忌三天打鱼、两天晒网和心血来潮式的锻炼。不然，就很难收到良好的效果。

当然，除了选择适合自己的体育项目外，制订安全有效的锻炼计划也是至关重要的。在煅炼时应注意以下事项。

（1）当你在开始锻炼时必须身体健康。采用循序渐进的锻炼方式，风险小回报大。如果你有一段时间没有进行锻炼了，那么开始时节奏要放慢，等身体状况跟得上时，再逐步延长锻炼时间，加快锻炼节奏。

（2）尽可能使运动既安全又舒适。要穿合脚的鞋和便于运动的衣服，一定要在安全的地方进行锻炼。

（3）锻炼要以自己舒适为度。比如，你可以在散步和慢跑时与他人交谈，气氛轻松和谐。开始锻炼的头10分钟内如果感觉不舒服，说明你的锻炼强度太大了。

（4）要养成常规的锻炼习惯。要获得最大的健康回报，持续不断地锻炼是很重要的。一定要把锻炼计划纳入日程中。

（5）还需要强调的是，活动的选择最好多样化。影响身体状况最主要的因素有三：肌肉及关节的灵活度；心肺耐受力；肌肉是否发达。如果有特殊目的，也可以特别加强某种活动。譬如，想控制体重的人，不妨选择能消耗能量强化肌肉的运动，如跑步或打网球。不过如果能把训练耐力的活动，与肌肉的锻炼相配合，消耗的脂肪比只做耐力训练的人多1/10。比较理想的状况是：平均每天活动30分钟左右。

除了规律运动外，即使无运动场地，也可以做简单的运动或体操。

（6）把经常锻炼身体融入自己的生活中。要确保所选的锻炼方法既安全舒适，你又能从中获得乐趣，使自己能持之以恒。锻炼身体应该既简单方便又有新意，你才会愿意每天坚持锻炼。邀请朋友或家人一起锻炼的主意也不错，可以鼓励身边的人都来参与锻炼。

从意志力到意志品质

一生的成败，全系于意志力的强弱。具有坚强意志力的人，遇到任何困难、障碍，都能克服困难，消除障碍。但意志薄弱的人，一遇到挫折，便思求退缩，最终归于失败。实际生活中有许多青年，他们很希望上进，但是意志薄弱，没有坚强的决心，没有破釜沉舟的信念，一遇挫折，立即后退，所以终遭失败。

有意识地优化你的意志品质

人的意志力有着极大的力量，它能克服一切困难，不论所经历的时间有多长，付出的代价有多大，无坚不摧的意志力终将帮助人们到达成功的彼岸。

■ 意志品质的基本内涵

意志品质，就是人在意志行动中表现出来的较为稳定鲜明的心理特征。我们平时说的"意志坚强""意志薄弱"，固然是就意志品质而言的，但这种区分过于笼统，没有揭示出意志品质的具体内涵。在心理学上一般认为，所谓"坚强"的意志品质，包括自觉性、果断性、自制性、坚持性等，而"薄弱"的意志品质，就是与上面几种相反的一些品质。

一个人，尤其是青年人，能否成才，与其意志品质有密切关系。独立、坚定、果断、自制是构成一个人的意志品质的 4 个基本因素。意志品质不是天生的，主要是靠后天的培养教育。良好的意志品质所折射的迷人的光辉不能不令我们深切地向往。下面，就让我们来进一步认识它们。

独立性

独立性是指个体倾向于独立自主地做出决定和采取行动，既不易受外界环境的影响，也不拒绝一切有益的意见和建议，在思想和行动上表现为既有原则性又有灵活性。

独立性强的人通常具有明确的行动目的，有坚定的立场和信仰，并以此来统率自己的言行。因此，独立性强的人一旦认识了自己行为的价值和社会意义，就能够自觉地使自己的行动服从于社会的要求，积极地采取行动，即使是在行动过程中碰到巨大的困难和阻碍，他们也会充分发挥自己的主观能动性，千方百计地去克服困难。但丁的名言："走自己的路，让别人去说吧！"就是对独立性这一意志品质的生动写照。

成功始于觉醒。这个觉醒就是确立自信自强意识，即认识到自己一定要成功，一定能成功。"慷慨丈夫志，可以耀光芒。"（唐·孟郊诗句）这个志，就是自立和自强。刚毅似铁的信念，贞如翠柏的情操，坚如磐石的意志，硬如松竹的骨气，是自信自强者特有的风貌。

"自立者，天助也"，这是一条屡试不爽的格言，它早已被漫长的人类历史进程中无数人的经验所证实。自立的精神是个人真正的发展与进步的动力和根源，它体现在众多的生活领域，成为国家兴旺强大的真正源泉。从效果上看，外在帮助只会使受助者走向衰弱，而自强自立则使自救者兴旺发达。

果断性

人们善于明辨是非，适时采取决定并执行决定，称为意志的果断性。一个具有真正的果断性的人，当客观情况需要立即做出决定时，他会毫不犹豫，及时采取果断措施，这是一种情况。另一种情况是，当客观情况需要延缓决定时，他又会深思熟虑，直到客观情况成熟时才采取相应的措施。一个缺乏果断性的人，他在采取决定时，不是优柔寡断，就是草率行事。优柔寡断者，往往患得患失，踌躇不前；草率行事者，必然懒于思考，轻举妄动。很明显，这两种不良的意志品质，实际上都是意志薄弱的表现。

具有果断性品质的人能够对面临的情境迅速而准确地做出把握，进行全面而深刻地考虑，并当机立断地做出决策、投入行动；在情况发生意料中的或意料之外的变化时，又能够果敢地停止或改变决定以适应变化。由此可见，意志品质的果断性是以独立性为前提的，并具有较大的灵活性。人云亦云的人或者刚愎自用的人是无果断性可言的。

意志果断的人不贪心，不羡慕别人的成就，他会按自己的意志独立、迅速、准确地决策。他因为追求的目标单一，所以精力旺盛，一干到底。这样的人处事当断必断、敢作敢为，即使遇到突发事件，也能保持头脑冷静，正确处理。

威廉·沃特说："如果一个人永远徘徊于两件事之间，对自己先做哪一件犹豫不决，他将会一件事情都做不成。如果一个人原本做了决定，但在听到自己朋友的反对意见时犹豫动摇、举棋不定，那么，这样的人肯定是个性软弱、没有主见的人，他在任何事情上都只能是一无所成，无论是举足轻重的大事，还是微不足道的小事，概莫能外。他不是在一切事情上积极进取，而是宁愿在原地踏步，或者说干脆是倒退。古罗马诗人卢坎描写了一种具有恺撒式坚韧不拔精神的人，实际上，也只有这种人才能获得最后的成功——这种人首先会聪明地请教别人，与别人进行商议，然后果断地决策，再以毫不妥协的勇气来执行他的决策和意志，他从来不会被那些使得小人物们愁眉苦脸、望而却步的困难所吓倒——这样的人在任何一个行列里都会出类拔萃、鹤立鸡群。"

我们每个人在自己的一生中，有着种种的憧憬、种种的理想、种种的计划，如果我们能够将这一切的憧憬、理想与计划，迅速地加以执行，那么我们在事业上的成就不知道会有怎样的伟大。然而，人们往往有了好的计划后，不去迅速地执行，而是一味地拖延，以致让一开始充满热情的事情冷淡下去，使幻想逐渐消失，使计划最后破灭。成功也就这样与我们失之交臂。

自制性

自制性是指人们在行动中善于控制自己的情绪，约束自己的言行。

它表现在意志行动的全过程中。在采取决定时，自制力表现为能够进行周密的思考，做出合理的决策，不为环境中各种诱因所左右；在执行决定时，则表现为克服各种内外的干扰，把决定贯彻执行到底。自制力还表现为对自己的情绪状态的调节，例如，在必要时能抑制激情、暴怒、愤慨、失望等。

与自制力相对立的意志品质是任性和怯懦。前者不能约束自己的行动；后者在行动时畏缩不前、惊慌失措。这都是意志薄弱的表现。

自我控制的能力是高贵品格的主要特征之一。能镇定且平静地注视一个人的眼睛，甚至在极端恼怒的情况下也不会有一丁点儿的脾气，这会让人产生一种其他东西所无法给予的力量。人们会感觉到，你总是自己的主人，你随时随地都能控制自己的思想和行动，这会给你品格的全面塑造带来一种尊严感和力量感，这种东西有助于品格的全面完善，而这是其他任何事物都做不到的。

坚定性

坚定性也叫顽强性。它表现为长时间坚信自己决定的合理性，并坚持不懈地为执行决定而努力。具有坚定性的人，能在困难面前不退缩，在压力面前不屈服，在引诱面前不动摇。所谓"富贵不能淫，贫贱不能移，威武不能屈"就是意志坚定的表现。这种人具有明确的行动方向，并且能坚定不移地朝着这个方向前进。

坚定性不同于执拗。后者以行动的盲目性为特征。执拗的人不能正视现实，不能根据已经发生变化的形势灵活地采取对策，也不能放弃那些明显不合理的决定。坚定性是和独立性相联系的，具有独立性的人不易为环境的因素所动摇；而执拗是和武断、受暗示相联系的。

意志上的坚韧性能够创造许多伟大的奇迹。它绝不后退，从不放弃，在其他能力都已屈服败走的时候，它还坚持着。甚至连"希望"都已离开战场时，它还能助你打许多胜仗。

在别人都已停止前进时，你仍然坚持；在别人都已失望而放弃时，你仍然进行，这是需要相当大的勇气的。使你得到比别人更理想的位置、更高的薪资，使你做到人上人的，正是这种忍耐的能力，它是一种不以喜怒好恶改变行动的能力。

金钱、职位和权势，都无法与卓越的精神力量和坚韧的品质相比较。

不管你的工作是什么，都要以一种顽强的决心坚持下去。咬紧牙关，对自己说："我能行。"让"坚持目标、矢志不渝"成为你的座右铭。当你内心听到这句话时，就会像战马听到军号一样有效。

"坚持下去，直到结果的出现。"卡莱尔说，"在所有的战斗中，如果能坚持下去，每一个战士都能靠着他的坚持而获得成功。从总体上来说，坚持和力量完全是一回事。"

每一点进步都来之不易，任何伟大的成就都不是唾手可得的。许多著名作家的一生，就是坚定执着、顽强拼搏的一生。对于想成就一番大事的人来说，执着是最好的助推器。谁能不停止一次又一次的尝试，谁就能一次又一次地靠向成功。

■ 良好意志品质促进成功

良好的意志品质对于人生有重大的作用，许多人之所以创造了辉煌的人生，正是由于他们具备了良好的意志品质。

古希腊的众多奴隶制国家中有一个叫做斯巴达的国家，斯巴达人在公元前 8 世纪只有 9000 户左右，却统治着被他们征服的 25 万多人的其他民族。由于斯巴达人的残酷剥削和压迫，经常引起奴隶们的武装起义，这使斯巴达人一直过着备战的生活，并注重将自己的子女培养成能够奴役被征服者的武士。孩子生下来以后就要经受肉体的折磨，忍受饥渴、寒冷和痛楚的考验，以培养出应对艰难险阻的意志力。大冷天，他们让孩子在房顶上站立，经受凛冽的寒风的袭击；在炎日下，孩子则被要求相互追逐和格斗。斯巴达的孩子赤足行走，隆冬盛夏都只准穿同一件单薄的衣服，晚上则睡在由自己从河边拔来的芦苇上，吃的食物除了稀粥以外，别无他物。此外，孩子还经常遭受残酷的鞭挞，并且不准他因为疼痛而呼叫或哭泣。

斯巴达人以这种方式教养自己的孩子，为的是磨炼孩子的意志，使孩子从小就变得像钢铁一般坚强。这在当时，出于维护奴隶主的利益，这种教育方式是卓有成效的，造就了一大批吃苦耐劳、能征善战的武士。

由于良好的意志品质对个人的成功励志有很大作用，所以，中外心理学家们确立的鉴别天才儿童的标准中，意志品质占有重要位置。我国心理学家查子秀在《超常儿童心理学》一书中，介绍了一份结合我国学龄阶段超常儿童表现特点，编制而成的《超常儿童心理特点核查表》，供教师和家长识别超常儿童时参考。表中共列 15 条特点，其中，第 3 条是：注意既广又比较集中，特别对感兴趣的事物能比较长时间的集中注意力；第 12 条是：爱独立思考，独立判断，有主见，有时能发现书本中的矛盾；第 13 条是：有理想，有抱负，并能根据自己的优势或兴趣确定自学或研究课题；第 14 条是：有自信心，能比较正确地分析自己的情况和能力，并进行自我调节；第 15 条是：比较倔强，能排除干扰，克服困难，坚持完成任务。直接反映意志品质的标准，竟占 15 个标准的 1/3。国外心理学家劳库克，在 1957 年曾设计了一个《天才儿童核记表》，建议教师用这个表来甄别天才儿童。在这个表中，他共列了 20 个指标，其中，第 5 个指标是：注意范围很广且能集中，能坚持解决问题和具有追求的兴趣；第 7 个指标是：具备独立而有效的能力；第 11 个指标是：在智力活动上表现出首创精神和独创性。这些指标都与意志品质有关。由这两份鉴别标准，我们可以看出意志品质对成功起着巨大的作用。

意志的基本品质是相互联系综合地表现在一个人身上的。比如说，如果没有果断性，就做不了决定，也就谈不上坚韧性；如果没有独立性，就不能明确地认识自己的行动目的，因而就无所坚持；如果没有自制性，就不能使自己的行动的主要目的压倒其他动机，当然也无法坚持。

另外，意志品质的发展是相互交错的。各方面的意志品质在一个人身上的发展，往往是不均衡、不一致的。比如，这个人的某些意志品质如独立性、坚韧性发展水平高些，而另一些意志品质如自制性、果断性发展水平却低些；而另外一个人则可能正好相反。

正因为人的意志品质的发展是相互联系又相互交错的，也就使人们的意志品质出现了种种差异，使人们的意志品质呈现出千差万别的个体风貌。虽然人的意志品质的个体风貌是千差万别的，但大致上不外两种倾向：一种是以积极的良好品质为基本倾向；一种是以消极的不良意志品质为基本倾向。这就是我们平常说的有的人意志坚强，有的人意志薄弱。

如果一个人的意志品质的表现在他身上呈现了稳定发展的特点，那么，这种意志品质的个人特点，就构成了他的性格的意志特征。这样，人的意志品质就对其一生的发展，在某种程度上有了决定意义。如果一个人以消极的不良意志品质为基本倾向，那么，他的人生多是失败的；如果一个人以积极的、良好的意志品质为基本倾向，那么，他的人生则多是成功的。

追求成功是一种有目的、有计划地克服困难的意志行动，人具备了良好的意志品质，就会有更大的成功概率。一个人的独立性越高，他所选择的事业就越有社会价值。加强独立性有助于坚持己见、自立自强，从而发挥人的智力因素和非智力因素的作用。果断性强的人能够审时度势把握机会，当机立断。具有果断意志的人，能够成人所不敢成之事，有张有弛，有作有为。成功之路往往是一条艰难之路，具有自制性和坚持性的人，才能不畏挫折，不怕失败，抵御各种诱惑和干扰，不屈不挠，坚持到底，从而实现人生的价值，获得成功的人生。

那么，良好的意志品质，究竟是通过什么途径来帮助我们获得成功的呢？

（1）良好的意志品质能从态度上提高人活动的积极性。具有良好意志品质的人，能深刻地认识自己学习和工作的目的，积极主动地行动，不需要别人督促。相反，意志品质不良的人，往往对学习和工作目的不明确，常常要在别人督促下才肯行动，他们行事过于被动，因此缺乏创造性和持久性。他们遇事敷衍了事，自然难以尽如人意。

（2）良好的意志品质能从效果上提高时间的利用率。具有良好意志品质的人，往往能克服生活中各种各样的干扰，更有效地利用时间，坚持执行既定的计划，克服懒惰、松懈等不良习惯和消极情绪，积极主动地学习和工作。而意志品质不良的人，则往往得过且过、随波逐流，让大好时光白白浪费掉。

（3）良好的意志品质能从内容上保证活动的一贯性。一个人要想在学习和工作上取得一点成就，往往不是一朝一夕能办到的，必须持之以恒。具有良好意志品质的人，能按部就班、循序渐进地把自己的活动目的一以贯之。而意志品质不良的人则往往朝三暮四、浮游摇摆，做事往往半途而废，结果必然一事无成。

既然良好的意志品质对我们人生有如此重要的影响，我们又怎能不努力让自己拥有良好的意志品质呢？

培养自我的独立性

善于驾驭自我命运的人，是最幸福的人。在生活的道路上，必须善于做出抉择：不要总是让别人推着走，不要总是听凭他人的摆布，而要善于驾驭自己的命运，调控自己的情感，做自我的主宰，做命运的主人。

■ 独立自主方可做生活的主角

"在我的生活中，我就是主角。"这是台湾作家三毛的自信之言。

你是你命运的主人，你是你灵魂的舵手。

生命当自主，一个永远受制于人，被人或物"奴役"的人，绝享受不到创造之果的甘甜。人的发现和创造，需要一种坦然的、平静的、自由自在的心理状态。自主是创新的激素、催化剂。人生的悲哀，莫过于别人在替自己选择，这样，自己成了别人操纵的机器，而失去自我。

人生一世，草生一秋。活就要活出个精彩，留也要留下个良迹。

我们要做生活的主角，不要将自己看做是生活的配角。要做生活的编导、主角，而不要让自己成为一个生活的观众。

我们要做自己命运的主宰。心理学家布伯曾用一则犹太牧师的故事阐述一个观点：凡失败者，皆不知自己为何；凡成功者，皆能非常清晰地认识自己。失败者是一个无法对情境做出确定反应的人；而成功者，在人们眼中，必是一个确定可靠、值得信任、敏锐而实在的人。

成功者总是自主性极强的人，他总是自己担负起生命的责任，而绝不会让别人虚妄地驾驭自己。他们懂得必须坚持原则，同时也要有灵活运转的策略。他们善于把握时机，摸准"气候"，适时适度、有理有节。如有时需要"该出手时就出手"，积极奋进，有时则需稍敛锋芒握紧拳头，静观事态；有时需要针锋相对，有时又需要互助友爱；有时需要融入群体，有时又需要潜心独处。人生中，有许多既对立又统一的东西，能辩证待之，方能取得人生的主动权。

善于驾驭自我命运的人，是最幸福的人。在生活道路上，必须善于做出抉择：不要总是让别人推着走，不要总是听凭他人摆布，而要勇于驾驭自己的命运，调控自己的情感，做自我的主宰，做命运的主人。

自主的人，能傲立于世，能力挫群雄，能开拓自己的天地，得到他人的认同。勇于驾驭自己的命运，学会控制自己，规范自己的情感，善于布局好自己的精力，自主地对待求学、就业、择友，这是成功的要义。要克服依赖性，自己的命运不要总是任人摆布，让别人推着前行。

■ 走出自己的道路

如果你充分相信自己，你就具备了从事任何活动的信心与能力。只有你敢于探索那些陌生的领域，就可能体验到人生的各种乐趣。想想那些被称为"天才"

的名人，那些生活中颇有作为的人，那些在政界和商界颇有影响力的人物，他们都具有一个共同的特性：从不回避未知事物。例如，富兰克林、贝多芬、萧伯纳、丘吉尔以及许多其他伟人，他们都是敢于探索未知的先驱者。与你一样，他们也都是普通的人，只不过是他们敢于走他人不敢走的路。

小泽征尔是世界著名交响音乐指挥家。在一次欧洲指挥大赛的决赛中，小泽征尔按照评委给他的乐谱指挥乐队演奏。指挥中，他发现有不和谐的地方。他以为是乐队演奏错了，就停下来重新指挥演奏。但还是不行，"是不是乐谱错了？"小泽征尔问评委们。在场的评委们都口气坚定地说乐谱没问题，"不和谐"是他的错觉。小泽征尔思考了一会儿，突然大吼一声："不，一定是乐谱错了！"话音刚落，评委们立刻报以热烈的掌声。原来，这是评委们精心设计的"圈套"。前两位参赛者虽然也发现了问题，但在遭到权威的否定后就不再坚持自己的判断，终遭淘汰。而小泽征尔不盲从权威，"认真"了，就不怕别人，哪怕是权威，他最终摘取了这次大赛的桂冠。

还有一个类似的故事：在一家医院，一位大夫在给病人做完手术后，对在一旁第一次做助手的护士说："我们一共在患者体内放了11块棉球，都取出来了吧？"年轻的护士回答："大夫，是12块棉球，还有一块没有取出来。"大夫生气地说："我记得很清楚，是11块，不会错的。"护士低头又仔细数了数手中盘子里的棉球，然后抬起头，说："大夫，是12块，还少1块。"这时大夫笑了，他挪开了脚，让护士看——地上有一块棉球，刚才他故意藏在了脚下。

也许你一直认为自己非常脆弱，经不起摔打，如果涉足一个完全陌生的领域，就会碰得头破血流，这是一种荒谬的观点，也是你对自己不具信心的表现。当你身处逆境时，你可以依靠自己战胜困难；当你遇到陌生事物、身处陌生环境时，你不会经不起考验，更不会一蹶不振。相反，如果消除生活中的一些单调的常规，倒会减少你精神崩溃、厌倦生活的可能。对生活感到厌倦，这会削弱一个人的意志并产生一种不健康的心理影响。一旦对生活失去了兴趣，你就可能首先在精神上垮掉。然而，如果你不断给自己的生活寻找一些未知的因素，你的生活就增添了许多色彩，你会变得更加充实、上进。

"人生之路千万条，条条大道通罗马。"要走向成功，不妨大胆地多方位搜寻探索，不因恐惧失败而灰心丧志，也不因别人的指指点点而犹豫彷徨。不盲从，也不随俗，要走就走自己的路，一定能走出一条成功之路来。

■ 抛开身边的拐杖

尽管依靠别人、跟从别人、追随别人，让别人去思考、去计划、去工作要省事得多，但是独立自主者还是会毅然决然地抛弃身边的每一根拐杖，独立思考，独立行动，做一个自立自助的人。他们认为："一个身强体壮、背阔腰圆，重达70千克的年轻人竟然两手插在口袋里等着帮助，无疑是世上最令人恶心的一幕。"

人们经常持有的一个最大谬见，就是以为他们永远会从别人不断的帮助中获益。一味地依赖他人只会导致懦弱。没有什么比依靠他人的习惯更能破坏独立自主了。如果一个人依靠他人，就将永远坚强不起来，也不会有独创力。要么独立自主，要么埋葬雄心壮志，一辈子老老实实做个普通人。

坐在健身房里让人替我们练习，是永远无法增强自己的肌肉力量的；越俎代庖地给孩子们创造一个优越的环境，好让他们不必艰苦奋斗，也永远无法让他们独立自主，成为一个真正的成功者。

爱默生说："坐在舒适软垫上的人容易睡去。"依靠他人，觉得总是会有人为我们做任何事，所以不必努力，这种想法对发挥自助自立和艰苦奋斗精神是致命的障碍！

日本著名企业家松下幸之助曾经说过这样一段话："狮子故意把自己的小狮子推到深谷，让它从危险中挣扎求生，这个气魄太大了。虽然这种作风太严格，然而，在这种严格的考验之下，小狮子在以后的生命过程中才不会泄气。在一次又一次的跌落山涧之后，它拼命地、认真地、一步步地爬起来。它自己从深谷爬起来的时候，才会体会到'不依靠别人，凭自己的力量前进'的可贵。狮子的雄壮，便是这样养成的。"

美国石油家族的老洛克菲勒，有一次带他的小孙子爬梯子玩，可当小孙子爬到不高不矮（不至于摔伤的高度）时，他原本扶着孙子的双手立即松开了，于是小孙子就滚了下来。这不是洛克菲勒的失手，更不是他在恶作剧，而是要小孙子的幼小心灵感受到：做什么事都要靠自己，就连亲爷爷的帮助有时也是靠不住的。

意味可谓深长。

我们身边有不少人在观望、等待，其中很多人不知道等的是什么，但却一直在等。他们隐约觉得，会有什么东西降临，会有些好运气，或是会有什么机会发生，或是会有某个人帮他们，这样他们就可以在没受过教育，没有充足的准备和资金的情况下为自己获得一个开端，或是继续前进。

有些人是在等着从父亲、富有的叔叔或是某个远亲那里弄到钱。有些人是在等那个被称为"运气""发迹"的神秘东西来帮他们一把。

从来没某个等候帮助、等着别人拉扯一把、等着别人的钱财，或是等着运气降临的人能够真正成就大事。

人，要靠自己活着，而且必须靠自己活着，在人生的不同阶段，尽力达到理应达到的自立水平，拥有与之相适应的自立精神。这是当代人立足社会的根本基础，也是形成自身"生存支援系统"的基石，因为缺乏独立自主个性和自立能力的人，连自己都管不了，还能谈发展、成功吗？即使你的家庭环境所提供的"先赋地位"是处于天堂云乡，你也必得先降到凡尘大地，从头爬起，以平生之力练就自立自行的能力。

抛开拐杖，自立自强，这是所有成功者的做法。其实，当一个人感到所有外部的帮助都已被切断之后，他就会尽最大的努力，以最坚忍不拔的毅力去奋斗，而结果，他会发现：自己可以主宰自己命运的沉浮！

被迫完全依靠自己，绝没有任何外部援助的处境是最有意义的，它能激发出一个人身上最重要的东西，让人全力以赴，就像十万火急的关头，一场火灾或别的什么灾难会激发出当事人做梦都想不到的一股力量。危急关头，不知从哪儿来的力量为他解了围。他觉得自己成了个巨人，他完成了危机出现之前根本无力做成的事情。当他的生命危在旦夕，当他被困在出了事故、随时都会着火的车子里，当他乘坐的船即将沉没时，他必须当机立断，采取措施，渡过难关，脱离险境。

一旦人不再需要别人的援助，自强自立起来，他就踏上了成功之路。一旦人抛弃所有外来的帮助，他就会发挥出过去从未意识到的力量。世上没有比自尊更有价值的东西了。如果我们试图不断从别人那里获得帮助，就难以保有自尊。如果我们决定依靠自己，独立自主，就会变得日益坚强，距离成功也就会越来越近。

锤炼锲而不舍的坚韧性

一个人之所以成功，不是上天赐给的，而是日积月累自我塑造的结果。对于成功，千万不能抱有侥幸的心理。幸运、辉煌永远只会属于坚持到底，不屈不挠的人。事业如此，德行亦是如此。

■ 坚韧是克服困难的利器

"坚韧"是解除一切困难的钥匙，它可以使人们成就一切事情。它可以使人们在面临大灾祸、大困苦时不致覆亡；它可以使贫苦的青年男女接受大学教育，并在这个世界上有所表现；它可以使纤弱的女子担当起家中的负担，维持家庭的生计；它可以使残疾人挣钱养活衰老的父母；它可以使人们逢山凿隧道，遇水架大桥；它可以使人们修筑铁路、建设现代通讯设施，将各洲贯通联络起来；它可以使人们发现新大陆，挖掘人类更大的潜力。坚韧的品格可以使你无坚不摧、无往不胜。

世界上没有任何东西可以比得上或是替代"坚韧的品格"。教育不能替代，财力雄厚的父母、有权有势的亲戚也不能替代，一切的一切，都不能替代。

坚韧的品格，是一切成就大事业的人所共有的特征。他们或许缺乏其他良好的品格，或许有各种弱点与缺陷，然而他们都具备坚韧的品格。坚韧的品格，是所有成就大事业的人所绝不可缺少的涵养。劳苦不足以使他们灰心，困难不足以使他们丧志。不管处境如何，他们总能坚持与忍耐，因为坚韧的品格是他们的天性。

"坚韧的品格"可以成为人们追求成功的资本。而且以此为资本取得的成功，比那些以金钱为资本取得的成功还要大。人类的成功史已经证明，"坚韧的品格"可以使人摆脱贫穷，可以使弱者变成强者，可以使无用变成有用。

很多人成功的秘诀，就在于他们不怕失败。他们心中想要做一件事时，总是用全部的热诚，全力以赴，从来不去想有任何失败的可能。即便他们失败了，也会立刻站起来，怀着坚韧的品格，向前奋斗，直至成功为止。

缺乏坚韧品质的人，他们在事业上一经失败，就会一败涂地、一蹶不振。而那些有坚韧品质的人，则能够坚持不懈。那些不知怎样才算受挫的人，是不会一败涂地的。他们纵有失败，却从不以那个失败作为最终的命运。每次失败之后，他们会以更大的、更坚韧的、更多的勇气站起来向前进，直至取得最后的胜利！

坚韧，永远是成就大事业的人的特征。生性胆小，不敢冒险，逃避困苦的人，自然一生只能做些小事了。

当你在事业上有"向后转"的念头时，你最应该加以注意。这是最危险、最关键的时候！历史上的许多大事业，都是某些人在大多数人都想"向后转"的时候、再坚持一下造就的。

造福于人类的科学发明，都是出自于那些有极强的坚韧品质的人之手。霍沃在发明缝纫机时所经受的痛苦、贫穷与损失，恐怕一万人中没有一个能忍受得住！世界上的一切伟业，都是在别人放弃而自己仍然坚持时取得的。一个能够坚持到底，而且即便旁人笑他不明智时仍然坚持的人，他的前程将是非常灿烂的。

许多人做事之所以有始无终，开始时还满腔热忱，但在遇到了困难后，往往会半途而废，就是因为他们没有充分的韧性，来使他们达到最终的目的。一个满腔热情、意气豪迈的人，做事将非常容易。所以开始做一件事时，是毫不费力的，正因为如此，我们不能在一个人刚开始做事时就估量他的真实价值，而应该看他自始至终是否都有坚韧的品格。我们不能以一个人竞赛起步时的速率来评判他能否夺冠，而应该在他将到达终点时的速率来评判他。

一个人在做事时，能否不达目的不罢休，这是测验一个人是否拥有坚韧的品格的一种标准。坚韧的品格是最难能可贵的一种德性。许多人都肯随众向前，他们在情形顺利时，也肯努力奋斗；但是在大众都选择退出，都已向后转，而他自己觉得是在孤军奋战时，要是仍然能持有坚韧的品格，这就更难能可贵了。

有人向他的一位纽约商人朋友推荐一个少年，在他向他的友人举出了那个少年的种种优点后，商人这样问道："他有韧性吗？他能坚持吗？这是最要紧的事。"

是的！这是值得你终身思考的问题："你有韧性吗？你有坚韧的品质吗？你能在失败之后仍然坚持吗？你能不管遇到什么阻碍仍然前进吗？"

■ 点石成金需韧性

"登泰山而小天下"，这是成功者的境界，如果达不到这个高度，就不会有这个视野。但是，你若想到达这个境地亦非易事，人们从岱庙前起步上山，入南天门，进中天门，上十八盘，登玉皇顶，这一步步拾级而上，起初倒觉轻松，但愈到上面便愈感艰难。十八盘的陡峭与险峻曾使多少登山客望而却步。游人只有抱着不达目的绝不罢休的精神，才能登上泰山绝顶，体验杜甫当年"一览众山小"的酣畅意境。

许多人盼望长命百岁，却不理解生命的意义；许多人渴求事业成功，却不愿持之以恒地努力。其实，人的生命是由许许多多的"现在"累积而成的，人只有珍惜"现在"，不懈奋斗，才能使生命焕发光彩，事业有成。

要成功，最忌"一日曝之，十日寒之"，"三天打鱼，两天晒网"。遇事浅尝辄止，必然碌碌终生而一事无成。世上愈是珍贵之物，费时愈长，费力愈大，得之愈难。即便是燕子垒巢，工蜂筑窝也都非一朝一夕的工夫，人们又怎能企望轻而易举便获得成功呢？天上没有掉下来的馅饼，数学家陈景润为了求证"哥德巴赫猜想"，他用过的稿纸几乎可以装满一个小房间；作家姚雪垠为了写成长篇历史小说《李自成》，竟耗费了40年的心血，大量的事实告诉我们：点石成金需恒心。

在美国科罗拉多州长山的山坡上，躺着一棵大树的残躯。自然学家告诉我们，它曾经有过400多年的历史。在它漫长的生命里，曾被闪电击中过14次，无数次暴风骤雨侵袭过它，都未能让它倒下。但在最后，一小队甲虫的攻击却使它永远也站不起来了。那些甲虫从根部向里咬，渐渐伤了树的元气。虽然它们很小，却是持续不断地进攻。这样一棵森林中的巨树，闪电不曾将它击倒，狂风暴雨不曾将它动摇，却因一小队用大拇指和食指就能捏死的小甲虫凭借锲而不舍的韧劲而倒了下来。

这是卡耐基引述别人讲过的一个故事，他是要说明常常为小事烦恼，会损坏人的身心健康。而从这个故事，我们还发现了另一个人生的哲理，这就是只要有恒心，以微弱之躯也可以撼大摧坚。

生活中，我们都可能会面对"撼大摧坚"的艰巨任务：运动员要向世界纪录挑战，科学家要解开大自然的奥秘，企业家要跻身世界强者的行列，就是一般人，也会有一些困难的工作要去做。比如你要把一堆砖头从甲地搬到乙地，你该如何做？

莎士比亚说："斧头虽小，但多次砍劈，终能将一棵坚硬的大树伐倒。"

还有一位作家说过："在任何力量与耐心的比赛中，把宝押在耐心上。"

小甲虫的取胜之道，就在恒心上。

一位青年问著名的小提琴家格拉迪尼："你用了多长时间学琴？"格拉迪尼回答："20年，每天12小时。"

现在有一种流行病，就是浮躁。许多人总想"一夜成名""一夜暴富"。他们有如吕坤讲的那种"攘臂极力"的人，不去做扎扎实实的长期努力，而是想靠侥幸一举成功。比如投资赚钱，不是先从小生意做起，慢慢积累资金和经验，再把生意做大，而是如赌徒一般，借钱做大投资、大生意，结果往往惨败。

网络经济一度充满了泡沫，有人并没有认真研究市场，也没有认真考虑它的巨大风险，只觉得这是一个发财成名的"大馅饼"，一口吞下去，最后没撑多久，就草草倒闭，白白"烧"掉了许多钞票。

俗话说得好："滚石不生苔，坚持不懈的乌龟能快过灵巧敏捷的野兔。"如果能每天学习一小时，并坚持12年，所学到的东西，一定远比坐在学校里接受四年高等教育所学的多。正如布尔沃所说的："恒心与忍耐力是征服者的灵魂，它是人类反抗命运、个人反抗世界、灵魂反抗物质的最有力支持，它也是福音书的精髓。从社会的角度看，考虑到它对种族问题和社会制度的影响，其重要性无论怎样强调也不为过。"

人类迄今为止，还不曾有一项重大的成就不是凭借坚持不懈的精神而实现的。提香的一幅名画曾经在他的画架上搁了8年，另一幅也摆放了7年。

大发明家爱迪生也如是说："我从来不做投机取巧的事情。我的发明除了照相术，没有一项是由于幸运之神的光顾。一旦我下定决心，知道我应该往哪个方向努力，我就会勇往直前，一遍一遍的试验，直到产生最终的结果。"

凡事不能持之以恒，正是很多人最终失败的根源。英国诗人布朗宁写道：

实事求是的人要找一件小事做，

找到事情就去做。

空腹高心的人要找一件大事做，

没有找到则身已故。

实事求是的人做了一件又一件，

不久就做一百件。

空腹高心的人一下要做百万件，

结果一件也未实现。

要成功，就要强迫自己一件一件的去做，并从最困难的事做起。有一个美国作家在编辑《西方名作》一书时，应约要撰写 102 篇文章。这项工作花了他两年半的时间。加上其他一些工作，他每周都要干整整 7 天。他没有听任自己先拣最容易阐述的文章入手，而是给自己定下一个规矩：严格地按照字母顺序进行，绝不允许跳过任何一个自感费解的观点。另外，他始终坚持每天都首先完成困难较大的工作，再干其他的事。事实证明，这样做是行之有效的。

■ 坚忍不拔终获成功

清人郑板桥有诗云："咬定青山不放松，立根原在破岩中。千磨万击还坚劲，任尔东西南北风。"天道酬勤，只有咬定青山不放松，才会有所收获。

天下事最难的不过 1/10，能做成的有 9/10。要想成就大事业，尤其要有恒心来成就它，要以坚忍不拔的毅力、百折不挠的精神、排除纷繁复杂的耐性、坚贞不变的气质，作为涵养恒心的要素。

一个人之所以成功，不是上天赐给的，而是日积月累自我塑造的，千万不能存有侥幸的心理。幸运、成功永远只能属于辛劳的人，有恒心不易变动的人，能坚持到底的人。事业如此，德业亦如此。

"冰冻三尺，非一日之寒。"从这个自然现象中就能体现出恒心来，一日曝之，十日寒之；一日而作，十日所辍，成功的概率，几乎等于零。

希拉斯·菲尔德先生退休的时候已经积攒了一大笔钱，然而他突发奇想，想在大西洋的海底铺设一条连接欧洲和美国的电缆。随后，他就开始全身心地推动这项事业。前期基础性的工作包括建造一条 1600 千米长，从纽约到纽芬兰圣约翰的电报线路。纽芬兰 650 千米长的电报线路要从人迹罕至的森林中穿过，所以，要完成这项工作不仅包括建一条电报线路，还包括建同样长的一条公路。此外，还包括穿越布雷顿角全岛共 700 千米长的线路，再加上铺设跨越圣劳伦斯海峡的电缆，整个工程十分浩大。

菲尔德使尽浑身解数，总算从英国政府那里得到了资助。然而，他的方案在议会上遭到了强烈的反对，在上院仅以一票多数通过。随后，菲尔德的铺设工作就开始了。电缆一头搁在停泊于塞巴斯托波尔港的英国旗舰"阿伽门农"号上，另一头放在美国海军新造的豪华护卫舰"尼亚加拉"号上，不过，就在电缆铺设到 8 千米的时候，它突然被卷到了机器里面，被弄断了。

菲尔德不甘心，进行了第二次试验。在这次试验中，在铺好 320 千米长的时候，电流突然中断了，船上的人们在甲板上焦急地踱来踱去，好像死神就要降临一样。就在菲尔德先生即将命令割断电缆、放弃这次试验时，电流突然又神奇地出现，一如它神奇地消失一样。夜间，船以每小时 6 千米的速度缓缓航行，电缆的铺设也以每小时 6 千米的速度进行。这时，轮船突然发生了一次严重倾斜，制动器紧急制动，不巧又割断了电缆。

但菲尔德并不是一个容易放弃的人。他又订购了 1130 千米的电缆，而且还聘请了一个专家，请他设计一台更好的机器，以完成这么长的铺设任务。后来，英美两国的发明天才联手才把机器赶制出来。最终，两艘军舰在大西洋上会合了，电缆也接上了头；随后，两艘船继续航行，一艘驶向爱尔兰，另一艘驶向纽芬兰，结果它们都把电缆用完了。两船分开不到 5 千米，电缆又断开了；再次接上后，两船继续航行，到了相隔 13 千米的时候，电流又没有了。电缆第三次接上后，铺了 320 千米，在距离"阿伽门农"号 6 米处又断开了，两艘船最后不得不返回到爱尔兰海岸。

参与此事的很多人都泄了气，公众舆论也对此流露出怀疑的态度，投资者也对这一项目没有了信心，不愿再投资。这时候，如果不是菲尔德先生，如果不是他百折不挠的精神、不是他天才的说服力，这一项目很可能就此放弃了。菲尔德继续为此日夜操劳，甚至到了废寝忘食的地步，他绝不甘心失败。

于是，第 3 次尝试又开始了，这次总算一切顺利，全部电缆铺设完毕，而没有任何中断，几条消息也通过这条漫长的海底电缆发送了出去，一切似乎就要大功告成了，但突然电流又中断了。

这时候，除了菲尔德和他的一两个朋友外，几乎没有人不感到绝望。但菲尔德仍然坚持不懈地努力，他最终又找到了投资人，开始了新的一次尝试。他们买来了质量更好的电缆，这次执行铺设任务的是"大东方"号，它缓缓驶向大洋，一路把电缆铺设下去。一切都很顺利，但最后在铺设横跨纽芬兰 970 千米电缆线路时，电缆突然又折断了，掉入了海底。他们打捞了几次，但都没有成功。于是，这项工作就耽搁了下来，而且一搁就是一年。

好一个菲尔德，所有这一切困难都没有吓倒他。他又组建了一个新的公司，继续从事这项工作，而且制造出了一种性能远优于普通电缆的新型电缆。1866 年 7 月 13 日，新一次试验又开始了，并顺利接通、发出了第一份横跨大西洋的电报！电报内容是："7 月 27 日。我们晚上 9 点到达目的地，一切顺利。感谢上帝！电缆都铺好了，运行完全正常。希拉斯·菲尔德。"不久以后，原先那条落入海底的电缆又被打捞上来了，重新接上，一直连到纽芬兰。

菲尔德的成功证明了只要持之以恒，永不放弃，绝对会有意想不到的收获。

天道酬勤。凡事只要坚持到底、始终如一，就没有征服不了的困难，只要你兢兢业业、勤奋向前、坚持不懈，成功的道路上，便会有你的身影。

司马迁，从幼年时便开始漫游，走遍黄河、长江流域，为《史记》汇集了大量的社会素材、历史素材，奠定了我国历史巨著《史记》的基础；德国的伟大诗人、小说家和戏剧家歌德，前后花了 60 年的时间，搜集了大量的材料，写出了对世界文学界和思想界产生巨大影响的诗剧《浮士德》。

无论你做些什么，都要以汗水作为成功的代价。

人活着，就要有点坚持的精神。学业、事业上更是如此。不少青年人为自己怎么也学不出名堂找的借口是自己没天赋，或者认为学习不是自己的事，而是迫于老师的压力、家长的期望。这就大错特错了。虽然个人天分不同，但更重要的是后天因素，是努力，是坚持。坚持是一个你想到就能做到的动力源泉，它是无穷的，只要你想到，就会做到。美国钢铁大王安德鲁·卡内基对柯里商学院的毕业生做演讲时就告诫他们要时时提醒自己："我的位置在最高处。"当然，不是每个人都能做得一样好。但有很多挂在枝头的果子，你只有蹦起来，才能够到。我们还年轻，现在不努力做得最好，还等什么时候呢？

凡事只有不甘寂寞，真正脚踏实地去做，才能把理想落实为行动，把自己想象为一叶孤舟，看不到岸，只有一片汪洋。成功的果实是辛勤的汗水浇灌在寂寞的根上长成的。果实就意味着付出，意味着要吃苦。正如一句西方名言所说："天下没有免费的午餐"，机会也只留给有准备的人。

自强，不断地进取，养成坚定执着的个性，并用辛勤的汗水浇灌成功之花。做任何事情，只要有恒心，能够坚持不懈地奋斗，就能成就大事。

发挥你强大的意志力

从事任何事情都可以锻炼意志。通过意志力的作用，我们能够把特殊的事件推广成普遍，把事情的复杂内容简化，使它直观明了。使所有的实际情况符合自己的个性特征，行动的时候就可以轻松自如、从容不迫。

意志力引爆生命潜能

每个人身上都蕴藏着巨大的潜力和能力。我们身上的这些潜能足以使我们的理想变成现实。只要我们不懈地挖掘自己的潜能，不懈地运用自己的潜能，为实现理想付出辛劳，我们就能够做好想做的一切，就能够成为自己生命的主宰。

■ 意志力激发潜能

要想使水变成蒸气，在一个标准大气压的条件下，必须把水烧到100℃。水只有在沸腾后，才能变成蒸气，产生推动力，才能开动火车。"温热"的水是不能推动任何东西的。

可是在现实生活中，许多人却想用温热的水或半沸的水，去推动他们生命的火车，他们不反省自己为什么不能成功，却诧异自己在事业上为什么总是默默无闻、不能出人头地。

他们不知道一个人对待生命的温热态度，对他自己的事业或工作所产生的影响，与温热的水对于火车所产生的影响相同。

一个伟大而有价值的生命，它一定是怀着可以主宰、统治、调遣其他一切意志念头的中心意志。没有这种中心意志，人的"能量之水"是不会达到沸点的，生命的火车同样也是不能向前跃进的。

　　尽管我们每个人都想做一件事，希望成就一件事，但真能成功的，却只有那些怀着中心意志或意志坚强的人。只有那些积极的、有建设与创造本领的人，才可能产生强有力的中心意志。

　　只要你怀着一种披荆斩棘、破釜沉舟、不惜任何代价、无论做出多大牺牲都要达到目标的坚强意志，你就会从中产生巨大的能量。

　　有坚强的中心意志的人，他一定能在社会上找到其重要的地位，为他人所敬仰。他的言语行动都表现出他是一个有主见、有作为、有生命目标的人。他朝着目标前进，犹如箭头射向靶心。拥有这样坚强的中心意志，一切的阻碍都将不存在。

　　坚忍的意志、远大的目标，是护卫青年人生命旅程的有力武器，它能使青年人免去种种试探与引诱，而不至堕落到罪恶的深渊中去。

　　当你看到一个青年人，毅然决然地去进行他的计划，而丝毫不存"假使""或者""然而""并且"等模棱两可、不肯定的念头时，你就可以大胆地断定，他是个勇敢者，他会成功的。

　　认清目标、坚定意志，可以使人从中产生一种成功的力量来，可以使人燃烧整个生命，让生命能量达到最高的"沸点"。

　　假使一个人在心中产生了一个新的中心意志，新的生命目标，从那一天起，他的生命已经过了一次洗礼，他的耳目所接触的四周就都已气象一新。昨天还在包围、阻碍他的种种恐惧、怀疑、不快与罪恶，在新的中心意志与生命目标面前就会烟消云散。他一切酣睡着的能量，也必将被唤醒而准备投入战斗。因为一个新的中心意志，已经把那些东西全部赶走。他的生命也将是统一而不是混乱，积极而不是消极，美而不是丑的了。

　　人生在世，有一件事是必须要去做的，那就是努力去追求并努力去实现所有的理想。在这种努力中，有我们"自我表现""本领竞赛"的机会。这种努力是我们将生命能量发挥到最好、最高、最完满的境界的大好机会。

　　假使一个人在一生中没有一个中心意志，没有一个最高目标，也不想去执行那个意志，达到那个目标，那他的生命历程可以算是一种失败。

　　要做大事必先集中精神。而这种精神的集中，只有在你怀着一个中心意志或崇高的生命目标时才能办到。我们对于那些不感兴趣、缺乏热情的事情是不会集中精神的，因而也就无法完全释放自己的生命能量。

有些青年人很想在事业上发奋前进，但是由于一些微不足道的缘故，他们往往会在一夜之间抛弃事业，他们常常怀疑他们现在所从事的事业是否能够完全发挥自己的潜能。他们一遇挫折就灰心丧气，一听到别人在事业上取得了成功，他们就很羡慕，也想在那方面去试一试。

假如一个青年对于他所从事的事业如此游移不定，那么我们可以断定，他一定还没有怀着一个中心意志，没有让生命能量达到"沸点"的决心。相反，一旦他的事业既与他的中心意志相符，又能充分发挥他的生命能量，使他的事业成为他生命中不可分离的一部分，那么他将无法离开他的事业，好像酒鬼不能离开酒一样。到了这种境地，他哪有不成功的道理呢！

■ 释放"沉睡"的潜能

康惠尔是美国宾夕法尼亚州著名学府坦普尔大学创始人，他曾在演讲中讲述过一个农夫的故事：

有一个农夫拥有一块土地，生活过得很不错。他听说有的土地下面埋着钻石。众所周知，一块钻石足以使一个人非常富有。于是，农夫把自己的地卖了，离家出走，四处寻找可以发现钻石的土地。农夫走向遥远的异国他乡，然而却从未发现钻石。最后，他囊空如洗。在一个晚上，他满怀绝望之情，在一个海滩自杀身亡了。

正所谓无巧不成书！那个买下这个农夫的土地的人在散步时，竟发现了一块异样的石头，他拾起来一看，它晶光闪闪，反射出光芒。他仔细察看，发现这竟是一块钻石。这样，就在农夫卖掉的这块土地上，新主人发现了从未被农夫和其他人发现的最大的钻石宝藏。

这个自杀身亡的农夫并不懂得：财富不是仅凭奔走四方就能发现的，它更属于那些从自身开始挖掘的人，更属于相信自己能力的人。

这个故事也让我们懂得：在我们身上蕴藏着巨大的潜力和能力。我们身上的这些潜能足以使我们的理想变成现实。只要我们不懈地挖掘自己的潜能，不懈地运用自己的潜能，为实现理想付出辛劳，我们就能够做好想做的一切，就能够成为自己生命的主宰。

每个人身上都有自己巨大的"钻石宝藏"，每一个人都是一个巨大的未知，同样每一个人都可能创造一个巨大的奇迹。因此，佛教倡导明心见性，强调每一个人都有可能实现自己的终极觉悟。佛不是一种外在的东西，佛就在我们心中，我心即佛。但是由于诸多俗事的缠绕，人心被蔽于浑浊的世俗中，人也就失去了创造奇迹的可能，放弃了他们巨大的未知。潜能，就是被人放弃的一种巨大的未知，是被人所忽视的"钻石宝藏"。这种极昂贵的生命资源，人却贱视了，甚至还浑然不知。这比失去任何财物都更令人痛心。

潜能是生命的自然资质，有无形的一面，也有有形的一面；有整体性的，也有局部性的。无形的，如第六感官、遥感等；有形的，如手抬脚踢；整体性的，如心的感知和情感能力，肌体的整体反应；局部性的，如耳朵的特别听力，眼睛的特别视力等。人身上有很多未被把握的东西，有很大的未知领域，人身上这种潜在的"钻石宝藏"，应该更广泛地引起人的注意和兴趣。潜能无处不在，浑然一体，我们对潜能的这种硬性区分只是对生命能量的某种把握罢了。笼统地来看，诸如，潜意识、生命直觉等都是生命潜能。人们亟须对人的常用器官进行潜能再开发，进一步发掘手脚身心和耳目头脑的天赋能力，让手伸得更长，脚跑得更快，心的感悟更直接，身体的反应更灵敏，耳朵听得更清，眼睛看得更远，大脑的思维更接近天体的复杂，等等。人的潜能是生命机体的超常部分，它们有神秘、卓越和可怕的能量。人需要持续不断地向未知潜能进发，以发现肌体更多的功能器官和相关器官的综合功能。谁掌握了这些潜能或其中之一，谁的生命就进入了超常境地，获得超常的能力，也就充分地发掘了你的"钻石宝藏"。

人最向往的事情之一，就是对生命潜能的开发，实现生命潜能的最大化。经过一些努力，人进行了各种生命实践，并总结出了很多方法和心得。如瑜伽大师可以身柔似童，经老不衰。这听起来很神奇，但却鲜明地道出了生命潜能的存在。

为了开发潜能，可以试着在闲的时候，养成独处的习惯。可以一个人，常到河边或山上，静静地坐一会儿。这时你会产生一些感觉，首先是心的感觉活跃了，其后，器官的灵敏度也提高了。如听力灵敏了，眼睛明亮了，等等。总之，身心的自然质地恢复了，想象能力和情感能力也得到了增强，在这种变化中，天地万物和我们接近了，我们处在其中。有了这种变化，人对独处产生了依恋，身心进一步获得解放。结果你的感悟能力增强了，想象、情感活跃了，身体和器官的存在鲜明了。但这还仅仅是一个有限的涉入，你不可能因此而穷尽生命的潜能和未知。这只是一个摆脱世俗昏昧的最简单办法，是一个登堂的地步，而不是入室的境界。要想真正发掘你身上的"钻石宝藏"，开发你的生命潜能，光靠这些还是远远不够的。

一般来说，人的才能源于天赋，而天赋又不太容易改变，所以很少有人相信潜能。但实际上，大多数人的志气和才能都深藏潜伏着，必须要外界的东西予以激发。志气与才能一旦被激发，如果又能加以继续关注和教育的话，就能冲破一切束缚，闪出光芒，否则终将萎缩而消失。

因此，如果人们的天赋与才能不被激发、不能保持、不能得以发扬光大，那么，其固有的才能就会变得迟钝并失去它的力量。

爱默生说："我最需要的，就是有人叫我去做我力所能及的事情。"因为做"我"力所能及的事情，是表现"我"的才能的最好途径。拿破仑、林肯未必能做的事情，但"我"能够做，而这只是尽"我"最大的努力，发挥"我"所具有的才能。

在美国某市的法院里有一位法官，他中年时还是一个不识文墨的铁匠。60岁时却成为全城最大的图书馆的主人，获得许多读者的称誉，被人认为是有学识的人。这位法官唯一的希望，是要帮助同胞们接受教育，获得知识。他自身并没有接受系统的教育，他的宏大抱负是怎样产生的呢？原来他不过是偶然听了一篇关于"教育之价值"的演讲。结果，这唤醒了他潜伏着的才能，激发了他远大的志向，从而使他成为一个博学多才的人。

现实生活中，有许多人直到老年时才表现出他们的才能。为什么到老年时潜能才被激发呢？它们又是怎样被激发的呢？有的是由于聆听了富有说服力的讲演而受感动；有的是由于阅读富有感染力的书籍而受到激发；有的是由于朋友真挚的鼓励。对于激发一个人的潜能，作用最大的往往就是朋友的鼓励、信任与赞扬。

在印第安人的学堂里，曾经刊登过不少印第安青年的照片。他们在学校里毕业时的神情与他们刚刚从家乡里出来时的神情大为不同。在毕业照片上，他们是一副气宇轩昂的模样——脸上流露出智慧。看了这样的照片，你一定可以预见他们将来能做出伟大的事业来。但是大部分人回到他们自己的部落以后，奋斗不多时，就和原来没什么不相同了，逐渐又恢复旧日的面目。只有少数人由于具有坚强的意志，具备了抵抗堕落的力量。

和一般的失败者面谈，你就会发现：他们是因为他们无法获得良好的环境，是因为他们从来不曾走入足以激发人、鼓励人的环境中才失败的，最重要的是因为他们的潜能从来不曾被激发，他们没有力量从不良的环境中奋起振作。

在人的一生中，无论何种情形下，你都要不惜一切代价，走入一种可能激发你的潜能的气氛中、可能激发你走上自我发达之路的环境里。

努力接近那些了解你、信任你、鼓励你的人，这对于你日后的成功，具有莫大的影响。接近那些坚决奋斗的人，你在不知不觉中便会深受他们的感染，养成奋发有为的精神。如果你做得还不十分完美，那些在你周围向上爬的人，就会来鼓励你付出更多的努力、做更艰苦的奋斗。你更要与那些努力要在世界上有所表现的人接近，他们往往志趣高雅、抱负远大。只有在这样的环境里，只有经历这样的鼓励，你才可能充分激发身体内的潜能，让你的"生命潜能"的炸药增加数倍威力。

■ 充分调动内在潜能

一个人潜能的大小往往取决于他的强项。成功者往往是那些能够认识到自己的优势潜能（也可以叫做强项），并且坚信通过自己对潜能的发挥便能实现目标的人。要开发一个人的潜能，最好的办法就是经营其强项。如果能把自己的强项经营得强大无比，无人能敌，那么可以说潜能的开发也达到了极致。经营自己的强项就是要使自己最有优势、最强大的能力发展到最高点，让它成为你所有潜能中最完美的强项。为此，我们可以从以下3个方面来经营自己的强项，也可以说是开发自己的最佳潜能。

发展强项，天道酬勤

如果你没有强项，那么该如何开发潜能呢？答案是：刻苦劳作，勤能补拙。只要你足够勤奋，那么你一定可以发现你的强项。

了解实际生活的人都知道：天道酬勤。那些勤勤恳恳工作的人总是不怕找不到可以经营的强项，正如优秀的航海家总能驾驭大风大浪中的船一样。对人类历史的研究表明，在成就一番伟业的过程中，一些最普通的品格，如公共意识、注意力集中、专心致志、持之以恒等，往往起很大的作用。即使是盖世天才也不能小视这些品质的巨大作用，更别说普通人了。约翰·弗斯特认为，"天才就是点燃自己的智慧之火"。波思认为，"天才就是耐心"，强项是靠勤奋来获取的，而不是天才的产物。事实上，真正伟大的人物只相信常人的智慧与毅力的作用，而不相信什么天才。甚至有人把天才定义为公共意识升华的结果。一位大学校长认为，天才就是不断努力的能力。

道尔顿是英国物理学家及化学家，他不承认自己是什么天才。约翰·亨特曾评论他道："他的心灵就像一个蜂巢一样，从外表看来是一片混乱、杂乱无章、到处充满嗡嗡之声，实际上一切都整齐有序。每一点食物都是通过勤劳在大自然中精心采集的。"道尔顿认为他所取得的一切成就都是靠勤奋、靠点滴积累而成的。翻一翻一些大人物的传记，我们可以清楚地看出，大多聪明杰出的发明家、艺术家、思想家和各种著名的工匠，他们之所以能成大事，在很大程度上都归功于非同一般的勤奋和持之以恒的毅力。英国作家兼政治家狄士累利（1804～1881年，于1874～1880年任首相）认为，要成大事者就必须要有自己的强项，而要获得强项，只有通过连续不断的苦心钻研，除此别无良策。正如意大利民谚所云："走得慢且坚持到底的人才是真正走得快的人。"

因此，从很大程度上讲，那些拥有强项的人并不是那些严格意义上的天才人物，而是那些智力平平而又非常勤奋、埋头苦干的人；不是那些天资卓越、才华横溢的天才，而是那些不论在哪个行业都刻苦劳作、奋斗不息的人们。有一位事业有成的女性在谈及她那才华横溢却毫不努力的儿子时曾慨叹："唉！他太缺少坚持到底、顽强拼搏的天资，又何以能成大器？"天赋过人的人如果没有毅力和恒心做基础，只会成为转瞬即逝的火花，无法找到自己的强项；许多意志坚强、持之以恒而智力平平乃至稍稍迟钝的人，都具有超过那些只有天赋而没有毅力的人的强项。

勤奋是一种工作态度。一旦养成了一种不畏劳苦、敢于拼搏、锲而不舍的工作态度，则无论我们做任何事，都能在竞争中立于不败之地。即使从事最简单的技巧，也少不了这些最基本的"品格"。"勤能补拙是良训"讲的正是这个道理。勤奋是经营强项最实用的方法，勤奋可以弥补你的弱项，更何况是强项呢？

即使是在一些最简单的事情上，持之以恒的磨炼也确实会产生惊人的结果。俗语云："勤奋是金"，拉小提琴看起来十分简单，但要使之成为自己的强项，必须花费你很多精力去反复练习。

一个芭蕾舞演员要练就一身绝技，不知道要流下多少汗水、饱尝多少苦头，一招一式都要花费难以想象的勤劳。在泰祺妮准备她的夜晚演出之前，她往往得接受她父亲两个小时的严训。等到歇下来时已是筋疲力尽，有时甚至达到完全失去知觉的地步。她想躺下，但不能脱光衣服，只能用海绵擦洗一下，借以恢复精力。舞台上那轻灵如飞的舞步，往往令人心旷神怡，但舞台下的勤奋耕耘又是平常人所不能想象的。俗语云："台上一分钟，台下十年功。"这十年功的酸甜苦辣，泰祺妮作为一个芭蕾舞演员似乎有更深刻的体会。

对于想成大事的人来说，勤奋是最好的资本。一点点进步都是来之不易的，任何伟大的事业都不可能唾手可得。许多著名的科学家和发明家的一生就是顽强拼搏、勤奋刻苦的一生。谁能不停止勤奋的脚步，谁就能够发展自己的强项，挖掘自我的潜能，成就自身的伟业。

了解兴趣，投己所好

最好的经营强项的办法就是做好你所从事的职业。你所从事的职业就是你的强项，而且这种职业就是你的兴趣所在。这种情况下，你就在你的日常工作中不断经营自己的强项，也就是在开发你的潜能。而兴趣可以保证你拥有百倍的热情来完成这一过程。

要想发现和准确判断自己的兴趣所在，你可以首先回顾一下过去的经历，看哪些是你曾感兴趣的。在此基础上，将自己的兴趣归于某种兴趣类型，并与相应的职业对比，这样可以帮助你选择适合自己兴趣的职业，经营自己的强项。

对于兴趣和各种职业之间的关系，有人根据《加拿大职业分类词典》做了如下分类。

第一类兴趣：愿与事物接触——喜欢同具体事物打交道，默默无闻，埋头苦干。相应的职业：制图、地质勘探、建筑设计、机械制造、计算机操作、会计、出纳等。

第二类兴趣：愿与人打交道——喜欢同人交往，结交朋友，对销售、公共关系、采访、信息传递一类活动感兴趣。相应的职业：推销员、公关人员、记者、咨询人员、教师、导游、服务员等。

第三类兴趣：愿干有案可寻的工作——喜欢常规性、重复的、有规则的活动，习惯在预先安排好的程序下工作。相应的职业：图书管理员、文秘、统计员、打字员、公务员、邮递员、档案管理员等。

第四类兴趣：喜欢从事给他人带来幸福的工作——乐于助人，试图改善他人状况，帮助他人排忧解难。相应的职业：福利工作、慈善事业、医生、律师、保险业、护士、警察等。

第五类兴趣：愿做领导和组织工作——喜欢掌管一些事情，希望能在人们心目中德高望重，在活动中常起骨干作用。相应的职业：政治家、企业家、社会活动家、行政管理人员、学校辅导员等。

第六类兴趣：喜欢研究人的行为——对人的行为举止和心理状态感兴趣，喜欢谈论人本身的问题。相应的职业：社会学、心理学、人类学、组织行为学、教育学、政治学等方面的研究和调查分析。

第七类兴趣：喜欢钻研科学技术——对分析的、推理的、测试的活动感兴趣，善于理论分析，喜欢单独工作并解决问题，也喜欢通过试验做出新发现。相应的职业：气象学、生物学、天文学、物理学、化学、地质学等方面的研究和实验。

第八类兴趣：喜欢抽象的和创造性工作——对需要想象力和创造力的工作感兴趣，喜欢独立工作，乐于运用抽象思维解决抽象问题，具有探索精神。相应的职业：哲学研究、科技发明、文学创作、经济分析、数理研究等。

第九类兴趣：对机器情有独钟——对运用一定技术、操作各种机械去创造产品或完成任务感兴趣，喜欢使用工具，尤其是大型的马力强的先进机械。相应的职业：飞机、火车、轮船、汽车的驾驶，机械装卸，建筑施工，石油、煤炭开采等。

第十类兴趣：喜欢具体的工作——希望能很快看到自己的劳动成果，愿从事制作有形产品的工作。相应的职业：室内装饰、时装设计、摄影师、雕刻家、画家、美容师、烹饪、机械维修、手工制作、证券经纪人等。

第十一类兴趣：喜欢表现和变化的工作——对表演、运动、惊险、刺激的事情感兴趣，喜欢经常变动、无规律的但具挑战性的工作。例如，运动员、旅行家、作曲家、探险家、特技人员、海员、职业军人、警察等。

在了解了兴趣与各种职业之间的关系之后，你就可以参照你的兴趣来选择职业了。当然你可以参照前面的测验，在选择职业时考虑你自身的潜能。如果你选择的职业既符合自己的兴趣，又适合潜能的发挥，那么不要犹豫，这就是你的强项，赶快行动吧。

力求完美，追求卓越

有了强项，一定要力求尽善尽美，才能把你的强项经营到最强大，否则你的强项就并非真正的强项。

在某机关里，悬挂着一句格言："在这里，一切只求尽善尽美。""尽善尽美"应该成为每一个致力于经营强项的人的终生格言！假使每个人都能实践这一格言，不论在做什么事时，都能做到尽至善之努力，以求至美之结果，那么他的强项也就无人能敌了。

人类的历史，充满了由那些工作不踏实、不忠实的人们因不小心所造成的种种悲剧。在美国宾夕法尼亚州的奥斯汀，有一个市镇被全部淹没，洪水吞噬了许多生命，原因就在于堤岸工程建筑得敷衍而不结实，没有按原定方案实施工程。

工作不认真、不谨慎，只会造成悲惨的结局。无数手足俱残的人，无数枉死离世的人，他们的悲惨结局告诫我们，工作不认真与不小心就不会有好结果。

假使人们工作时都能尽心尽力、一丝不苟并力求做到尽善尽美，那么不但人们的残废与枉死的数目可以大大减少，而且我们的强项也会因此而更加完美。

一旦养成了苟且偷安的习惯，那么你的强项也就大打折扣。它会使你在对待所有事情时都不忠实。从事那种苟且而不可靠的工作，只会有损于强项的发挥。每每经过你的手而做出一件苟且而劣质的工作，都足以损害你的形象、你的办事能力，进而消磨你的强项。苟且而劣质的工作，对你的自尊心与最高理想是一种侮辱，它是拖累你经营强项的仇敌。

事无巨细，每做一事你都要竭尽心力，力争完美。这是成功人士的一种标记。凡是出人头地的人，他们做事时绝不肯自安于"还可以"或"差不多"，而必求尽善尽美。他们的天性中原本就有着对尽善尽美的不懈追求！

有人说："无知与轻忽所造成的祸害，是同等的。"有许多青年人所做的工作，从来就没有绝对可靠与绝对正确过；他们的失败，就出在"轻忽"这一点上，他们总需要经过他人的审查与校正。这样的人永远经营不好自己的强项。

成功的人们之所以取得成功，伟人们之所以如此伟大，就在于他们做事时能准确细致，具有明察秋毫的精神。办事"彻底"的精神，是一切成功人士的特征。许多青年人的毛病，就在于"不彻底"，他们对工作、事业，不想求得尽善尽美，却想得到完美的结果，那自然是痴心妄想。

意志力提升与智力开发

大脑可说是上天赐给人最神奇的礼物了，它几乎能帮助我们达成一切梦想，而它所具备的潜能也是无比巨大的。如果你能善于运用这个超常的机器，就能不断地开创出各种你所希望的未来。

■ 意志力促进智力发展

在人的整体心理素质结构体系中，意志居于怎样的地位，对其他心理素质的发展有怎样的作用？

我们知道，人的心理过程分认知、情感、意志 3 个相互联系的方面，个性心理不过是这 3 个方面在个体身上的不同表现而已。也就是说，人的心理世界就是相互联系的认知的、情感的、意志的 3 个范畴。因此，关于意志对其他心理素质发展的作用，其实也就是意志在认知发展和情感发展中的作用。

现在，就先来看看意志对认知发展的功能。所谓意志对认知发展的功能，也可以说就是意志对智商发展的功能。

所以，我们有必要先来了解一下智商。

智商的概念是由德国心理学家施特恩首先提出来的。

智商也叫智力商数，常用"IQ"表示。智商是根据一种智力测验的作业成绩所计算出的分数，它代表了个体的智力年龄（MA）与实际年龄（CA）的关系。计算智商的公式为：

智商（IQ）=〔智龄（MA）÷（CA）实龄〕×100

按照这个公式，如果一个 8 岁的儿童的智龄与他的实际年龄相同，那么这个孩子的智商就是 100，说明他的智商达到了正常 8 岁儿童的一般水平，如果一个 8 岁儿童的智龄为 10.4，那么他的智商就是 130 了。智商 100 代表智力的一般水平；如果智商超过 100，说明儿童的智商水平高；低于 100，则说明儿童的智商水平低。

用智龄和实际年龄的比率来代表智商，叫比率智商。比率智商有一个明显的缺点，人的实际年龄逐年在增加，而他的智力发展到一定阶段一般会稳定在一个水平上。这样，采用比率智商来表示人的智力水平，智商将逐渐下降。这是和智力发展的实际情况不相符的。

为了更真实地反映出一个人的智力状况，韦克斯勒革新了智商的计算方法，把比率智商改成离差智商（deviation IQ）。提出离差智商的根据是：人的智力的测验分数是按常态分布的，大多数人的智力处于平均水平，IQ=100；离平均数越远，获得该分数的人数就越少；人的智商从最低到最高，变化范围很大。智商分布的标准差为 15。这样，一个人的智力就可以用他的测验分数与同一年龄的测验分数相比来表示。公式为：

IQ=100+15Z

其中，$Z=(X-\overline{X})\div SD$

Z 代表标准分数，X 代表个体的测验分数，$\overline{X}$ 代表团体的平均分数，SD 代表团体分数的标准差。因此，只要我们知道了一个人的测验分数，以及他所属的团体分数和团体分数的标准差，就可很容易地计算出他的离差智商。例如，某施测年龄组的平均得分为 80 分，标准差为 5，而某甲得 85 分，他的得分比他所在的年龄组的平均得分高出一个标准差，$Z=(85-80)\div 5=1$，他的 IQ=100+15×1=115。说明他的智商比 84% 的同龄人要高；如果某人的得分比团体平均分低一个标准差，Z=−1，他的 IQ=85，说明他的智商只比 16% 的同龄人高，而低于一般人的水平。

由于离差智商是对个体的智商在其同龄人中的相对位置的度量，因而不受个体年龄增长的影响。例如，一个孩子在测验中的得分高于平均数 3 个标准差，那么，不论他的年龄有多大，他的智商总是 148。同样，一个智力平常的儿童，他的智商总是 100。

意志为什么对智商的发展起作用呢？

有一个著名的研究说明了意志对智商的影响。美国心理学家特尔曼从1921年开始对1528名智力超常的儿童进行大规模的追踪研究，前后时间长达50年，得出了一系列研究结果。这些超常儿童的智商都在140以上，那么这些孩子长大后的成才情况如何呢？结果发现，智力与成就有一定关系，但不完全是相等关系。特尔曼等人对800名男性中成就最大的20%和成就最小的20%进行比较，结果发现：这两组人的差别主要在于他们的人格品质上，特别是意志品质的差异。成就大的一组人在独立性、果敢性、自制性、坚韧性等意志品质上明显高于成就小的一组人。

事实胜于雄辩，这一研究案例充分显示了意志对智商的影响。高智商并不意味着一个人能"功成名就"，而意志品质良好的人更容易取得成功。成就水平反映了一个人智力水平发挥、智力才能展现的程度。每个科学成就的获得都像爱迪生所说的那样："只靠百分之一的灵感，百分之九十九的是血汗"。

紧张的智力活动是艰苦的脑力劳动，没有非智力因素的积极参与和支持，是不可能克服困难，排除障碍的。我国近现代著名学者王国维在《人间词话》中，集古人词作名句描绘的所谓"三境界"，对我们认识这个问题是很有启发意义的。

"昨夜西风凋碧树，独上高楼，望尽天涯路。"是第一境界。一个人在准备开展智力活动以解决某个问题之前，常常会觉得问题复杂，头绪纷繁，不知从何处着手才好。这就要求他兴味盎然、热情洋溢、下定决心、充满信心地去积极开展智力活动。

"衣带渐宽终不悔，为伊消得人憔悴。"是第二境界。智力活动展开之后，常常不会一帆风顺，一蹴而就，而是会有急流险滩，不进则退。这就要求一个人必须持之以恒，知难而进，绞尽脑汁，凝神静气，冥思苦想才会有所进展，有所收获。

"众里寻他千百度，蓦然回首，那人却在灯火阑珊处。"是第三境界。经过艰苦、大量、长时间的思考，终于"灵光乍现"，原先百思不得其解的问题最终迎刃而解了。一个人经过顽强的智力活动获得成功之后，必然会感到豁然开朗，心情愉悦。但还要求他不能就此止步，而必须再接再厉，以饱满的情绪和旺盛的精力、毅力投入新的智力活动。

"志不坚者智不达，言不信者行不果。"可见，智商是可以通过后天训练来提高的，智商是越练越灵，越用越精的，天才的训练需要智商。意志品质坚强的孩子往往通过努力、刻苦地学习各种知识，来提高其智商。相反，天赋较好但不勤奋学习的人，最终只能一事无成。

■ 打开记忆的宝库

大脑的潜力无限

人的大脑与电子计算机有很大的可比性。和计算机一样，人脑在它活着的时候，能够吸收、储存和运控大量的信息，区别在于，人脑的功能比现在世界上任何最先进的电子计算机都要强大得多。在人的大脑中，积聚着约有高达150亿个神经细胞，它们彼此错综复杂地联系在一起。如果用数字来直观地表达两者的功能对比的话，可以说大脑具有的潜在能力，相当于10万台大型电子计算机。

人的大脑具有巨大的储存量，可以在每秒钟接受十来个信息。一个信息单位叫做一比特，大约相当于一个单词的容量。根据最保守的估计，人脑的容量有100万亿个比特。它足以装下全世界所有图书馆的藏书内容。何况人类还有潜意识，有许多难以用语言表达的微妙感觉和印象。实际上，一个普通人能够表达出的信息量，只是巨大的冰山露出海面的部分，而被海水覆盖的部分才是冰山的主体。

与电脑相比，人脑的优越性还在于它的随机应变能力。比如，现在电脑软件专家正在努力突破的"手写体识别"和"语音输入"技术，就表明了电脑和人脑的巨大差距。每个人用手写的字和印刷的字不可能完全一样，说话的发音也不可能像播音员一样标准，但这并不妨碍人们相互用语言和文字交流；而电脑要准确地做到这一点（进行模糊思维），在目前还有许多困难。可以预见，即使科学高度发展，人脑在"灵活性"方面的能力也是电脑无法比拟的。

下面的事例将告诉你人脑比电脑更优秀。

人类远远未能充分运用大脑的功能。脑细胞虽然多达150亿个，但是普通的人却只用到了其中的2%～5%而已，绝大部分脑细胞都处于"待业"状态。即使是爱因斯坦那样伟大的科学家，使用量也不足30%。所以，只要开发1%的潜在脑力，就能带来不可思议的神奇变化。

俄罗斯的报刊曾发表文章说："人类学、心理学、逻辑学、社会学和生理学的一系列最新研究成果证明，人的潜在能力是巨大的。当代科学使我们懂得人的大脑结构和工作情况，大脑所隐藏的潜能使我们目瞪口呆。在正常情况下工作的人，一般只使用了其思维能力的很小一部分。如果能开发自己的大脑达到其一半的工作能力，我们就可以轻而易举地学会 40 多种语言，记住大百科全书的全部内容，还能够学会数十所大学的课程。"

由此可见，人类远远未能利用大脑的功能，每个人都有巨大的潜力等待挖掘。

大脑越用越灵

人脑还有一个很重要的特征，就是愈用愈灵活。对大脑潜能的不断开发，有助于大脑功能的发展。

人类的大脑包括大脑、小脑和连接它们的间脑、中脑和延髓这几部分。大脑还特别区分出旧皮质和新皮质。人类所特有的、其他动物身上没有的高度的智慧，是靠大脑表面非常发达的新皮质控制的。人的智力之所以越来越发达，正是长期实践、不断用脑思索的结果。

机器用久了会有磨损，而人脑却是愈用愈灵活。比如学外语，一旦掌握了一两门外语，再学第三门、第四门就容易多了。

头脑的好坏，并不完全是天生的，主要看你后天如何利用它。所有有成就的科学家、文学家无一例外的都是长期善于用脑思索者。速算天才印度妇女莎姑达拉就是后天有意识地长期培养、训练的结果。他们的成功都离不开对大脑的不断使用。

我们要开发潜能，利用更多的脑细胞，最简单、有效的方法就是经常把新的知识和信息通过脑细胞去刺激大脑。例如，读书、看报或注意听别人的谈话，对发生在身边的事勤于思索，多问"为什么"，养成这样的习惯，对保持灵活的头脑大有裨益。

俗话说："生命在于运动。"而脑的运动更为重要。研究表明，每个人长到 10 岁左右，每 10 年大约有 10% 控制高级思维的神经细胞萎缩、死亡。信息的传递速度也随年龄的增长而逐渐减慢。但这并不会影响大脑功能，如果坚持用脑和注意脑营养的补充，每天又会有新的细胞产生，而且新生的细胞比死亡的细胞还要多。

日本科学家曾对 200 名 20～80 岁的健康人进行跟踪调查。他们发现，经常用脑的人到 60 岁时，思维能力仍然像 30 岁那样敏捷；而那些三四十岁不愿动脑的人，脑力退化得更快。

美国科学家做了另一项实验，把 73 位平均年龄在 81 岁以上的老人分成 3 组：自觉勤于思考组、思维迟钝组和受人监督组。实验结果是：自觉勤于思考组的血压、记忆力和寿命都达到最佳指标。3 年后，自觉勤于思考组的老人都还健在；思维迟钝组死亡 12.5%；而受人监督组有 37.5% 已经死亡。

从这些实验我们可以看到，大脑的使用不仅可以影响大脑自身功能的开发，而且对人的健康也大有影响。

大脑可说是上天赐给人最神奇的礼物了，它几乎能帮助我们达成一切心愿，而它所具备的潜能也是无比巨大的。如果你能多留意自己所拥有的这个超常机器，就能不断地开创出各种所希望的未来。

大脑一直都在等待我们下令，期望协助我们去做出伟大的事来，而它所需要的营养并不多，只要血液能供应一点点氧及葡萄糖就够了。人脑的构造极其精密，所具备的能力也极其惊人。它每秒钟可以处理 300 亿个指令，而其联络的网络长达 966 千米。一个人的脑神经系统约含有 280 亿个神经元，它的作用主要是处理电流脉冲，若我们的大脑少了这些神经元，感觉器官所接收的一切资料就无法送达中枢神经，而中枢神经也无法把指令传递给各个器官而做出应有的反应。这些神经元都很小，但是自成一个系统，可以同时处理 100 万个指令。

每个神经元都可独立作业，也可与其他神经元构成一个庞大而完整的网路。大脑可以同时处理好几件事，尤其惊人的是，一个神经元可在 1/50000 秒内，把信息传给其他成千上万的神经元，这个时间还不到你眨眼所用时间的 1/10。一个神经元传递信息的距离可比电脑远上百万倍，并且大脑还可在一秒之内很清楚地辨识，这就是大脑为什么可以同时处理好几个问题的原因。

打开大脑的记忆大门

生活中，我们要么长久将记忆荒废不用，要么就是毫不科学地盲目"开采"，那么，接下来我们就来简单了解一下科学记忆的方法，并让我们的意志力循着这些正确途径，走进大脑的"黄金宝库"吧。

1. 理解记忆法

记忆的技巧归根结底还是要以理解为基础。

美国教育家布鲁纳曾以 12 岁的 3 组儿童记忆 30 对配对词进行实验。这个实验对甲组只要求记住就可以，对乙组和丙组则要求利用中介词语把配对词联系起来识记，其中乙组的中介词由教师讲解，丙组的中介词完全由学生自行研究，设法找出来。实验的结果非常令人吃惊，当教师给出第一个词语而要求学生联想起第二个词语时，甲组平均答出 50%，乙丙组竟高达 95%，其中丙组比乙组还要好些。这个例子深刻地说明依靠对知识的联系与理解记忆，特别是通过自己的努力获得对知识的理解和认知，要比机械地死记硬背效果好得多。

所谓理解就是抓住事物最本质的东西，获得规律性的认识。识记 91、86、81、76、71、66、61 这 7 个数字，若是一个一个地硬记很难记住，如果仔细研究一下，注意到这 7 个数字依降序排列，前一个数字比后一个数字多 5，7 个数字都是如此，即所谓等差数列，那么只要记住第一个数字或者最后一个数字，其他数字就很容易推算出来了。

前苏联教育家苏霍姆林斯基说："你对问题考虑得越深入，你的记忆就越牢固。没有理解之时，不要试图去记忆，这会浪费时间。"理解就是掌握事物内在的、本质的、必然的联系。背诵课文首先要理解课文的内容、用词及结构特点；识记历史年代、地名、地理位置等，也需要一定的理解再加上联想把识记对象同其他有关事物联系起来，掌握特点及其规律性。总之，先求理解，再求记忆，才能获得好的记忆效果。

2. 列表记忆法

学习记忆各种列表，是分析和联想的基本方法。这是一种很容易做的测验记忆力的方法，心理学家们多年来一贯这样做。

用学习记忆列表测验记忆成绩，既可说明记忆技术的有效性，又是日常生活中的一项实用手段。人们常把容易弄错或忘记的物品写在一张纸上，以增强记忆，这是很适用的。在开始练习学习记忆列表以后，虽然感到越来越无此必要，但仍可继续使用这些纸片，把它们放在口袋里，作为一种保险措施或检查记忆效力的手段。要知道，过分依赖笔记和记事纸片，人们会忽略自己的记忆力，使其变得迟钝。为了记住列表，必须分析表上的不同物品，并进行必要的联想。当人们分析一件物品时，可从以下不同角度加以观察。

（1）类比法。其强调两件物品的相似之处。类比法，即在两个或几个本来构造或实质不同的物品之间，通过想象找出其相似之处。例如，"她使我想到我奶奶，因为她俩都是慈祥的老人。"

（2）区别法。其强调区别对比的几件物品，找出他们之间的不同之处。例如，看见月亮，就想起太阳。

（3）分类法。它是根据不同事物或不同观点的特征，分别归类。分类是组织思想的自然法，结成偶数是最简单的分类法。将橘子和苹果分为一类，把纸和笔分为另一类。

所有这些思想方式，都是互相补充的，人们可以将其组合起来，以改善记忆。肯尼其斯·希格比宣布，他使用分类技术提高了对列表物品的记忆能力，从记住一张列表的19%，提高到65%。无论什么样的分类和联想都可以使用，用比不用好。对记忆材料的组织程度，与对其回忆的有效程度，是成正比的。也就是说，记忆材料的组织程度越高，回忆的有效性就越大。

3.串联记忆法

我们在日常的学习生活当中常常会有这样的体会，孤立地记一个字词、一个人物、年代、事件和物品往往难以记住，但把它和其他有关的，特别是有趣的事物串联起来就比较容易记。

举例而言。有5样不相干的东西:椅子、床、窗户、烟、电话。如果一件件硬记，那是不容易的，但如果你把这5样东西有趣的串联在一起，你很容易地就能记住了。你可以想象，你正坐在窗前的一张椅子上，抽着烟，接着电话，不知不觉中，烟灰落在了身旁的床上，突然一阵大火熊熊燃起，你大惊失色，连救命都忘喊了……

总而言之，如识记人名时，把要识记的姓名同已经熟记的姓名串联在一起，或者把需要识记的姓名同其职业、外貌特征、初次见面地点串联起来，以及把要识记人名的字义相互串联起来，形成趣味性质的想象记忆，就会获得好的效果，可以事半功倍。

■ 发掘开拓创新能力

打破"心理固着效果"的束缚

我们知道，创新能力是人的能力中最重要、最宝贵、层次最高的一种能力。

它包含着多方面的因素，其核心因素是创新思维能力。爱因斯坦曾说："人是靠大脑解决一切问题的。"头脑中的创新思维是人们进行创新活动的基础和前提，一切需要创新的活动都离不开思考、离不开创新思维。

曾经有一位专家设计过这样一个游戏：

十几个学员平均分为两队，要把放在地上的两串钥匙捡起来，从队首传到队尾。规则是必须按照顺序，并使钥匙接触到每个人的手。

比赛开始并计时。两队的第一反应都是按专家做过的示范：捡起一串，传递完毕，再传另一串，结果都用了15秒左右。

专家提示道："再想想，时间还可以再缩短。"

其中一队似乎"悟"到了，把两串钥匙拴在一起同时传，这次只用5秒。

专家说："时间还可以再减半，你们再好好想想！"

"怎么可能？！"学员们面面相觑，左右四顾，不太相信。

这时，场外突然有一个声音提醒道："只是要求按顺序从手上经过，不一定非得传啊！"

另一队恍然大悟，他们完全抛开了传递方式，每个人都伸出一只手扣成圆桶状，摞在一起，形成一个通道，让钥匙像自由落体一样从上落下来，既按照了顺序，同时也接触了每个人的手，所花时间仅仅是0.5秒！

美国心理学家邓克尔通过研究发现，人们的心理活动常常会受到一种所谓"心理固着效果"的束缚，即容易只把已存在的看成是合理的、可行的，因而在看待某些事物、思考某种问题时，很容易沿着原有的旧思路延伸，受到传统模式的严重羁绊而无法突破创新。

创新就是看到别人所还未看到的，想到别人还未想到的，站在上升、前进和发展的立场上，破除思想僵化、墨守成规、安于现状的思维老路，突破思维的定式，提出新问题、解决新问题，促进旧事物的灭亡、新事物的成长和壮大，实现事物的发展。

缺乏创新思维往往是由于自我设限造成的，随着时间的推移，我们所看到的、听到的、感受到的、亲身经历的各种现象和事件，一个个都进入到我们的头脑中而构成了思维模式。这种模式一方面指引我们快速而有效地应对处理日常生活中的各种小问题，然而另一方面，它却无法摆脱时间和空间所造成的局限性，让人难以走出那无形的边框而始终在这个模式的范围内打转转。

要想培养创新思维，必先打破这种"心理固着效果"，勇敢地冲破传统的看事物想问题的模式，从全新的思路来考察和分析所面对的问题，进而才有可能产生大的突破。

挣脱"想当然"的羁绊

打破并挣脱"想当然"的思想羁绊，才能让创新思维发展起来。人们囿于一定的社会环境或生活习惯的时候，就会产生思维的惰性和惯性。这种习性一方面极易满足，另一方面是安于现状、不思变革，并且会不自觉地充当旧价值观念的卫道士。要想获得成功，就要用创造性的思维挣脱"想当然"的羁绊。

古今中外，有不少杰出人士因为挣脱"想当然"的羁绊而获得成功。

我们从小就知道这样一个故事：从前一个年轻的英国人在他家的农场里度假休息，他仰卧在一棵苹果树下思考问题，这时，一只苹果落到了地上。

对常人习以为常的现象，他却陷入了深思："苹果为什么会落到地上呢？地球会吸引苹果吗？苹果会吸引地球吗？它们会互相吸引吗？这里面包含着什么样的原理呢？"

这位年轻人就是牛顿。他运用创造性思维获得了一项极为重要的发现——万有引力定律。

我们如何培养自己的创造性思维来挣脱那些"想当然"呢？

注意观察研究，可以看到我们周围有两种类型的人：一种人不加分析地接受现有的知识观念，思想僵化、墨守成规、安于现状。这种人既无生活热情，更无创新意识。另一种人思想活跃，不受陈旧的传统观念的束缚，注意观察研究新事物。这种人不满足于现状，常常给自己提出疑难问题，勤于思考，积极探索，敢于创新。我们应该学习后一种人，培养和锻炼创造性思维的能力。

保持思维的灵活性，挣脱"想当然"的羁绊，善于并敢于创造一切。灵活机动的思维能力能促使人们产生一种强大的好奇心，遇事善于追根问底，注意从社会的海洋中积累各种各样的经验，用以充实和丰富自己的头脑，为自己进行创造性思维贮存素材。

一个人具有灵活机动的思维能力，能够挣脱"想当然"的束缚，还能促使其不断强化自己的想象力、联想力以及思维转向力，善于从不完善的事物中提出创见，也就善于从完善的事物中发现问题。

不畏风险，敢于求异，这是创造性思维活动的又一重要特点。

创造意味着创新，而不是过去的再现。因此，创造性思维就不可能有成功的经验可借鉴，不可能有有效的方法可套用，而是沿着没有前人思维痕迹的路线去探索。当把这种创造性思维活动付诸实践时，就不可避免地要遇到各种险阻与磨难。

要善于独立思考

独立的思考能力是现代创造性活动的基本要求。具体地说，独立的思考能力是针对具体问题进行的深入分析而提出自己的独创见解的能力，它也是一种运用已经掌握的理论知识和已经积累的经验教训，独立地、创造性地分析和解决实际问题的综合能力。

我们在创造性活动中，要善于根据实际情况进行独立的分析和思考，对问题的认识和解决有独创见解，不受他人暗示的影响，不依赖于他人的结论，努力防止思想的依赖性。

有一个小学三年级的学生一次随他爸爸去宾馆，迎面看见墙上并排排着7座大钟，分别显示世界各地当时的准确时间。可为什么要挂那么多钟？

不能仅用一只钟来表示各地的时间吗？他坚持认为挂钟多，既占地方又费钱。他年纪虽小，但善于独立思考，经过多次试验，发明出"新式世界钟"，这种钟可代替那7种钟的功能，被评为全国青少年发明创新一等奖。

一位智者强调，要培养你的创造性思维，一定要培养自己的独立思考、刻苦钻研的良好习惯，千万不要人云亦云，读死书，死读书。

人性中普遍存在着两个相反的特质，这两个特质都是积极思考的绊脚石。

轻信（不凭证据或只凭很少的证据就相信）是人类的一大缺点，独立思考者的脑子里永远有一个问号，你必须质疑企图影响正确思考的每一个人和每一件事。

这并不是缺乏信心的表现。事实上，它是尊重造物主的最佳表现，因为你已了解到你的思想是从造物主那儿得到唯一可由你完全控制的东西，那你应该珍惜这份福气。

如果你是一位独立的思考者，那你就是你思维的主人而非奴隶。你不应给予任何人控制你思想的机会，你必须拒绝错误的倾向。

一般人开始时，会拒绝某一项正确的观念，但后来因为受到家人、朋友或同事的影响而改变初衷，进而接受了这一观念。

一般人往往会接受那些一再出现在脑海中的观念——无论它是好的或是坏的，是正确的或是错误的。

人类另一项共同的弱点，就是不相信他们不了解的事物。

当莱特兄弟宣布他们发明了一种会飞的机器，并且邀请记者亲自来观看时，没有人接受他们的邀请。当马可尼宣布他发明了一种不需要电线，就可传递信息的方法时，他的亲戚甚至把他送到精神病院去检查，他们还以为他失去了理智呢！

在没有弄清楚之前，就采取鄙视的态度，只会限制你的机会、信心、热忱以及创造力。不要把未经证实的事情和认为任何新的事都是不可能的两种态度混为一谈。独立思考的目的，在于帮助你了解新观念或不寻常的事情，而不是阻止你去研究它们。

不要再恪守老经验

在日常生活中，有些人习惯于遵循老传统，恪守老经验，宁愿平平淡淡做事，安安稳稳生活，日复一日、年复一年地从事别人为他们安排的重复性劳动。

这些人思想守旧，心不敢乱想，脚不敢乱走，手不敢乱动，凡事小心翼翼，中规中矩，虽然办事稳妥，但也不会有创造力，不会有太大出息。

一次，一艘远洋海轮不幸触礁，沉没在汪洋大海里。船上的9位船员拼死登上一座孤岛，才得以暂时幸存下来。

但接下来的情形更加糟糕。岛上除了石头，还是石头，没有任何可以用来充饥的东西。更为要命的是，在烈日的暴晒下，每个人口渴得冒烟，水成了最珍贵的东西。

尽管四周是水——海水，可谁都知道，海水又苦又涩又咸，根本不能饮用。现在9个人唯一的生存希望是老天爷下雨或过往船只发现他们。

等啊等，没有任何下雨的迹象，天际除了海水还是一望无边的海水，没有任何船只经过这个死一般寂静的岛。渐渐地，他们支撑不下去了。

8名船员相继渴死。当最后一名船员快要渴死的时候，他实在忍受不住跳进了海水里，"咕嘟咕嘟"地喝了一肚子海水。船员喝完海水，一点儿也觉不出海水的苦涩味，相反觉得这海水非常甘甜，非常解渴。他想：也许这是自己渴死前的幻觉吧，便静静地躺在岛上，等着死神的降临。

他睡了一觉，醒来后发现自己还活着，感到非常奇怪，于是他每天靠喝海水度日，终于等来了过往的船只。

后来人们化验岛上的海水发现，由于有地下泉水的不断翻涌，所以，这儿的海水实际上是可口的泉水。

谁都知道"海水是咸的"，"根本不能饮用"，这是基本的常识，因此8名船员都被渴死了。追根究底，是环境、经验害死了他们。而第9名船员在求救无望的生死之际，颠覆了老经验，才找到一丝生存的希望。

与恪守老经验的人不同，具有创造性思维的人却长了一身的"反骨"，别人拿苹果直着切，他偏偏横着切，看看究竟有什么不同；别人说"不听老人言，吃亏在眼前"，他偏不听，偏要自己闯闯看。具有创造性思维的人不愿死守传统，不愿盲从他人，凡事喜欢自己动脑筋，喜欢有自己的独立见解。他们思想开放，不拘小节，兴趣很多，好奇心重，喜欢标新立异，最爱别出心裁。因此，具有创造性思维的人脑子活，办法多，最能创造出好成绩。

在当今信息瞬息万变的时代，经验不能代表一切，恪守经验也不等于永远正确，更不能发挥创新性思维。所以，青少年应该利用好经验，而不是受它的束缚。

超越一切常规

谁也不能揪着自己的头发离开地面，唯有一种突破常规的超越力量，唯有基于解放思想束缚后所产生的巨大能量释放，才能有柳暗花明的惊喜和峰回路转的开阔。

培养创新思维，首先就要做好思想上的准备——敢于超越常规，超越传统，不被任何条条框框所束缚，不被任何经验习惯所制约。只有这样，才能产生更宽广的思绪与触觉。

意志力提升与情商管理

在迈向成功的征途中，荆棘有时比玫瑰花的刺还要多。它们挡在你面前，考验你意志是否坚定，力量是否雄厚。这时你应当坚信，任何障碍，只要你不气馁、不灰心，终究有法子排除，而且，成功也会尾随而至。

■ 意志力决定情商水平

1990 年，一个心理学概念的提出在世界范围内掀起了一场人类智能的革命，并引起了人们旷日持久的讨论，这就是美国心理学家彼得·塞拉维和约翰·梅耶提出的情商概念。紧跟其后的 1995 年 10 月美国《纽约时报》的专栏作家丹尼尔·戈尔曼出版了《情感智商》一书，把情感智商（情商是 Emotional Quotient 的缩写，翻译过来就是情绪智慧）这一研究成果介绍给大众，该书也迅速成为世界范围内的畅销书。随着人类对自身能力认识的深入，越来越多的人认识到在激烈的现代竞争中，情商的高低已经成了人生成败的关键。作为情商知识的受益者，美国总统布什说：“你能调动情绪，就能调动一切！”

那么情商究竟是什么？

我们已经知道，人在接触外界事物过程中，不仅形成了对客观事物的各种认识，还表现出种种不同态度，如愉悦、快乐、伤悲、痛苦等，这些人对客观事物的态度体验就是情感。

人的情感是复杂多变的。人能不能进行自我控制，也就是说，人能不能做自己情感的主人呢？这就是意志对情感发展的功能问题，或者说，意志对情商有怎样的影响？要回答这个问题，我们不妨从情感的 3 种基本形态——心境、激情、应激说起。

心境

心境是一种常见状态，又叫心情，它是一种在一段时间内具有持续性、扩散性，而又不易觉察的情绪状态。

心境对人的精神状态影响很大，因而对人的生活、工作、学习有直接而明显的影响。人们处在某种心情时，这种心情会扩散到活动的过程中，往往使其以同样的情绪状态看待一切事物。

人的心情好时，会有万事皆如意的感觉。当人在情绪不好亦即心境不好时，干什么都提不起精神。

不同的心境受外界影响，也可以由自己身体的自我感觉（如健康状况）引起。稳定的心境与人的个性特征有关。乐观洒脱的人心境愉快的时候多，悲观狭隘的人心境抑郁的时候多。

引起不同心境的原因，不是每个人都能意识到。经常听到有人说，"最近比较烦，比较烦，总觉得日子过得有一点无奈"。当意识到自己的心境不好时，就应当设法改变这种情绪状态了。

除了一些飘忽不定、影响时间较短的心境外，每个人还有各自独特的稳定心境。

稳定的心境由一个人占主导地位的情感体验决定。有的人总是乐观开朗、喜笑颜开，这种人愉快的心境占主导地位；有的人总是愁眉苦脸，郁郁寡欢，这种人忧伤的心境占了主导地位。

健康的身体、积极向上的生活态度、和谐的人际关系等，都是形成积极性稳定心境的必要条件。

形成心境的原因固然在于外界的重大刺激、个人的生活状况，但最重要的还是一个人的生活目的和理想。远大的生活理想和正确的生活态度，所造成的心境最稳定，持续的时间最久，影响的范围最大，可以压倒其他一切心境。所以，树立坚定而远大的理想抱负，培养良好的意志品质和乐观主义精神，是调控心境并发挥心境积极作用的根本途径。其中，意志的作用也是非常明显的。

激情

激情，是指在较短时间内，来势较猛、整个身心都处在激动中的情绪状态。如恐惧、绝望、狂喜、盛怒等，都是人处于激情中的具体表现。

人处于激情状态时，皮层下神经中枢失去了大脑皮质的调节作用，皮质下中枢的活动占了优势。人的自我控制能力减弱，会发生"意识狭窄"现象，下意识地做出与平常行为很不相同的举动。但是，人在激情状态下，并非完全意识不到或不能控制自己。在相当大的程度上，激情也是可以控制的，比如，当愤怒还未冲破理智时，及时加以调节，在很大程度上可以避免激情出现。

积极的激情，可以调动起身心的巨大潜力，对工作和生活产生积极的作用。比如说音乐指挥家以狂放的激情指挥出大气磅礴的交响乐来。消极的激情则会使人冲动、呆滞和失去理智，盛怒就是一种消极的激情。消极的激情使人表情难看，容易使人失去理智，在愤怒的驱使下，甚至连说话都语无伦次，常出现类似的消极激情，对人的身心有巨大的影响。

怎样避免激情的消极作用呢？首先，认识并利用激情对情感的导向作用，尽量用正面的目的倾向去压倒反面的目的倾向。其次，在正确目的确定之前，如果遇到将要引起激情的事物，可以先想点别的，或干点别的来推迟激情的爆发，这样可以留出时间来让正确活动目的占据主导地位。林则徐在自己房里写上"制怒"两个字，就是这个道理；俄国著名作家屠格涅夫与人吵嘴前必须把舌尖在嘴里转10圈。可见，激情虽然是一种暴风骤雨般的情感过程，但它是可以控制的。一个有正确目的、有崇高理想、有顽强毅力、有修养的人，不会为激情所左右。很明显，这个控制过程靠的就是意志的力量。

应激

应激是在遇到出乎意料的紧张情况时，人会出现的高度紧张的情绪状态。比如亲人死亡、意外事故、患上不治之症等，都可能引起应激状态。

应激状态下，神经内分泌系统紧急调节并动员内脏器官、肌肉骨骼系统，加强生理、生化过程，促进有机能量的释放，提高机体的活动效率和适应能力。但过度的或长期的应激状态，可能导致过多的能量消耗，引起某些疾病，甚至会导致死亡。

适当的应激状态，可以使人"灵机一动，计上心头"。但在应激状态下，除了意识活动的某些方面受到抑制之外，还可能出现知觉、记忆等方面的错误，对出乎意料的刺激产生的强烈反应，会使人的注意和知觉范围缩小。

美国纽约大学的神经系统学者勒杜，对这种现象从生理上做出了解释。他发现了大脑中的一种短路，这种短路使情感在智力还没有介入之前，就驱使人做出行动。

一个人在黑夜里行走，他眼角的余光突然发现了一条白晃晃在飘的东西，他的后背蓦地窜出一串冷汗，下意识地浑身一抖。

但他仔细察看这个东西后，紧张的心情释然了，原来什么也没有，只是错觉而已。于是他调整了最初的反应。这最初的反应，就是大脑的情感反应与智力反应的"短路"。

在应激状态下，出现大脑中情感与智力的"短路"是正常的、可以理解的。然而，有些人稍遇情绪波动，就产生这种"短路"，产生感情冲动，以感情代替理智、以感情冲击理智。这类人很难调节自己的情绪。

高度的思想认知、强烈的责任感、坚强的意志、丰富的经验和有意识的训练，在应激状态下，可以不同程度地减少不理智行为的出现。

总之，无论是激情，是心境，还是热情，所有的情感活动都是可以调控的，都受意志的调节。就是说，这些情感是在意志的作用下而得以调控的。只有意志坚强的人，才会形成各种积极的情感。消极的情感是否对人起干扰作用，也取决于一个人的意志力水平：意志坚强的人可以调控消极情绪，把意志行动坚持到底；意志薄弱者则往往被这些消极情绪所左右，使行动半途而废。我们常说："驾驭自己的情感，做自己情感的主人。"靠什么力量才能做自己情感的主人呢？靠的就是意志力。这就是意志在情感发展中的作用。

至此，我们已经看到，在很大程度上，人的意志不仅决定着智商水平，而且决定着情商的水平。因此，意志在人的整个心理素质结构中，具有主导性的地位和功能，是人生走向成功的最重要动力。我们每一个渴望成功的人，都应该最大限度地发挥意志力量的作用。

■ 营造积极心境

自信的心境

什么是自信心？自信心就是相信目标一定能达成的一种心理状态。我们在工作或生活当中，总要越过险峻的高山，渡过茫茫的大海。因而自信心就是登山的云梯，渡水的飞舟。人，只有自信，才能自强不息，才能为自己的目标而努力奋斗；只有自信，才能在艰辛的工作中保持必胜的信念，才能有勇气前进。人，如果缺乏自信心，就会放弃自己的目标，就会碌碌无为。人，如果缺乏保证完成任务的自信心，通向成功之路的航船就会在沙滩上搁浅，终身也托不起成功的巨轮。在现实当中，自信心是大力之神，它能使弱者变强，使强者变得更强。

自信心是抓住机会的重要素质。同样的机会，有自信心的人可以抓牢机会，驾驭机会，获得成功，没有自信心的人只能望洋兴叹，自愧弗如。凡是有自信心的人，都可表现为一种强烈的自我意识。这种自我意识使我们充满了激情、意志和战斗力，没有什么困难可以压倒我们，我们的信条就是：我要赢！

具有坚强的意志和足够的自信往往使得平凡的人也能够成就神奇的事业，成就那些虽然天分高、能力强却疑虑过多的人所不敢尝试的事业。

有人说："如果我们将自我比作泥块，那我们将真的成为被人践踏的泥块。"一个志在成功的人必须时刻提醒自己："天生我才必有用。"必有伟大的目标或意志寄于我的生命中；万一我不能充分表现我的生命于至善的境地、至高的程度，对于世界将会是一个损失——这种意识，一定可以使我们产生出巨大的力量和勇气来。

培养自信也有法可循，下面几个方法可供大家参考。

（1）真实肯定自己。不断地发现自己的优点并加以肯定，有助于自信心的形成和培养。这样做的好处是可以产生信心。

孩子特别希望得到父母对他们的价值的赞同与肯定，一旦他们的价值得到了赞同与肯定，孩子就变得愈来愈有自信，他们会越来越喜欢自己。小孩是这样，大人更是如此。

自信，并非意味着不费吹灰之力就能获得成功，而是说战略上要藐视困难，战术上要重视困难，要从大处着眼、小处动手，脚踏实地、锲而不舍地奋斗拼搏，扎扎实实地做好每一件事，战胜每一个困难，从一次次胜利和成功的喜悦中肯定自己。

（2）欣赏自己。将自己的每一条优点都列出来，以赞赏的眼光去看它，经常看，最好背下来。通过集中注意力于自己的优点，你将在心里树立信心：你是一个有价值、有能力的人，你绝不比他人差。无论什么时候，只要你做对一件事，就要提醒自己记住这一点，甚至为此酬谢自己。

（3）多做少想。自信的人，做的时间多于想；自卑的人，想的时间多于做。这可是一句名言，意味着缺乏自信的人老把时间浪费在胡思乱想中，这不仅无法达成任务，反而会因为胡思乱想而打乱心中的一池春水。

（4）原谅自己的不足。要把人生视作一只变形虫，奉行"尝尝错误"哲学。错误是正常的，谁都有资格在人生中跌跌撞撞，不必因而憎恨自己。

（5）强调暗示作用。它是一种被主观意愿肯定了的假设，不一定有根据，但由于主观上已肯定了它们的存在，心理上便竭力趋向这项内容。

"我心如我愿。"通过自我暗示和自我肯定就可以逐步达到自我的实现与超越，正如拿破仑·希尔所说："你相信自己可以，你就可以！"心理学家认为，自我暗示是建立自信最直接最有效的方法之一。

针对自己的不足，你没有必要忧心忡忡，你要暗示自己：在这个世界上自己永远是独一无二的；尽管你还不是很优秀但你的确是与众不同的；你是谁都无法取代的，在这个世界别人打不倒你，唯一能够打倒你的人只有一个——那就是你自己！

（6）客观全面地看待事物。如果我们努力提高自己透过现象抓住本质的能力，客观地分析对自己有利和不利的因素，尤其要看到自己的长处和潜力，正确对待自身缺点，把压力变动力，而不是妄自菲薄，那么，自信就会与我们越走越近，事情解决的结果也就会远比我们想象的要好得多。

乐观的心境

有一个几乎不争的事实，成功人士与失败者之间的差别就在于，成功人士始终用最积极的思考、最乐观的精神和最辉煌的经验支配和控制自己的人生，而失败者则首先被自己的情绪打倒了。

乐观的心态就是指面临挫折仍坚信情势必会好转。从情商的角度来看，乐观是一种很好的情绪控制力。乐观也和自信一样使人生的旅途更顺畅。

（1）假设认定。在人生奋斗的过程中，有时，我们不妨运用假设与认定来激发自己的自信，想象自己成功后的喜悦与满足。

成功的人先假设与认定然后看到事实，而不成功的人即使看到事实也不相信，看来，成功与不成功的背后的确相差很大。

（2）尽情享受自己。要培养出娱乐的"习惯"，应每天尽量享受一点自己的乐趣，而不必仅仅等到周末。享受通过视觉、听觉、触觉和味觉等感官生发出的简单的乐趣，把最单调枯燥的日常行为也变为小小的快乐源泉。每一天的享受只能极小地增添一份美好的自我情感。但是，这些细碎的感觉一天天增加，很快就能垒起自信的高山。

（3）建立坚毅的内在价值观。衡量一下你心中的价值取向，什么是你认为真实、美好、永恒，从而值得追求的。记下自己的价值观、了解你的信仰并且自问为什么选择此种价值观，选择此种信仰，这是对生命的深层次的思考。一旦你最终说服了自己，决定毕生为某种价值和信仰奋斗，你就确立了生生不息的行动力，确立了日久弥坚的自信心，你就能以自信心说服别人，说服自己；就能在五彩缤纷的世界里始终伴有对成功目标的坚定信念，并一步步走向成功。

（4）以宏观思考生命。自生活中退一步，让自己放松一下，散散步，游会儿泳，在阳光下念首诗，在深夜起床去看流星的陨落，闭上眼睛去感受风轻拂你的脸庞，你会发现，世界，远不只是工作、时间、金钱、朋友。你会发现，生命，原来有许多你未曾体验过的和谐和伟大，而你，不过是这世界种种生灵中的一个，而你的体验、你的生活，是如此的独特并充满着美，没有人能像你一样享受你的世界中的美，没有人有你的声音、气息——你是独一无二的。这世界因有你而多一份色彩，你本身就是造物主的一个奇迹，不要低估自己，不要忽略你的潜能，只要你付出，这世界会为你而改变。

热忱开朗的心境

所谓做人要热忱，其实就是指一个人应具有一种历久不渝的爱。也就是说一个人在生活中首先要爱自己、确认自己，并且将这份爱推己及人。一个充满热忱的人，不论年纪大小，都保持着一种青春的活力，而这种青春的活力可以使你在情况艰难、摇摇欲坠的时候坚持下去，渡过难关。著名哲学家爱默生曾说过这样一句话："没有热忱，就不能成大事。"一个人最让人无法抵御的魅力，就在于他满腔的热忱。

如果你总是没有热情，那么你可能会不时地受到怯懦、自卑或恐惧的袭击，甚至被这些不正常的心理所击倒。所以，增加我们的热情是必须的。

那么，怎样才能增加热忱呢？下面的一些建议供大家参考。

（1）深入了解每个问题。想要对什么事热心，先要学习更多你目前尚不热心的事。了解越深入，越容易培养兴趣。

（2）做事要充满真诚的感情。一旦当你说话做事渗入真诚的情感，那么你已经有引人注意的良好能力了。

（3）要传播好消息。好消息除了引人注意之外，还可以引起别人的好感，引起大家的热心与干劲。

（4）培养"你很重要"的态度。任何人都有成为重要人物的愿望，只要满足别人的这项心愿，使他们觉得自己重要，那么他们就会尽全力地去工作。

（5）强迫自己采取热忱的行动。深入发掘你的工作，研究它，学习它，和它生活在一起，尽量搜集有关它的资料。这样做下去就会不知不觉使你变得更为热忱。

（6）不可以把热忱和大声讲话或呼叫混在一起。如果你内心里充满热忱，那么，你就会兴奋，这时，你的眼睛、你的面孔、你的灵魂以及你整个为人的表现，都会让你的精神振奋，从而去感染别人。

（7）广泛结交朋友，尤其应多接触那些心胸开阔、性格开朗的人。通过积极主动的交往活动，不仅可获得归属需要的满足，而且还可以通过潜移默化的作用，逐渐形成开朗、幽默、直爽的外向型性格特征。

（8）善于改变自己的处世态度和行为方式，不要在不知不觉中塑造一种孤芳自赏、自命清高的傲慢形象。态度应平易近人，重视别人，主动交往，并培养广泛的兴趣爱好，懂得与别人分享。

■ 调控消极的情绪

忧虑

忧虑是一种过度忧愁和伤感的情绪体验。正常人有时也会有忧虑的时候，但如果总是毫无原因的忧虑，或虽有原因，但却不能自控从而显得心事重重、愁眉苦脸，那就属心理性忧虑了。

忧虑在情绪上表现出强烈而持久的悲伤，觉得心情压抑和苦闷，并伴随着焦虑、烦躁及易激怒等反应。在认识上表现出负性的自我评价，感到自己没有价值，生活没有意义，对未来充满悲观；还表现在对各种事物缺乏兴趣，依赖性增强，活动水平下降，回避与他人交往，并伴有自卑感，严重者还会产生自杀想法。

有科学家对人的忧虑进行了科学的量化、统计、分析，结果发现，几乎百分之百的忧虑是毫无必要的。统计发现，40%的忧虑是关于未来的事情，30%的忧虑是关于过去的事情，22%的忧虑来自微不足道的小事，4%的忧虑来自我们改变不了的事实，剩下4%的忧虑来自那些我们正在做着的事情。

快乐是自找的，烦恼也是自找的。如果你不给自己寻烦恼，别人永远也不可能给你烦恼。所以，每当你忧心忡忡的时候，每当你唉声叹气的时候，不妨把你的烦恼写下来，然后在科学家的分析中为自己的烦恼归个类：它是属于40%的未来，30%的过去，22%的小事情，4%的无法改变的事实，还是剩下的那一个4%？

为了甩掉忧虑这个包袱，我们不妨试着让自己忙起来，这样一来，既可令自己无时间去自寻烦恼，又能让自己的工作更出色，这是多么可喜的事啊。

痛苦

生活中不可能事事顺心。"人世难逢开口笑，不如意事常八九。"可见，作为自然的生理反应，忧愁在所难免，它是人们身上一道难言的痛。但人切不可让眼睛盯在伤口上不放，自怨自艾地沉溺于其中，而应尽快调整心态和情绪，采取积极的行动来改变已遭破坏的生活。

人生是有限的，但人们在有限的人生里究竟把多少时间用在了现在，用在了明明白白的眼下之所为？在时间的长河里，昨天已经去了，明天还没有来，只有今天属于自己，属于已经兑现了的"现在"。但很多时候，人们却把时间用在了思前想后上，用在了沉湎旧事、旧情、旧物上，用在了对往事中某些失误的悔恨上，或者用在了对以后岁月的空想上，而这一切都是没有效益的，都是对时间的浪费。为已经过去了的事情而忏悔、愁闷、叹息，实在是毫无价值的，这样做不但浪费了你的时间，浪费了你的情感，也浪费了你的精力，浪费了你宝贵的一切。

英国作家萨克雷有句名言："生活是一面镜子，你对它笑，它就对你笑；你对它哭，它也对你哭。"确实，不管你生活中有哪些不幸和挫折，你都应以欢悦的态度，微笑着对待生活。下面介绍几条原则，只要你反复地认真试行，就可能会减轻或者消除你的烦恼。

（1）臆想更不幸的事情。痛苦中的人也必须想到，自己目前的处境其实是不幸之中的万幸。如果更大的灾难落在自己头上，到时候自己不是仍要生存下去吗？现在的损失和打击比起那种最惨的结局要好得多，自己又有什么理由不振作起来呢？

（2）充实受折磨的心灵。痛苦中的人不可过分悲伤而不能自拔，而应该在情绪的过渡阶段找些自己感兴趣的事，使自己潜心其中，自寻其乐，从而使自己因折磨变得脆弱、空虚的心渐渐地充实起来。

（3）遥想更美好的未来。英国的赫胥黎在《进化论与伦理学》中认为："没有一个聪明的人会否定痛苦与忧愁的锻炼价值。"成败寻常事，得失何足奇！痛苦中的人要勇于接受厄运赐给的"锻炼"，对昨天要超脱，对今天要把握，对明天要执着。要相信自己，只要振奋精神、坚定信念、努力奋斗，人生就一定能走出低谷，重攀高峰。

愤怒

愤怒，是一个人因对客观事物不满而产生的一种情绪反应，一般都是由外在的强烈刺激所引起的，但又受到人自身多种因素的影响。

愤怒是一种很难控制的情绪，正因为难以控制，所以很容易酿成大祸，甚至丢掉性命。正如培根所说："愤怒，就像地雷，碰到任何东西都一同毁灭。"还是让我们以平和的心境来对待生活中繁杂的事情吧。小心别伤害了自己，只有平静才是生活的真谛。莎士比亚说："不要因为您的敌人燃起一把火，您就把自己烧死。"当你的感情掌握了理智时，你将成为感情的奴隶；只有当你战胜自己的感情时，才证明你是主宰命运的人。唯此，你才能真正获得自由。

如果你不注意培养自己忍耐、心平气和的性情，培养交往中必需的情商，遇到一丝火星就暴跳如雷，情绪失控，就会把你的人缘全都炸掉。

1936年9月7日，世界台球冠军争夺赛在纽约举行。路易斯·福克斯的得分一路遥遥领先，只要再得几分便可稳拿冠军了，就在这个时候，他发现一只苍蝇落在主球上了，他挥手将苍蝇赶走了。可是，当他俯身击球的时候，那只苍蝇又飞回到主球上，他在观众的笑声中再一次起身驱赶苍蝇。这只讨厌的苍蝇破坏了他的情绪，而且更为糟糕的是，苍蝇好像是有意跟他作对，他一回到球台，它就又飞回到主球上来，引得周围的观众哈哈大笑。

路易斯·福克斯的情绪恶劣到了极点，他终于失去了理智，愤怒地用球杆去击打苍蝇，球杆碰到了主球，裁判判他击球，他因此失去了一轮机会。路易斯·福克斯方寸大乱，连连失利，而他的对手约翰·迪瑞则愈战愈勇，终于赶上并超过了他，最后拿走了桂冠。第二天早上，人们在河里发现了路易斯·福克斯的尸体，他投河自杀了！

一只小小的苍蝇，竟然击倒了所向无敌的世界冠军！路易斯·福克斯夺冠不成反被夺命，这是一件多么不该发生的事情啊。

人的情绪中有两大暴君——愤怒和欲望，它们与单枪匹马的理性抗衡，感性与理性对心理的影响相反，人的激情远胜于理性。不能生气的人是笨蛋，而不去生气的人才是聪明人。一个人必须学会自我调控，控制自我的感情和情绪。

第一，深呼吸。从生理上看，愤怒需要消耗大量的能量，你的头脑此时处于一种极度兴奋的状态，心跳加快，血液流动加速，这一切都要求有大量的氧气补充。深呼吸后，氧气的补充会使你的躯体处于一种平衡的状态，情绪会得到一定程度的抑制。虽然你仍然处在兴奋状态，但你已有了一定的自控能力，数次深呼吸可使你逐渐平静下来。

第二，理智分析。在你将要发怒时，心里快速想一下：对方的目的何在？他也许是无意中说错了话，也许是存心想激怒别人。无论哪种情况，你都不能发怒。如果是前者，发怒会使你失去一位好朋友；如果是后者，发怒正是对方所希望的，他就是要故意毁坏你的形象，你偏不能让他得逞！这样稍加分析，你就会很快控制住自己。

冲动

人们形容某些幼稚的行为举动，常会用"冲动"来说明。也有些不负责任的人，在做了错事之后不敢承担责任，用"一时冲动"来替自己辩解。人要想在竞争激烈的环境中有所作为，必须学会克制住冲动的魔鬼，否则只会一发不可收拾，后果也许令我们难以承受。

控制自己的冲动是件非常不容易的事情，因为我们每个人的心中都存在着理智与感情的斗争。

为情所动时，不要有所行动，否则你会将事情搞得一团糟。人在不能自制时，会举止失常；激情总会使人丧失理智。此时应去咨询不为此情所动的第三方，因为当局者迷，旁观者清。当谨慎之人察觉到情绪冲动时，会即刻控制并使其消退，避免因热血沸腾而鲁莽行事。短暂的爆发会使人不能自拔，甚至名誉扫地，更糟糕的则可能丢掉性命。

我们平时无论工作、生活都要尽力保持理性，用理智代替情感，客观的分析才会有助于找到问题的答案与真相，在冲动情绪下只会丧失敏锐的判断力，最终做出令我们抱憾的决定。

意志力与个人效率提升

尽管效率是如此重要，但却很少有人想过如何才能提高效率。事实上，激励自我更快更好地工作及学习的这种力量，一直就存在于我们每个人的生命中，就像我们自我保护的本能一样。

■ 意志力提高个人效率

就像用废纸练习书法一样，平常的日子总会被我们不经意地当作不值钱的"废纸"，涂抹坏了也不心疼，总以为来日方长，平淡的"废纸"还有很多。但生命并非演习，而是真刀真枪的实战。生活也不会给我们"打草稿"的时间和机会，要想生活不留遗憾，就要努力磨炼意志力，改掉自己的不良习惯，提高自己做任何事情的效率，否则待到你漫不经心地写完"草稿"，人生也会成为无法更改的答卷。

行动要讲求效率，但千万不要粗制滥造，那样的行动会令你更慢。我们每天都要想：如何增加效率？如何改善流程？如何让我们的产品或服务更好？如何能够满足更多顾客的需求？这是每一个成功人士每天思考的问题。

然而，很少有人能够系统地思考如何提升做事的效率。效率的改变，来自于观察问题的真正根源所在；效率的改善，来自于分析事情的优先顺序；效率的改变，更来自于自觉地调动意志力。

宋代时，皇宫突然失火，烧毁了几座殿堂，皇帝命令大臣丁谓限时修复。丁谓经过考虑发现有三难：宫中无土筑墙，要从几十千米外运土进城难；大批竹、木等建筑材料要从外地运到宫中难；处理建筑后的破砖废石难。怎么办？

经过苦苦思索，他终于精心设计了一个绝妙的施工方案：先把皇宫前的大路挖成深沟，就地取土烧砖筑墙，然后，把汴河水引入沟中，建材用船运到工地，等宫殿修好后，再把垃圾填入沟中，修复大路。这样，一举三得，工程进度比预定进度大大提前。

由此可以看得出，自觉地采用最佳方法来提高工作效率具有巨大的生命力。

一位心理学家说："自觉是治疗的开始。"

这句话讲得非常有道理，因为，当你不自觉的时候，要如何改善？当你不知道自己效率差的时候，要如何改进？当你不知道别人为什么效率好的时候，要如何学习别人的优点？

你要学会高效率地行动、学习和工作，努力改善自己的不良习惯，懂得利用时间，善用资源，必须以最短的时间和最少的资源，产生最大的效益，这样才能确保成功。

记住！在每天行动前必须思考自己做事的效率，并全力将其贯彻到行动中去，这些是成功不可或缺的。

■ 好钢用在刀刃上

做事要有先后

处理事情要分清轻重缓急，重要的事情一定要摆在第一位来完成。唯有如此，你才不会在工作中感到忙乱。

你是不是从早忙到晚，感觉自己一直被一大摊的事务追着跑？但你的忙乱也许不是因为事情太多，而是因为你没有将重要的事摆在第一位。在如今越来越复杂与紧凑的工作步调中，将不紧迫又不重要的事情撇在一边，保持"要事第一"是最好的应对原则。

"最聪明的人是那些对无足轻重的事情无动于衷，却对那些较重要的事务无法无动于衷的人。"一流人物大都具备无视"小"（人物、是非）的能力，他必须忍住不为小事所缠，他能很快分辨出什么是无关的事项，然后立刻砍掉它。

事实也是如此，在你往前奔跑时，你不可以对路边的蚂蚁、水边的青蛙太在意——当然毒蛇拦路除外。如果要先搬掉所有的障碍才行动，那就什么也做不成。一个人过于努力想把所有事都做好，他就不会把最重要的事做好。

许多人在处理日常事务时，完全不知道把工作按重要性排队。他们以为每个任务都是一样的重要，只要时间被工作填得满满的，他们就会很高兴。然而懂得安排工作的人却不是这样，他们通常是按优先顺序展开工作，将要事摆在第一位。

在确定了应该做哪几件事情之后，你必须按他们的轻重缓急行动。大部分人是根据事情的紧迫感而不是事情的优先程度来安排顺序的。这些人的做法是被动的而不是主动的。懂得生活的人不会这样来按优先顺序开展工作。以下是3个建议。

建议一：每天开始都有一张优先表。

伯利恒钢铁公司总裁查理斯·舒瓦普曾会见效率专家艾维·利。会见时，艾维·利说自己的公司能帮助舒瓦普把他的钢铁公司管理得更好。舒瓦普说他自己懂得如何管理，但事实上公司不尽如人意。可是他说自己需要的不是更多的知识，而是更多的行动。他说："应该做什么，我们自己是清楚的。如果你能告诉我们如何更好地执行计划，我听你的，在合理范围内价钱由你定。"

艾维·利说可以在10分钟内给舒瓦普一样东西，这东西能使他的公司业绩提高至少50%。然后他递给舒瓦普一张空白纸，说："在这张纸上写下你明天要做的最重要的6件事。"过了一会儿又说："现在用数字标明每件事情对于你和你的公司的重要性次序。"这花了大约5分钟。艾维·利接着说："现在把这张纸放进口袋。明天早上第一件事情就是把这张纸条拿出来，做第一项。不要看其他的，只看第一项。着手办第一件事，直至完成为止。然后用同样方法对待第二件事、第三件事……直到你下班为止。如果你只做完第一件事情，那不要紧。你总是做着最重要的事情。"

艾维·利又说："每一天都要这样做。你对这种方法的价值深信不疑之后，叫你公司的人也这样干。这个实验你爱做多久就做多久，然后给我寄支票来，你认为值多少就给我多少。"

这整个会见历时不到半个小时。几个星期之后，舒瓦普给艾维·利寄去一张25万美元的支票，还有一封信。信上说从钱的观点看，那是他一生中最有价值的一课。据说，5年之后，这个当年不为人知的小钢铁厂一跃成为世界上最大的独立钢铁厂，而其中，艾维·利提出的方法功不可没。这个方法为舒瓦普赚得了一亿美元。

建议二，把事情按先后顺序排列，制定一个进度表。

把一天的事情安排好，这对于你成就大事情是很关键的。这样你可以每时每刻集中精力处理要做的事。把一周、一个月、一年的时间安排好，也是同样重要的。这样做可给你一个整体方向，使你看到自己的宏图。

真正的高效能人士都是明白轻重缓急的道理的，他们在处理一年或一个月、一天的事情之前，总是按分清主次的办法来安排自己的时间。

商业及电脑巨子罗斯·佩罗说："凡是优秀的、值得称道的东西，每时每刻都处在刀刃上，要不断努力才能保持刀刃的锋利。"罗斯认识到，人们确定了事情的重要性之后，不等于事情会自动办得好，你或许要花大力气才能把这些重要的事情做好。始终要把它们摆在第一位，你肯定要费很大的劲。下面是有助于你做到这一点的 3 步计划。

（1）估价。首先，你要用目标、需要、回报和满足感这 4 项内容对将要做的事情做一个估价。

（2）去除。去除你不必做的事情，把要做但不一定要你做的事情委托别人去做。有些事情并不是非你不可，交给别人或许会完成得更好。

（3）估计。记下你为目标所必须做的事，包括完成任务需要多长时间，谁可以帮助你完成任务等资料。

建议三，要避免不必要的干扰。要做到重要的事情摆在第一位，并且集中精力将其处理好，要排除干扰。但是，我们生活在一个复杂的社会群体之中，任何人都无法完全避免干扰。尽管如此，我们仍然要尽可能地减少干扰。

首先，我们要给自己创造一个良好的工作环境。精力无法集中的人，自称要消除精神疲劳，改变心情，常常会在写字台周围摆上各种不相干的玩意儿。实际上这些东西，无论是全家福照片、纪念品、钟表、温度计，它们既占据你的空间，也分散你的注意力。它们对你形成的干扰是无形的，是不易察觉的。这时候，办法只有一个，除了达到当前目的所必备的东西之外，不让自己看其他东西。

其次，将种种琐事归纳到一起，这样工作起来就更有节奏。例如，有些信件，可以归总起来一次写完；尽量约好时间，尽可能集中依次会见来访者；必须阅读的材料，集中到一起很快地一一过目，等等。

最后，委婉拒绝别人的托付。在现实生活中，难免会遇到别人托付自己做一些事。如果碍于情面不拒绝，有可能会耽误自己的工作进度。不是说对于别人的托付一概拒绝，而是指在必要时，应该巧妙地拒绝别人，使自己的工作能够顺利进行下去。

做最现实的事情

太高的奢望和不切实际的目标，对我们而言是没有价值的。只有把握好最近、最现实的目标，付出才可能有回报。

让我们来看看下面的一则故事。

一场罕见的洪水袭击了一个小村落，许多人被无情的洪水夺去了生命。一个三口之家也是这场灾难的受害者，丈夫在洪水中救起了自己的妻子，而他们10岁的儿子却被淹死了。对于这个家庭的不幸遭遇，许多人都深表同情。

但事情渐渐出现了变化，另外一些人对那个男人的选择产生了疑问。在突如其来的洪水面前，丈夫挽救妻子的生命，而放弃了他们的儿子。"难道在灾难来临的时候，孩子就应该成为被舍弃的对象吗？"这一时间成了山村里人人谈论的话题。

一个报社的记者路过此地，听说了这件事。对于争论，他不想了解。只是他很想知道：如果你只能救活一个人，究竟应该救妻子还是救孩子呢？妻子和孩子哪一个更加重要？于是他专门去采访了那个丈夫。

"我根本来不及想什么，当洪水到来的时候，妻子就在我身边。我们都不想失去对方，于是我就抓住她拼命地往山坡游。而当我返回去的时候，儿子已经不见了。"他痛苦地回忆着。

"请不要过于悲伤，毕竟你从洪水中救回了妻子。"记者最后说道。

抓住离你最近的目标，你才有可能体现出效率。那个男人的选择是对的，救活一个，胜过失去两个。面对洪水，他可以做到的就是紧紧抓住离自己最近的妻子，这是最为现实和明智的，同时，也是最为有效的。如果当时他放弃妻子去救孩子，可能最后一个人也救不了。

太高的奢望和不切实际的目标，对我们而言是没有价值的。只有把握好最近、最现实的目标，付出才可能有回报。

在时间管理中，最重要的是抓住最主要的、最紧迫而又最现实的事情。只有这样，我们在讨论其他事情时才不会失去意义。

也许，这样说你还不太明白。那么，我们再来举个例子！

如果今天有人给你几千美元，要你自己出去生活，你将怎样使用这些钱呢？你一定不会先去买电脑游戏，也不至于先去看百老汇舞台秀，而是会在解决了衣食住行的问题后，才开始考虑这些娱乐的支出。

同样的道理，在你有了时间的情况下，你不能先去打电脑游戏和看电影，也不可以先去整理相簿、看小说和胡思乱想，而应该先安排出自己睡眠、工作和学习的时间。因为没有充足的睡眠，你的身体状况不可能好；不花时间乘车，你到不了公司；至于上课、读书则是你现阶段最重要的事。分清什么是重要的事和必须要做的事是十分必要的。当然，除此之外，你必须吃饭、交际，并处理生活中的琐事。但是这些事在整个时间的分配上，应该占的时间要尽量少。

所谓"好钢用在刀刃上"，做最现实的事，把你的精力发挥到最见成效的地方吧！

做"必须做的事情"，不做"想做的事情"

生活中有许多必须做的事情，要是为了想做的事情，而把应该做的、必须做的事情给忽略了，就会出问题。因此，我们需要调整理想和目标，去做人生中最重要的、必须要做的事情。

美国有一个天资聪颖的年轻人，叫柯雷基。他才华横溢，却不懂得一心一意地做任何事，而是想做什么就做什么，这一点几乎成了他的致命伤。他曾就读于著名的剑桥大学，但没有毕业，就参军去了。参军后，他因为不肯服从洗马匹的工作，结果又离开了军队。从军队离开后，他又进入著名的学府牛津大学攻读。可惜，没完成学位，就又离开了。后来，他还创办了一份报纸，但这报纸只出了10期就停刊了。虽然报纸没办成，他仍然梦想着著书立传。他常说："我的书已经完成了，就差把书从脑子里拿出来，交付印刷厂变成铅字了！"他甚至说自己已经完成两套8开本的书了，不过，还没寄给出版社呢！

事实上，他说的这一切著作，都只字未动，仅仅是留在脑海里而已。柯雷基的一生，最后以失败收场。他踌躇满志，最后竟然一事无成。原因何在？有人这样评价他："柯雷基的失败，是因为他想做的太多，结果什么都没做成。虽然才华横溢，但他欠缺毅力和集中力。"

现在要问你，目前你的生活中，你必须做的是什么呢？是求学吗？如果是，就应当把大部分的时间放在功课上面，把你的书念好再说。在这个时候，其他的交际、嗜好，都把它们放到一边。等学好了功课，考完了试，再好好交际娱乐也不迟。

现实生活中，许多人总是抱怨时间不够用，其关键原因就是他们将事情的优先级别搞错了。

一次只做一件事

一次做几件事，绝对不如你全力以赴把精力集中于当前正在进行的工作中，把工作一件件完成来得有效率。

有一位名叫天祥的业务员，其实，他是个非常热心的大好人，对于同事的要求总是义不容辞地一口答应。"送材料啊，来，我帮忙。""联系客户是吗？没问题，我来替你做。""跑广告公司吗？来来来，东西放这儿，我等一下再一起送去。"

甚至，年轻志大的他，还向老板毛遂自荐："老板，我会做……我能做……我还可以做……"有志于销售事业的他一心想着多做点儿事，他认为这样一定可以让自己在同行业间更快地崭露头角。

一开始，体力过人的他尚可应付，但两个月后，他开始吃不消了！开始感到有些力不从心了。3个月后，他每天都顶着晕晕乎乎的脑袋去上班。

半年后，公司公布业绩，他是公认琐务最多的人，但是各项成绩却名落孙山。

其实在更多的时候，"质"远远比"量"更为重要，与其拿100个60分，还不如得60个100分。尽管它们的和都是6000分，但实际上差别是很大的。如果你是公司的管理者，你每天做许多事情，但却每件事都是马马虎虎，别人看待你充其量不过是个60分的人。相反，如果你能集中火力，不贪心，一次只做一件事情，并且能把它做得十分完美，那么别人看待你，就会是个"100分的人"。

100个60分，不如60个100分，这个浅显的道理连小学生都知道。

许多人在工作中把自己搞得疲惫不堪，而且效率低下，很大程度上就在于他们没有掌握这个简单的工作方法——一次只解决一件事。他们总试图让自己具有高效率，而结果却往往适得其反。

如果你真的很忙，想寻找利用时间的办法，你不妨用下面这个办法试试看：你写上明天你必须做的 6 件要务，依重要性排出先后次序。你做完一件再做第二件，然后你依次一件件做下去，做到你下班为止。如果你未能全部做完，也不必担忧。

好，让我们现在就照着做！

假定你现在有 6 项工作要做，你真的不晓得该怎么进行。你要怎么样才能用最快、最简单的办法处理那 6 件事，又怎样控制它们造成的压力呢？

答案是：你不妨按事情的轻重缓急来做，把重要的工作先做完，然后再做其他的。在你最适当的时间，一次处理一件事。

也许你会说，这个连小孩都会——任何人都想得出来。

这当然是任何人都会做的事，但很少有人照着做。

如果你希望自己什么事都做得好，就让你的大脑专心在一项活动上——每次只做一件事吧。

■ 合理安排出效率

制定一个合理的工作日程表

高效地工作，从一定意义上来说，也就是要合理安排好自己的工作秩序。这样，它将大大节省你的时间和精力，并有利于你工作的开展。

有本管理学著作《有效的经理》一书中有这么一句话："我赞美彻底和有条理的工作方式。一旦在某些事情上投下了心血，就可以减少重复，开启了更大和更佳工作任务之门。"

培根也说过："选择时间就等于节省时间，而不合乎时宜的举动则等于乱打空气。"没有一个合理有序的工作秩序，必然浪费时间，要高效地工作就更不可能了。试想一个搞文字工作的人资料乱放，就是找个材料都会花半天时间，哪有效率可言？

为了使工作条理化，就要明确每年、每季度、每月、每周、每日的工作及工作进程，并通过有条理的连续工作，来保证以正常速度执行任务。在这里，为日常工作和下一步进行的项目编出目录，不但是一项不可估量的时间节约措施，也是提醒人们记住某些事情的手段，可见，制定一个合理的工作日程是多么重要。

工作日程与计划不同，计划在于对工作的长期计算，而工作日程表是指怎样处理现在的问题。比如今天还有明天的工作，就是逐日推进的计划。有许多人抱怨工作太多又杂乱，实际是由于他们不善于制订日程表，无法安排好日常工作，有时候反而抓住没有意义的事情不放，最后被工作压得喘不过气来。

法国作家雨果说过："有些人每天早上预订好一天的工作，然后照此实行。他们是有效地利用时间的人。而那些平时毫无计划，靠遇事现打主意过日子的人，只有'混乱'二字。"

在明确工作目的和任务后，能不能实现就在于能否合理而有秩序地组织工作。

组织工作就要做好选择的工作，剔除那些完全没有什么价值或者只是意义很小的工作，接着再排除那些虽有价值但别人干更适合的工作，最后再剔除那些以后再做也不迟的工作。对付这些区分出来的工作，你可以采取化繁为简的工作方法加以处理。

美国威斯门豪斯电器公司前董事长唐纳德·C.伯纳姆在《提高生产率》一书中提出提高效率的3个原则：在每做一件事情时，应该问3个"能不能"："能不能取消它？能不能把它与别的事情合并起来做？能不能用更简便的方法来取代它？"

在这3个原则的指导下，善于利用时间的人就能把复杂的事情简明化，办事效率有很大提高，不至于迷惑于复杂纷繁的现象，处于被动忙乱的局面。无论是在工作中，还是在生活中，为了提高效率，就必须决心放弃不必要或者不太重要的部分，并且把重要的事情也进行有序化。

实际上，有序原则是时间管理的重要原则，正确地组织安排自己的活动，首先就意味着准确地计算和支配时间，虽然客观条件使得你一时难以做到，但只要你尽力坚持按计划利用好自己的时间，并就此进行分析总结以及采取相应的改进措施，你就一定能赢得效率。

总之，要明确自己的工作是什么，并使工作组织化、条理化、简明化。这样，就能最有效地利用时间，让你的合理安排生出效率来。

处理工作分清轻重缓急

我们在工作中常常会遇到千头万绪、十分繁杂的情况，往往会被这些情况弄得晕头转向、不辨东西。这时分清工作中的轻重缓急，找到其中最迫切需要解决的问题，并且集中力量解决它，是最该做的事。

帕莱托定律告诉我们：应该用80%的时间做能带来最高回报的事情，而用20%的时间做其他事情。我们要牢牢记住这个定律，并把它融入工作当中，对最具价值的工作投入充分的时间，否则你永远都不会感到心安，你会一直觉得陷入一场无止境的赛跑里头，而且永远也赢不了。

一位著名的时间管理专家曾做过这样一个实验。

在一次讲关于时间管理的课上，这位专家在桌子上放了一个装水的罐子。然后又从桌子下面拿出一些正好可以从罐口放进罐子里的鹅卵石。当他把石块放完后问他的学生道："你们说这罐子是不是满的？"

"是！"所有的学生异口同声地回答说。"真的吗？"专家笑着问。然后又从桌底下拿出一袋碎石子，把碎石子从罐口倒下去，摇一摇，再加一些，又问学生："你们说，这罐子现在是不是满的？"这回他的学生不敢回答得太快。最后班上有位学生怯生生地回答道："也许没满。"

"很好！"专家说完后，又从桌下拿出一袋沙子，慢慢地倒进罐子里。倒完后，再问学生："现在你们再告诉我，这个罐子是满的呢？还是没满？"

"没有满！"学生们这下学乖了，大家很有信心地回答说。"好极了！"专家再一次称赞他的学生们。然后，专家从桌底下又拿出一大瓶水，把水倒进看起来已经被鹅卵石、小碎石、沙子填满了的罐子里。当这些事都做完之后，专家问他的学生们："我们从上面这些事情可以得到什么重要的启示呢？"

课堂上一阵沉默，后来有位学生站起来回答说："无论我们的工作多忙，行程排得多满，如果要挤一下时间的话，还是可以多做些事的。"专家听完，点了点头，微笑道："说得很好，但并不是我要告诉你们的重要信息。"说到这里，这位专家有意停顿了一下，用眼睛向全班同学扫视了一遍说："我想告诉各位最重要的信息是，如果你不先将大的鹅卵石放进罐子里去的话，你也许以后永远没机会再把它们放进去了。"

工作中，我们难免会被各种琐事、杂事所纠缠，如果我们没有掌握高效能的工作方法，就会被这些事弄得筋疲力尽、心烦意乱，总是不能静下心来做最该做的事；或者是被那些看似急迫的事所蒙蔽，根本就不知道哪些是最应该做的事，结果白白浪费了大好时光。

"鹅卵石"是一个形象逼真的比喻，它就像我们工作中遇到的事情一样，在这些事情中有的非常重要，有的却可做可不做。如果我们分不清事情的轻重缓急，把精力分散在微不足道的事情上，那么重要的工作就很难完成了。

创办遍及全美的事务公司的亨瑞·杜哈提指出，不论他出多高的薪水，都不可能找到一个同时具有两种能力的人：第一，有思想；第二，能按事情的轻重缓急来做事。这种说法虽然有些夸张，却也间接地反映出良好的工作习惯的确是被很多人忽略的。

高效地搜集消化信息

当今世界是一个以大量资讯作为基础来开展工作的社会。在商业竞争中，对市场信息尤其是市场关键信息把握的及时性与准确性，对竞争的成败有着特殊的意义。

因此，对于一名高效能人士来说，行业最新动态、市场现状与发展趋势、相关领域最新技术的动向、交易前沿的最新情况、企业内部其他部门相应工作进度等资讯，他都必须要设法了解。缺乏所需信息情报，工作就难以进行下去。例如，我们在制定计划时，只有尽可能多地拥有信息情报，才能更大程度地使计划完备周详，使可能出现的纰漏降到最低。

另外，在现代职场中，公司内部员工之间的竞争也是越来越激烈，及时、准确地掌握信息，对赢得竞争十分重要。信息就是资历，信息就是竞争力，一个人如果能及时掌握准确而又全面的信息，他就等于掌握了竞争的主动权。

但是我们在工作中面临的一个现实是：一方面知识更新速度很快，社会资讯泛滥，到处充斥着这样那样的信息；另一方面，总是感觉到工作上所需要的资讯相对求缺。有些企业，尤其是大型企业对资讯的收集、管理和使用都比较混乱，没有一套系统的方法。以至于有时候获取了很好的情报，但由于错过了最佳使用时机而失去了其应有的价值。

一个高效能人士应当养成高效地搜集、消化信息的习惯。当你真的感到自己在工作时缺乏信息，不要像有的员工那样，抱怨"公司的资讯没能很好地流通，我得不到应有的信息支持"。因为说出这样的话，就表示你没有主动地去搜集资讯信息，而是坐在那里被动地等待别人来提供信息给你。当你确实需要资讯时，必须要主动地去搜集。

（1）要善于捕捉有用信息。在信息社会，每一个人都在扮演着两个基本角色，即信息传递者和信息接受者。信息就像人们讲"吃过了吗？""吃过了。"之类的寒暄一样自然而平常。但在这"自然而平常"之中，却有着许许多多的道理和学问，关键就是看你能否捕捉和善用信息。

职场中总有些人不去自动自发地搜集信息，而只是坐在那里等着信息传达到他们手上。持这种守株待兔的态度，是无法成为一名善于搜集、消化信息的高效能人士的。

（2）要对事物保持敏感。一个高效能人士应当对事物保持敏感，这样才能在信息社会中赢得主动。事实证明，那些事业上成功的人，往往对任何事情都抱有好奇心，在搜集信息时，也自然能对事物保持一定的敏感度，以便捕捉到对自己有用的信息。

吉兵曾是南方一家公司的小职员，平时的工作是为老板干一些文书工作，跑跑腿、整理整理报刊材料。这份工作很辛苦，薪水又不高，他时刻琢磨着想个办法赚大钱。

有一天，他从报纸上看到这样一条介绍美国商店情况的专题报道，其中有一段提到了自动售货机。上面写道："现在美国各地都大量采用自动售货机来销售货品，这种售货机不需要雇人看守，一天24小时可随时供应商品，而且在任何地方都可以营业，给人们带来了许多方便。可以预料，随着时代的进步，这种新的售货方法会越来越普及，必将被广大的商业企业所采用，消费者也会很快地接受这种方式，前途一片光明。"

吉兵开始在这上面动脑筋，他想："当时自己所处的地区还没有一家公司经营这个项目，可将来也必然会迈入一个自动售货的时代。这项生意对于没有什么本钱的人最合适。我何不趁此机会去钻这个冷门，经营此新行业？至于售货机里的商品，应该搜集一些新奇的东西。"

于是，他就向朋友和亲戚借钱购买自动售货机，共筹到了 30 万元，这笔钱对于一个小职员来说可不是一个小数目。他以一台 1.5 万元的价格买下了 20 台售货机，设置在酒吧、剧院、车站等一些公共场所，把一些日用百货、饮料、酒类、报纸杂志等放入其中，开始了他的新事业。

吉兵的这一举措，果然给他带来了大量的财富。当地人第一次见到公共场所的自动售货机，感到很新鲜，因为只需往里投入硬币，售货机就会自动打开，送出你所需要的东西。一般，一台售货机只放入一种商品，顾客可按照需要从不同的售货机里买到不同的商品，非常方便。吉兵的自动售货机第一个月就为他赚到 100 多万元。他再把每个月赚的钱投资于自动售货机上，扩大经营规模。5 个月后，吉兵不仅早已连本带利还清了借款，而且还净赚了近 2000 万元。

正是一条有用的信息，造就了一位新富翁。信息时代，这样的富翁不止吉兵一个。因此，我们应当时刻保持对信息的敏感，只有这样才能时刻领先别人一步，成为一名善于把握信息的高效能人士。

（3）要培养搜集信息的好习惯。高效能人士应当养成高效搜集、消化信息的好习惯，那么，我们应当从哪些方面着手培养这些好习惯呢？

第一，主动去关心信息。高效能人士应当主动去"关心"信息，因为这是搜集信息的一个好方法。例如，在大街上，当你听到消防车喇叭声大作时，你会问："哪里失火了？哪里出现了紧急情况吗？"只有主动询问，你才能立刻了解到哪里出现了事故。当看到街头围了一大群人，你要走上前挤进去，才能看得见那里发生了什么事。因为，要掌握一件事情的真相，光有好奇心是不够的，还要尽可能地亲身经历或亲眼所见。要搜集资讯，就必须主动出击，抢先获取第一手资料。

当然，我们还应当培养自己判断价值信息的能力，这样，才能在浩如烟海的信息世界里找到对自己有用的信息。

第二，建立个人信息网络。建立个人信息网络的重要性在于，当你想要哪一类资讯时，你立刻可以找到能提供这方面信息的人；当你想得到最具权威性的资料时，马上有人为你提供最为科学的建议。怎样来建立你的信息网络呢？可以先以你的知交良朋、同一母校的校友、同时进入公司的同事、上各类培训班时认识的学员、同行业里认识的朋友为基础，逐渐扩大你的信息网络。若善加利用，这个网将是你一生中最为宝贵的财富之一。

第三，要善于"套"情报。用对信息的保密程度来划分，人不外乎两类：缄默型和主动传播型。当知道一项内部资讯时，主动传播型的人，不用你去问，他都会跑来告诉你整个事情的始末，并且会添油加醋。而缄默型，则会三缄其口，不随意传话。

对缄默型的人，你要想办法从他们的嘴里"套"出话来。你不能开门见山，要旁敲侧击。而对主动传播型，无论他跟你说什么，你都要很有兴趣地听完它，而不要对自认为有价值的就认真听，觉得没用的就提不起精神。否则，以后他就不会再告诉你什么东西了。

第四，不要随便传播所得情报。一般，在对方信任你的情况下，才会告诉你内部参考、内幕消息和独家机密，而且他们往往都会叮嘱你"千万不要告诉别人"。如果你把这些别人不知道的事情随便告诉了其他人，一旦传到了当初告诉你的那个人耳中后，以后你再也不能从他那里得到什么有价值的资讯了。

将困难问题分解

工作中，遇到困难是常有之事，而战胜困难的关键就是善于将困难的工作分解，把大问题化做小问题，学会分阶段、分层次处理问题，从而把"不可能"变成可能。

1968年春，罗伯·舒乐博士立志在加州用玻璃建造一座水晶大教堂，他向著名的设计师菲力普·强生表达了自己的构想："我要的不是一座普通的教堂，我要在人间建造一座伊甸园。"

强生问他的预算，舒乐博士坚定而坦率地说："我现在一分钱也没有，所以100万美元与400万美元的预算对我来说没有区别，重要的是，这座教堂本身要具有足够的魅力来吸引人们捐款。"

这座水晶大教堂最终的预算为700万美元。700万美元对当时的舒乐博士来说是一个不仅超出了他的能力范围，还超出了他的理解范围的数字。

当天夜里，舒乐博士拿出1页白纸，在最上面写上"700万美元"，然后又写下了 10 行字：

1. 寻找 1 笔 700 万美元的捐款。

2. 寻找 7 笔 100 万美元的捐款。

3. 寻找 14 笔 50 万美元的捐款。

4. 寻找 28 笔 25 万美元的捐款。

5. 寻找 70 笔 10 万美元的捐款。

6. 寻找 100 笔 7 万美元的捐款。

7. 寻找 140 笔 5 万美元的捐款。

8. 寻找 280 笔 2.5 万美元的捐款。

9. 寻找 700 笔 1 万美元的捐款。

10. 卖掉 1 万扇窗户，每扇 700 美元。

60 天后，舒乐博士用水晶大教堂奇特而美妙的模型打动了富商约翰·可林，他捐出了 100 万美元。

第 65 天，一对倾听了舒乐博士演讲的农民夫妻捐出 1000 美元。

第 90 天时，一位被舒乐博士孜孜以求精神所感动的陌生人，在生日的当天寄给舒乐博士一张 100 万美元的银行本票。

8 个月后，一名捐款者对舒乐博士说：“如果你的诚意和努力能筹到 600 万美元，剩下的 100 万美元由我来支付。”

第二年，舒乐博士以每扇 500 美元的价格请求美国人订购水晶大教堂的窗户，付款办法为每月 50 美元，10 个月分期付清。6 个月内，1 万多扇窗户全部售出。

1980 年 9 月，历时 12 年、可容纳 10000 多人的水晶大教堂竣工，这成为世界建筑史上的奇迹和经典，也成为世界各地前往加州的人必去瞻仰的胜景。

水晶大教堂最终造价为 2000 万美元，全部是舒乐博士一点一滴筹集而来的。

现实中很多目标乍一看就像梦一般遥不可及，然而只要我们本着从零开始、点点滴滴去实现的决心，有效地将难题分解成许多板块，就将会大大提高我们去攻克难关的信心、能力和效率。最终将难题解决，将目标实现。

养成良好的意志习惯

我们认为意志力锻炼的最高境界和最终目的，应该就是将意志力打磨成良好的意志习惯。良好的意志习惯对人类的影响是巨大的，我们日常中的绝大部分行为都有意无意地受着它的牵引，坏的习惯足以毁灭人的一生，而好的习惯也毫不夸张地，能使人终生受益。

习惯是一条"心灵路径"，我们的行动已经在这条路径上旅行多时，每经过一次，就会使这条路径更深一点，更宽一点。如果你必须穿过一处人烟稀少的小树林，你就会知道你一定会很自然的选择一条最通畅的小径，而不是人迹罕至的小径，更不会选择自己开辟一条新路。人的心灵之路也是如此，它会选择阻碍最少的路线来行进——走很多人走过的道路。习惯的形成合乎自然法则，通过所有具有生命现象的事物表现出来，也可以表现在无生命的东西上。我们可举一些例子。有人指出一张纸一旦以某种方式折起来，下一次它还会沿相同的折痕去折。一条刚开始认为很长的道路，走过多次后，人就会觉得路短了。衣物用过之后形成某些褶痕，而这些褶痕一旦形成就会永远存在，怎么也熨不平。

所以，有人说："习惯是一条绳索，我们每天织一根线，最后它会变得十分坚固，拉都拉不断。"

詹姆斯·佩吉特爵士告诉我们："一个熟练的音乐家在弹钢琴的时候，每秒钟能弹奏 24 个音节。弹奏每个音节时，都经由神经从大脑传导到手指，然后再从手指传导到大脑。每一个音节要求手指做 3 个动作——弯曲、抬高以及至少一次的左移或右移。因此，在一秒钟之内手指至少要活动 72 下，每一下都要求意志的本能反应，明确无误地指导手指的动作以一个特定的速度，以一个特定的力度，到达一个特定的地点。"

关于这一点，有的人轻而易举就可以做到，而且同时还可以与他人高谈阔论。因此，经过不断地重复使之成为一个人的第二本性时，通过遵循习惯的规则，一个人就完全可以通过习惯而不是通过神经中枢来指导自己的行动了，那他的心思就可以解放出来，去做其他更有意义的事情或者进行更有意义的娱乐活动。

在我们的一生中，我们的大脑在一刻不停地指导身体的各个部分以形成各种各样的习惯，这些习惯会通过条件反射来自动地发挥作用。因此，这样就只需把生命的一部分责任交给大脑的神经系统。人体这种自然巧妙而又经济的做法，把人的大脑从那些单调乏味的琐事当中解放了出来，从而使它有机会也有精力从事更高级的活动。

人的一生要么是一幅伟大的作品，要么是一片狼藉，因为每种习惯的养成要么是人们精心培养、自我克制的结果，要么是人们放任自流、恣意纵情的结果。

有一句大家耳熟能详的话，叫"小时偷针，长大偷金"。当一个人初次偷人家的东西时，他往往会心惊肉跳，怕人发现，也受着良心的谴责。但他一而再，再而三地放纵自己这样做时，那些基于想贪图暂时的一点小便宜而做一些虚伪表示的想法，便在他大脑的神经系统里留下了不可磨灭的印记，直到最终偷窃变成了一种生理的需要。

一旦养成这一习惯后，他也许还觉得自己轻而易举地就能克服这个习惯，但是事实上他根本办不到。这个习惯像铁索一样紧紧地束缚住了他的一切，只有通过痛苦地、仔细地、精心地反复从事正确的行为才能加以纠正，而且肯定要用无比坚定的意志力来控制自己的每一次行为。这样，你才有可能在大脑皮质的软组织里形成一种起抗衡作用的因素。

如果习惯最后会成为一个残酷的暴君，统治和强迫人们违背他们的意志、欲望与意愿，那么会动脑筋的人自然会思考这股巨大的力量是否能够加以利用及控制，使它能够为人们提供服务，正如其他大自然力量一样。如果人们能够获得这项成果，那么人们也许就能支配习惯，使它替人们服务，而不是成为习惯的奴隶，在抱怨中做习惯忠实的仆人。现代心理学家非常肯定地告诉我们可以支配、利用及指挥习惯替我们工作，而不必被迫允许习惯控制我们的行为与性格。而达到这一目的的唯一途径就是：练习、练习、再练习！通过练习，你将获得强大的意志力，你将养成良好的习惯，你将最终赢得幸福、成功的一生！

创 新 力

　　无论学习、工作还是生活，我们都离不开创新力。工作需要创新力，创新力是一双充满力量的翅膀，可以提升我们的工作竞争力，让我们在事业的天空展翅高飞；生活需要创新力，创新力是一股涌动的清泉，它能为我们单调的生活注入活力，帮我们突破层层困境。拥有创新力，我们的人生便可永葆勃勃生机，获得连连惊喜。

提升创新力，给成功插上飞翔的翅膀

　　创新力，即创新的能力，就是突破现状、独辟蹊径并不断地超越的能力，是一种不走寻常路的魄力。在社会竞争日益激烈的今天，创新力就是竞争力和战略资源，是成功的基础。在竞争中，创新者总是善于捕捉成功先机，快人一步，因而更易于成功。从某种程度上说，不创新就会被淘汰，创新无处不在，无时不在。同样也只有创新，才能突破困局，使危机变成商机。具体到行动中，创新就像爬楼梯，只要你踏实地踩稳每一个阶梯，就能登上创新的高峰。

认识创新力

　　"创新力"这个词我们并不陌生，从马拉木车到蒸汽火车，从原始人打磨出的石器到鲁班发明的锯子，从中国的火药到西方的大炮，这些都是创新力起作用的结果。创新力就是突破现状，独辟蹊径，并不断超越的能力。

■ 创新力：一种对现状的突破力

　　创新的根本是突破。创新不是对过去的简单重复和再现，它没有现成的经验可借鉴，也没有现成的方法可套用，它是在没有任何经验的情况下努力探索的结果，其目标是为未来开辟一条新路。所以说，创新力是一种对现状的突破力。

　　通常情况下，人们按照自己的常规思路，经历了千万次的试验，可能也没有取得成功，而有时候在某一方面做出某些改变，反而轻易地取得了成功，其原因就是这些改变当中包含着意想不到的创造性。因此，当你处于"山重水复疑无路"的境况时，不妨试着勇于打破常规，突破现状，这样很有可能会"柳暗花明又一村"。

　　古代人穿的衣服上的扣子不仅多，而且难扣，这对在农业时代有大量多余时间的人来说没什么；而对工业化时代，尤其是快速运作的信息化时代的人来说，就显得有些累赘了。

扣子的问题急需改进，于是有人开始思索着寻求突破和改变了。

1893年，美国芝加哥市有个叫贾德森的工程师，他嫌穿鞋时系鞋带麻烦，就在两条布边上镶嵌一个个门形的金属粒子，再利用一个两端开口、前大后小的元件，让它骑在金属牙上，通过它的滑动使两边的金属牙啮合在一起，从而发明了"滑动系牢物"。人们把这一发明叫"可移动的扣子"。但是，贾德森发明的可移动的扣子存在着一些严重的缺点，如闭合不妥帖，易自动爆开，故用途不大。

20年后，瑞典工程师纳逊德在贾德森的基础上进行突破，经过不断创新和改进，终于使正式的"拉链"诞生了。拉链很快在世界上广泛流行起来。衣裤、背包、裙子、鞋子、枕套、沙发垫、公文包、笔记本……众多物品都用上了拉链。詹金斯医生还发明了"皮肤拉链缝合术"。今天，拉链的用途还在进一步扩展。

没有改变就不会有进步，没有对现状的突破也就谈不上创新力的发挥。创新的过程就是不断地突破一个又一个难关的过程。

假如公司陷入困局，作为公司的一员，是被动待命，还是主动请缨？相信一个不墨守成规、敢于突破常规的员工一定会调动所有的创新潜能，积极思考、出谋划策，帮助公司摆脱困境，突破现状。这种善于在工作中创新的人往往能独当一面，给企业带来无限生机。

约翰·里德对于花旗银行就是如此。

1965年约翰·里德从麻省理工学院毕业后进入了花旗银行。不久，时任花旗银行总裁的威斯顿召见了他，并说："我们需要一个最好的财务系统和预算系统，这个任务就交给你了。"

约翰·里德进行了大量的研究，在以前的财务系统和预算系统的基础上进行了很多创新性的改动。最后，他这个非常具有创意和远见的新系统得到总裁的肯定和称赞。

后来，花旗银行出现了亏损。于是约翰·里德自告奋勇，担任一个部门的负责人。上任后，他立即对内部进行了整顿。

他解散了以前的后勤部，重新组建了一个由几十位年轻的工业自动化专家组成的后勤部。接着，他对客户银行进行了整顿，把花旗客户银行变成了当时世界上第一家大规模使用高级计算机、传呼机的银行。

他这一系列的创新给花旗银行带来了无限生机和活力，并且收到了很好的成效。

在约翰·里德担任客户银行负责人时市场上刚有了信用卡，里德就将之大胆引进。虽然有一段时间由于利率上升而导致亏损，但里德并没有放弃。

最后，事实证明他的这个改革和创意是卓有成效的，其不仅给企业带来了蓬勃的生机，而且使花旗银行每年的营业收入和利润都保持在良好的水平。

约翰·里德一次次的创新让花旗银行走出了困境并找到了新的赢利点，同时也给他的人生带来了活力。凭借创新的翅膀，约翰·里德登上了花旗银行CEO的宝座。

约翰·里德无疑是一个充满创新力的人，他一次次带领公司突破现状。当这些突破力构成强大的创新力时，他的公司也逐步走向了辉煌。

事实一再证明，富有创新精神的人都是不安于现状的人，他们敢于冒着风险和压力冲破层层障碍。当他们突破现状，取得创新的胜利时，他们的人生才会熠熠生辉；他们所供职的企业才会独占鳌头，成为市场的佼佼者。

■ 创新力就是不走寻常路的魄力

一个哲人曾经说过："你只要离开常走的大道，潜入森林，你就肯定会发现前所未有的东西。"

不同寻常的想法，不同寻常的点子，不同寻常的技艺，不同寻常的眼光，不同寻常的招法……这些都体现了不走寻常路的魄力。这种魄力能给你带来创新的机会，因为创新力就是不走寻常路的魄力。

当人们开始厌倦那种单调的圆形或方形装饮料包装时，2001年8月，中国市场上出现了一种将河流、山川与海浪搬到新包装上的瓶嘴加大的小瓶装。其国际流行化的山水雕塑型设计蕴含着清新、天然、健康的饮水文化，绿色的标签尽显天然之美。不少消费者"咕隆咕隆"喝完了还舍不得丢掉瓶子，反复把玩不已，令人爱不释手。这便是乐百氏奉献给消费者的又一杰作！

新瓶子除了体现青山绿水的感觉与寓意外，消费者还惊喜地发现，新瓶子的瓶口加大了，以后可以畅快淋漓地喝到带冰的水了。

另外，标签上还有一个"发财"的秘密，那就是"有源相会"健康游促销信息。拿到这个瓶子，消费者就有可能得到时尚手表、多功能时尚彩照包、透明电话本、晶莹流动杯垫等礼品，甚至有机会免费畅游号称"人间仙境"的香格里拉，进行一次别开生面的健康游。

乐百氏新包装的创新之处在于：将喝水表达为喝一种艺术、喝一种时尚、喝一种健康、喝一种大自然的恩赐！赋予商品以文化气息，提高商品的品位，一个新瓶子、一个新点子，就能带来新的生机。乐百氏这种不走寻常路的魄力就是创新力。

成功需要创新，需要独辟蹊径，走别人没走过的路。只有这样，才能发现新的机会。

1962年，沃尔顿开设了第一家商店，名为沃尔·玛特百货。1969年就发展至18家分店。到1992年沃尔顿去世时，他已将分店扩大到1735家，年营业额达400亿美元。在很短的时间里，他所创立的公司就超过了美国的大商行凯马特公司和西尔斯公司，成为零售行业中当之无愧的龙头老大。

沃尔顿的成功秘诀很简单：他避开经济相对发达的地区和城市，主要在美国南部和西南部的农村地区开设超级市场，并把发展的重点放在城市的外围，等待向城市扩展。他这一有着长远眼光的发展战略不但使其避开了创业之初与实力强劲的竞争对手的拼杀，而且独自开发了一个前景广阔的市场。最终，沃尔顿获得了令人难以置信的成功。

日本索尼公司创始人井深大和盛田昭夫，从一开始经营就立志于"引领时代新潮流"，不落入一般企业的俗套。有一次，井深大在日本广播公司看见一台美国造录音机，立即抢先买下了其专利权，随之生产出日本第一台录音机。产品投放市场后很受消费者欢迎。1952年，美国研制成功"晶体管"，井深大立即飞往美国进行考察，又果断地买下这项专利，回国后仅用数周时间便生产出第一支晶体管，销路大畅。当其他厂家也转向生产晶体管时，他又成功地生产出世界上第一批"袖珍晶体管收音机"。这种"人无我有、人有我转"的创新魄力，使索尼的新产品总是以迅雷不及掩耳之势投放市场，赢得了巨大的经济效益。

这些成功人士的经历告诉我们："只有走别人没走过的路，才能摘到最大、最甜的果子。"

无论是创业还是经营人生，我们都要牢牢记住：随大流、一窝蜂是看不到风景的。只有不走寻常路，想众人所未想、行众人所未行，才能领先于他人，永远呼吸到最新鲜的空气。而只有拥有创新力的人，才会拥有这种不走寻常路的魄力。

■ 创新力是一种超越的能力

有个人写了一首歌，但一直得不到赏识，无法发表。柯亨买下它，在它的基础上加了点东西，使无人问津的歌曲成为当时最风行的流行歌曲。他加上的东西仅仅是 3 个词："HIP，HIP，HOORAY"（嗨！嗨！万岁！）。但就是这 3 个表示欢乐的词改变了这首歌曲的命运，柯亨小小的创新超越了原作者，取得了出乎意料的成功。

在贝尔之前，有许多人声称他们发明了电话。那些取得了优先专利权的人中，有格雷、爱迪生、多尔拜尔、麦克多那夫、万戴尔дор威和雷斯。其中，雷斯是唯一接近成功的人，而造成巨大差异的微小差别是一个单独的螺钉。雷斯不知道，如果他把一个螺钉转动 1/4 周，把间歇电流转换为等幅电流，那么他早就成功了。

贝尔创造性地将螺钉转动 1/4 周，保持了电路畅通，并把间歇电流转换成了再生人类语言唯一的电流形式——等幅电流。雷斯没有坚持下去，即使他已经取得了很大的成功，但那还不是创新。而贝尔没有停止研究的步伐，超越再超越，结果创新了人类的通话方式。

超越就像把别人已搁置的 99℃的热水烧到 100℃，虽然仅是 1℃的差别，但就是这 1℃实现了质的飞跃。这种超越就是一种创举，就是创新力的体现。

所以，如果你站在成功的门槛上不能跨过去，那么就努力加上一点创新，突破原有的局限，这样便可实现超越。

我国民族汽车正是通过不断创新实现不断超越的。

2006 年 6 月 26 日，中国第一台自主品牌涡轮增压汽油发动机华晨 1.8T 在沈阳正式投产，华晨汽车再次成为业界关注的焦点。

中国民族汽车工业如何自主创新，自主品牌的强盛之路到底应该怎么走，这是一个曾经困扰中国汽车界多年的问题。

从诞生之日起就肩扛高起点自主创新大旗的华晨汽车，10多年间的风雨坎坷一度让业内外对其战略路径充满怀疑甚至不乏种种责难。

时至今日，随着华晨尊驰、骏捷挟"品质革命"之利刃在中高级轿车市场上强势崛起，"金杯"品牌在商务车市场连续10年以超过50%的份额几乎成为一个行业代名词。金杯旗下的阁瑞斯在MPV领域发展迅猛，以及"国内一流，国际同步"1.8T发动机的横空出世，华晨汽车品质、品牌、技术的全面突破让一切争议变得无谓，诸种责难化为钦羡。因为，自主之路没有捷径，高起点创新终将超越一切。

在整车开发取得不断突破之后，华晨以非凡的魄力将创新的目光聚焦在少人问津的发动机领域，并锁定在最具挑战性的涡轮增压汽油发动机技术上。"中国的汽车产业要是没有核心技术，就要一辈子被别人掐着脖子，被别人左右。掌握不了最核心的发动机技术，民族汽车工业始终只能是浮华空论。发动机技术是制约中国汽车产业参与国际竞争的短板，华晨要做的，就是要用高起点自主创新来补上这个短板，让华晨汽车这个自主品牌装上中国人自己的涡轮发动机，成为真正'根正苗红'的自主品牌。"

华晨的发动机研发起步就与世界同步。它联手国际内燃机三大权威研发机构之一的德国FEV发动机技术公司，经过三年潜心砥砺，拥有独立知识产权的1.8T发动机于2006年6月26日正式投产。华晨1.8T发动机的推出，改变了汽车"中国心"孱弱的历史，标志着中国汽车迎来了"强擎时代"，开始与国际巨头争夺产业"制空权"。

不断创新、不断超越，敢于与国际巨头并驾齐驱，这就是华晨的成功之所在。

创新缔造进步，创新成就超越。我们只有激流勇进、独辟蹊径，才能把创新力转化为超越能力，从而获得成功。

创新力：成败的分水岭

创新力是成败的关键，创新力是成功的基础，创新力是一种战略资源，创新力就是竞争力。大部分成功案例告诉我们，那些成功者绝大部分是善于挖掘自身创新力，把创新力当作战略经营的创新者。创新需要敢为人先、快人一步，创新需要善于捕捉"成功契机"。用好创新力这张通行证，才能确保永远立于不败之地。

■ 创新力是成功的基础

有个人有一个奇特的爱好，喜欢饲养毒蛇。开始他只是养着玩玩而已，后来他发现邻居家的羊常常不翼而飞，而自己家中的羊却因有毒蛇在旁无人敢动。这使他联想到城里许多居民一年中要有一段时间全家外出旅游，窃贼则经常趁此机会进入居室，将财物洗劫一空。那人想：我何不为他们养些看家护院的毒蛇，让他们安心外出旅游呢？于是他的"毒蛇租赁公司"开业了。当外出旅游的人们向他租毒蛇时，他就将一条填饱肚子的毒蛇放入空宅，并收100元的租金。此后他还在空宅四周挂上醒目的"警告牌"，牌上写着毒蛇的名字、年龄、毒性、咬后十步之内便倒下及倒地后的症状表现等，看了都令人不寒而栗，窃贼们自然望而生畏。如此一来，其生意自然红火，当年收入便在30万元以上。

每个人对成功的理解是不一样的：有人需要家庭的幸福；有人期盼生活上的富足；有人则渴望事业上能大有作为，得到社会和业界的认可；等等。无论哪一种意义上的成功，都有一点是共同的，那就是：没有哪个人随随便便就能获得成功，成功者自有其成功之道。这是一切成功学家总结出来的一致观点，包括大名鼎鼎的戴尔·卡耐基，也包括拿破仑·希尔。养蛇者可算是成功者，他的成功之道归结为一点，就是创新力。他充分挖掘了自身的创新力，为成功打下了坚实的基础。

日本的富士山天下闻名，慕名者众。但来富士山观光的人要想如愿看到阳光下的火山口并不容易，因为当地气候不稳定，时常云遮雾绕，不能让游人一览富士山奇景的真面目，使众多游客望"山"兴叹。

在这种情景下，有一家旅店摸透了旅游者的心思，别出心裁地提出："凡欲观赏富士山奇景者，可免费住宿本店，直到一饱眼福为止。"消息一经传开，果然来客如云。单纯从"住店免费"这一点上看，这家旅店似乎吃了亏，但因为免的只是住宿费，其他费用照收，因此仍有利润。事实也表明，这家旅店不但收入颇丰，而且还为自己赢得了好信誉。

在某个大城市的郊区新开了一家"缘分饭店"。虽然对面山上光秃秃的，但老板西村先生却极善经营。建店伊始，他有一个极绝妙的设计，这就是先通过新闻"广而告之"，登了一则极引人关注的"新婚植树广告"，广告称：凡新婚夫妇来此住宿，本饭店将免费提供各类优质树苗及植树工具，竭诚为您在此种植"新婚纪念树"提供一切方便。新婚夫妇离开后，本店还将派人精心呵护您的树苗，以备您再度光临时再回首、再回忆。

果然，这一热心而独特的许诺吸引了众多欲结连理的青年男女。他们纷至沓来，不仅种了树，而且年复一年地返回小住，"再回首、再回忆"，再浇水、再除虫，以重温他们的爱情。如今山上一片葱绿，鸟语花香，已经成为一处深受年轻人喜爱的旅游胜地。

商界有句名言："谁聪明谁才能赚，谁独特谁才能赢。"上述例子中的经营者之所以在众多竞争者中一枝独秀，就是因为他们的睿智和独特的构思。换句话来说：创新力的发挥让他们赢得了成功！

成功者自有成功之道，而一切成功者都是想到和做到了别人没想过、没做过的事情，这种独特和聪明我们可归结为创新力。不论是华盛顿、爱因斯坦、比尔·盖茨，还是中国的张瑞敏，他们都是成功者，同时也是创新者、创造家。他们都有非凡的经历和做法，同样用事实证明：创新力是成功的基础。

■ 创新力就是竞争力

有时候，你会发现，别人拥有某些条件，自己也拥有相同的条件，但自己总是竞争不过对手。细心观察一下，你是否发现自己缺少一种叫做"创新力"的东西？

20多年前，北京的餐厅刮起了一股"洋风"，很多新建或改建的餐厅，都用大量外汇进口材料搞室内装修，似乎只有这样才能招揽顾客。但是有一家叫"独

225

一居"的餐厅却偏不赶时髦，而是独辟蹊径，用扇贝壳、海草、斗笠、剪纸等小物件装饰出一家具有民族文化情趣的高档餐厅，受到中外顾客的热烈赞扬。艺术家刘海粟、吴作人等也慕名前来观赏，并欣然留墨。

这家以经营海鲜菜肴为主的山东风味餐厅，在店堂风格设计上据说颇费了一番脑筋。有一次，餐厅经理到外地谈业务，晚上在海边散步时，看到一些小吃店"渔村味"很浓，让人感到在这里休息观海就像进入了海的世界。于是，这位经理心想："独一居"是以经营海鲜菜肴为主的餐厅，如果把店堂装饰成"海味风趣"，让顾客就餐时仿佛进入了海滨渔村，感受到的不是生疏的窘迫，而是具有浓浓人情味的中国民族文化风格，那该多好！

想到就要做到：餐厅拱门的造型，像破浪前进的两条渔船船首；临街的四扇落地窗户玻璃上贴着民间剪纸，窗帘则是山东蓝印花布制成的；在壁柜上，摆放着民间雕塑等工艺品；每张餐桌上方的天花板下，分别垂着一串串塑料葡萄或葫芦。更令人叫绝的是，吊灯灯罩是用渔民所戴的大檐斗笠做成的。在这里就餐，能让人感受到大海的自然情调。

1985年5月"独一居"落成，被吸引来的外国顾客对餐厅的设计装饰赞不绝口，纷纷拍照留念。"独一居"餐厅在装饰上敢于以"独"取胜，既吸引人，又起到了很好的广告效应，这无疑增加了餐厅的竞争力。

创新是竞争的一种武器，创新力就是竞争力。21世纪，各行各业的竞争越来越激烈，要想在残酷的竞争中取得主动权，唯一的途径就是不断创新，将创新力转化成竞争力。创新力影响着企业的生存与发展，创新力决定着企业的竞争力。

在一座名城的大街上同时住着三个不错的裁缝。因为彼此离得太近，所以生意上的竞争非常激烈。为了能够压倒对方，吸引更多的顾客，裁缝们纷纷在门口的招牌上做文章。

一天，一个裁缝在门前的招牌上写上"本城最好的裁缝"，结果吸引了许多顾客光临。

看到这种情况，另一个裁缝也不甘示弱。第二天，他在门口挂出了"全国最好的裁缝"的招牌，结果同样招揽了不少顾客。

第三个裁缝非常苦恼：前两个裁缝挂出的招牌吸引走了大部分的顾客，如果不能想出一个更好的办法，很可能就要成为"生意最差的裁缝"了。但是，什么词可以超过"本城和全国"呢？如果挂出"全世界最好的裁缝"的招牌，无疑会让别人感觉到虚假，也会遭到同行的讥讽。到底应该怎么办？正当他愁眉不展的时候，儿子放学回来了。当他知道父亲发愁的原因以后，他给父亲出了一个令其拍案叫绝的主意。

第三天，前两个裁缝站在街道上等着看他们同行的笑话，但事情似乎超出了他们的意料。因为，很快，第三个裁缝的门前挂出了一个更加吸引人的招牌，上面写着"本街道最好的裁缝"。

在竞争日趋激烈的今天，要想成功就需要借助创新的思维方式。在上面的故事中，面对他人提出的全城和全国的"大气"，裁缝的儿子转了一个方向，利用街道的"小"来做文章，最终赢得了竞争的胜利。因为在全城或者全国，他不一定是最好的，但在街道的这个特定区域里，只有他是最好的，也是唯一的。

社会的变化是快速的，优胜劣汰的规则是无情的。要想在竞争中免于被吞噬，要想在竞争中独占鳌头，处于不败之地，就要逼着自己不断地创新，努力提升自身的创新力。因为，创新力就是竞争力。

■ 创新力是一种战略资源

创新力是一种战略资源。在很多人眼里，创新力似乎是看不见摸不着的东西，于是他们没有去好好挖掘自身的创新力，结果这种战略资源被白白浪费掉了。而创新者时刻把创新力当作最好的战略资源去利用，所以，他们成功了。

1915 年的国际巴拿马商品博览会上，世界各地的展品琳琅满目，美不胜收。可是，中国送展的茅台酒很长时间无人问津。每个参加博览会的中国工作人员都很着急，作为一个有着几千年酿酒历史的国度，居然没有人询问自己送展的美酒。于是，其中一个工作人员计上心来。他提着两瓶茅台酒，走到展览大厅最热闹的地方，故意装作不慎把酒摔在地上。一股浓郁的酒香顿时弥漫了整个大厅，"好酒、好酒"的赞叹声此起彼伏。自此，那些外国人才知道中国茅台酒的魅力。这位中国工作人员的创意果然奏效，为茅台酒打开了国际市场，同时茅台酒在这次博览会上被评为世界名酒，从此名声远扬。

"酒香也怕巷子深"，假如不采取有效的推广办法，美酒也只能"藏在深闺无人识"。那位工作人员采用了"摔酒"这种富含创意的方法，解决了茅台展览的困境，取得了成功。

瑞士手表以其性能精准、持久耐用和款式经典雄踞世界100多年，但总有一些他国的手表制造者尝试与手表王国一争高下。

"西铁城"手表就是其中的一个。当时，日本研制出了性能良好的"西铁城"手表，向钟表王国发起了冲击。

但是，要在手表王国瑞士几乎垄断了手表业的情况下，打开产品销路谈何容易。"西铁城"手表刚上市的时候，并不受人赏识，无法打破瑞士手表控制手表行业的局面。连续的亏损让"西铁城"愁眉不展，多次为此专门召开公司高级职员的会议来商量对策。

许多人都将打开销路的目光放在了广告上。

有人建议："我们应该扩大宣传，多多占用电视台的黄金时间和报纸的广告版面，以铺天盖地之势给人造成先声夺人的印象。在消费者面前混个脸熟，让他们购买手表的时候就能想到我们的手表。"

总经理点点头，说："对，应该大做广告。不过宣传的效果不能在近期奏效，况且现在的广告过多过滥，公众对之已失去兴趣。我们还能不能采取其他更好的办法呢？"

又有人接着说："针对广告过多过滥、不真实的问题，我们不妨让公众眼见为实。我们可以尝试在公众面前做破坏性试验，通过这种公开的试验，让人们了解我们'西铁城'的良好性能，大家就能接受我们的产品。"

还有人补充说："我们不妨采取奖励性的措施，最好的奖励物品莫过于'西铁城'手表本身。这样能使我们的手表迅速推向市场。"

通过很长时间的讨论，最终，大家想出了一个大胆的方案。

不久，"西铁城"通过新闻媒介发出了一条令人咋舌的消息：某时将有一架飞机在某地抛下一批"西铁城"手表，谁拾获手表就归谁。这条消息在社会上引起了很大的轰动，街头巷尾都在谈论这则消息。

到了指定的那天，人们怀着好奇和怀疑的心情，潮水般地拥向指定地点。

指定的时候到了，只见一架直升机飞临人群的上空，盘旋片刻后，在百米高空向人群旁的空地上洒下一片"表雨"。于是期待已久的人们拥上去捡表。抛下的表是如此之多，以使大家都有所收获。而捡获手表的人们在惊喜之余还发现"西铁城"手表从空中丢下后，居然还在走动，甚至连外壳都未受损害。人们对"西铁城"手表的质量连连称奇，不禁感叹："'西铁城'的表真是精良耐用，果然名不虚传。"

后来，电视台又播放了这次抛表的实况录像，使"西铁城"很快深入人心。观众对"西铁城"手表充满兴趣，销路一下子就打开了。毫无疑问，"西铁城"最终成为世界知名的手表品牌。

创新力是企业成功的战略资源，正因为"西铁城"手表在推广过程中充分开发了这笔宝贵的资源，"西铁城"才能"先战告捷"，打下了手表品牌的基础。

创新力是成功的根基，它能使陷入困境的企业枯木逢春，能为迷茫失措的个人指引方向。用好创新力这种战略资源，你也能做到"运筹帷幄，决胜千里"。

■ 创新之人善于捕捉成功先机

俗话说："处处留心皆学问，慧眼岂不识真金？"一个成功者应该是生活中的有心人，事事处处留心，观察每一个意外的"机遇"。要知道，"偶然的机遇"只能给那些时刻做准备的人，给那些具有创新精神的人。

创新者善于抓住"天赐良机"，对偶然情况下遇到的机遇不是视而不见，而是紧紧抓住不松手，在偶然现象中发现问题、提出问题，并找到解决问题的奥妙之所在，从而才会有所创新、有所发明。

在人类发明史上，许多重大发明都是在极其偶然的情况下意外产生出来的。哈格里夫斯的珍妮机是这样，弗莱明的青霉素是这样，戈里的冷冻机也是这样！由于创新者们善于观察任何新奇现象，因而抓住了难得的机遇。法国前总统蓬皮杜曾经说过："一个人非常重要的才能就是他善于抓住迎面而来的机会。"

发现笑气的科学家是英国著名化学家汉弗莱·戴维（1778～1829）。

笑气在化学上称一氧化二氮，是无色气体，有令人愉快的微甜气味。当人们吸入这种气体时，会情不自禁地发出笑声。

一天，一个叫贝多斯的物理学家登门拜访了这位"小化学家"，并邀请他到条件很好的气体研究所去工作。

戴维欣然受聘，来到贝多斯的研究所。该所想通过研究各种气体对人体的作用，弄清哪些气体对人有益，哪些气体对人有害。

戴维接受的第一项任务是配制氧化亚氮气体，他很快就制出这种气体。当时，有人说这种气体对人有害，而有的人又说无害，各持己见，莫衷一是。制得的大量气体，只好装在玻璃瓶中留着备用。

一次，贝多斯来到戴维的实验室，见已制出许多氧化亚氮，高兴地说："啊，不错，您的工作令人十分满意……"贝多斯夸奖戴维的话还未说完，他一转身，不小心把一个玻璃瓶子碰到地下打碎了。戴维慌忙过来一看，打碎的正是装氧化亚氮的瓶子，忙问："手不要紧吧？"

"没事。真对不起，我把您的劳动成果浪费了。"贝多斯边说边拾碎玻璃。

"没关系，我正要做试验呢，想看看这种气体对人究竟会有什么影响，这样一来还省得我开瓶塞……"戴维的话还未说完，就被贝多斯反常的表情弄得惊慌失措。

"哈哈哈……"一向沉着、孤僻、严肃得几乎整天板着面孔的贝多斯，今天突然大笑起来，"戴维，哈哈哈……我的手一点儿都不疼，哈哈哈……"

"哈哈哈……"刚才还处于惊慌的戴维也骤然大笑，"真的不疼？哈哈哈……"

两位科学家的笑声惊动了隔壁实验室的人。他们跑来一看，都以为他俩得了神经病。等一阵狂笑之后，两人方逐渐清醒，贝多斯被玻璃划破的手指开始感到疼痛。原来氧化亚氮不仅使他俩狂笑，而且使贝多斯麻醉，不知手痛。

事隔不久，戴维患了牙病，便请来牙科医生德恩梯斯·舍派特。医生决定把他的坏牙拔掉。当时根本没有麻醉药，于是医生硬把牙齿给拔了下来，痛得戴维浑身冒汗。这时，他猛然想起前不久发生的事——贝多斯手划破了，可闻了那氧化亚氮后却一点也没感觉痛。于是，他赶忙拿过装有氧化亚氮的瓶子连吸几口，结果，他又哈哈大笑起来，同时也感觉不到牙痛了。

经过进一步研究，戴维证实氧化亚氮不仅能使人狂笑，而且还有一定的麻醉作用。戴维因此就为这种气体取了个形象的名字——笑气。

戴维发现笑气的时候，年仅 21 岁。从此，他成了闻名欧洲的青年科学家。

这个创新事例告诉我们：无论是生活还是工作中，都不要轻易放过任何一个细节，哪怕与工作毫无关系。当你以极大的热情全身心地去关注、分析、研究这些细节之后，当创意出现的时候，你就抓住了成功的机会。

有效提升创新力的四大关键能力

　　思考力是创新力的核心，思考力的深度决定创新力的高度，勤于思考、独立思考、创造性思考，我们的思考力才能引爆创新的潜能。观察力可以洞察创新时机，没有正确的观察，我们就不可能透过现象揭开创新的面纱。掌握正确的观察方法，我们可以提高自身的观察力，并形成强大的创新力量源。想象力是创新的源泉，是提升创新力的翅膀。通过设置想象中的标靶，我们可以锻炼自己的想象力，不断创造一个又一个奇迹。多元思维能力是提升创新力的又一个重要内容。它可以综合利用各种思维方式，从不同角度系统地分析、解决问题，给我们开辟创新的捷径。

思考力：用头脑引爆创新潜能

　　思考力是创新力的核心，思考力的深度决定创新力的高度。思考是很多科学家、成功者创新胜利的武器，没有思考，就失去了生存的机遇，更不用说创新发展了。勤于思考、独立思考、创造性思考是我们在进行创新活动时所应采取的思考方式。只有这样，我们的思考力才能引爆创新潜能。

■ 思考力是创新力的核心

　　创新力是人的能力中最重要、最宝贵、层次最高的一种能力。它包含着多方面的因素，其核心是思考力。正如爱因斯坦所说："人是靠动脑解决一切问题的。"

　　人并不是天生会创新的。正如鲁迅所说："天才的第一声啼哭绝不是一首好诗。"

　　很多创新家们并非生来就是创新天才，他们绝大多数是经过后天不断培养思考力，最终才有所成就的。

牛顿被认为是一切天才中的天才。但是，牛顿小时候却是一个再普通不过的孩子，成绩平平，只不过是玩具做得出众一点而已。牛顿的创新才能是后来充分利用思考力，不断调动思考来帮助创新的结果。例如，苹果落地，被砸到的人往往会咒骂一声，自认倒霉，而牛顿却苦思苹果为什么不飞向天而向下落，从而发现了万有引力定律。

莱特兄弟梦想着人类像小鸟一样自由飞翔，于是不断思索，终于发明了飞机。

达尔文一心沉浸在他的生物研究中，片刻不停地思考生物遗传和发展的问题，最终提出了震惊世界的进化论。

在我们的日常生活中，"不怕做不到，只怕想不到"。每个新产品的发明、每个新论点的提出、每个新现象的发现，都离不开最初的"想法"。这个"想法"就是思考。所有目标成就、创新发明都是思考的产物，放弃思考就等于放弃创新，放弃成功。

所以，思考力是创新力的核心，思考力的深度决定创新力的高度。

相信很多人都听过或看过世界著名成功学大师拿破仑·希尔的畅销书《思考致富》，这本书刚一面世便深受广大读者的喜爱，很快便全球畅销。其原因是它深刻地揭示了如何运用我们的大脑去实现成功的黄金法则，并提出任何人要想取得成功，都必须要运用头脑去思考。为什么写这本书呢？拿破仑·希尔认为这和他经历过的一件小事有很大关系。

有一次，拿破仑·希尔去见一位专门以出售主意为职业的教授，结果被教授的秘书拦住了。拿破仑·希尔觉得很奇怪："像我这样有名望的人来见教授，也要挡驾吗？"

秘书回答："这时候，教授谁也不见，即使美国总统现在来，也要等2个小时。"

拿破仑·希尔犹豫了一阵，虽然很忙，但他仍然决定等2个小时。2个小时后，教授出来了，希尔问他："你为什么要让我等2个小时呢？"

教授告诉希尔：他有一个特制的房间，里面漆黑一片，空空荡荡，唯有一张躺椅，他每天都会准时躺在椅子上思考2个小时。此时的2个小时，是他创新力最旺盛的2个小时，很多优秀的主意都来自于此时，所以这时的他谁也不见。

听了教授的解释，拿破仑·希尔的内心突然涌起了一股强烈的意念："思考才是人生成功的要诀。"由此，拿破仑·希尔写下了使他名扬世界的著作《思考致富》。

拿破仑·希尔说："思考能够拯救一个人的命运。"事实正是如此，有思考力的人才会有创新力，才能主动掌控自己的命运。懒惰、平庸的人不是不动手，而是不动脑子，这种坏习惯制约了他们走向创新的可能；相反，那些最终能成大事者基本都在此前养成了勤于思考的习惯，善于发现问题，积极进行创新，努力地寻求解决问题的方法，甚至让问题成为改变自己命运的机遇。

诺贝尔奖获得者、英国物理学家约瑟夫·汤姆森和欧内斯特·卢瑟福一共培养出了 17 位诺贝尔奖获得者，这些天才们无一例外地深刻领悟到如何通过思考去捕获创新机遇，去改变自己的人生轨迹，赢得辉煌的人生。

英国剑桥大学的迪·博诺教授说："一个人很聪明或智商很高，只是说明他有创新的潜力，并不能说明他很会思考。智力和思考的关系，就好比汽车同司机驾驶技术的关系，你可能有一辆很好的汽车，但如果驾驶技术不好，同样不能把车开好；相反，你开的尽管是一辆旧车，如果驾驶技术高超的话，照样能把车开得很好。"

世界著名趋势专家约翰·奈斯比也曾经说过："在信息时代，我们最需要的技能是：学习如何思考、学习如何学习以及学习如何创新。"

思考力具有强大的力量，它没有现成的答案可以抄袭，也没有既定的程序可以跟从，但它可以通过发挥其自身的力量为人们指引一条又一条全新的成功之道。

人人都有思考的机会。当你试着改变自己的思考方式，朝着成功的方向努力时，一切奇迹都有可能出现！思考力是创新力的核心，用积极的思考去进行积极的创新，你的生命将精彩不断。

■ 勤于思考才能善于创新

一天晚上，英国著名的物理学家卢瑟福走进实验室，看到一位学生仍坐在实验桌前，便问道："这么晚了，你还在做什么？"

学生答道："我在工作。"

"那你白天在干什么呢？"

"也在工作。"

"那么你早上也在工作吗？"

"是的，教授，早上我也在工作。"

于是，卢瑟福提出了一个问题："那么，你什么时候思考呢？"

学生看了看他，无言以对。

在我们的周围不乏刻苦认真的人，但他们的成绩就是上不去；也有许多人，他们工作非常勤奋，但也没什么太大的成就；许多人做事非常努力，但就是赚钱不多，囊中羞涩；许多学者埋头苦干，实验无数，但就是没有创新，无所突破……虽然他们的原因各异，但缺乏正确的思考方式无疑是其中非常关键的一个原因。

人的思想有了不起的能量。任何创新的成果都是思考的馈赠，人世间最美妙绝伦的就是思考的花朵。思索是才能的"钻机"，思考是创新的前提。因此，潜心思考总是为创新家所钟情。

"书读得多而不思考，你就会觉得你知道的很多，而当你读书多的同时思考得也多的时候，你就会清楚地看到你知道的还很少。"这是哲学家伏尔泰的体悟。

"学习知识要善于思考、思考、再思考，我就是靠这个学习方法成为科学家的。"爱因斯坦如是说。

牛顿敞开心扉："如果说我对世界有些微贡献的话，那不是由于别的，只是由于我的辛勤耐久的思索所致。"

思想家狄德罗坦言自己的治学之道："我有三种主要的方法：对自然的观察、思考和实验。用观察搜集事实，思考把它们结合起来，实验则来证实组合的结果。对自然的观察应该是专注的，思考应该是深刻的，实验则应该是精确的。"

周恩来也盛赞思考的力量："思之，思之，神鬼通之。"

将一半时间用于思考，一半时间用于行动，无疑是人才的创新之道。不懂得运用思索这一"才能的钻机"的人，难以开掘出丰富的智慧矿藏；不善于思考的人，不能举一反三、触类旁通，享受创新的乐趣。赢得一切、获取成功的关键，就在于你能不能积极地思考、持续地思考、科学地思考。

在工作中，要战胜困难，达到理想的效果，深思熟虑是不可缺少的条件。在科学、艺术创造中，在规划方案、产品设计、经营运筹中，在理论体系的构筑中，思考同样具有不可替代的地位。

下面事例的主人公就是一个善于思考、最终摘取创新果实的成功者。

对于"洁厕精"，可能每个人都不陌生，别看它普通，这可是家家户户必不可少的日用品。但很少有人知道，有一种畅销全国的"洁厕精"，其发明者是一个只有初中文化的下岗工人。

几年前，由于这名工人所在的工厂被兼并，这个壮实的汉子突然间成了下岗工人。由于无事可做，他只能在家里待着，时间一长，难免有些心烦。

一天，家里的坐便器堵了，左弄右弄，排泄物就是不下去。他十分恼火，甚至有将坐便器砸了的冲动。

待他冷静下来，他开始想：我堂堂一个男子汉，怎么能被这样的小事难住？接着他又想：我遇到的问题，其实千万个家庭每天也会遇到，既然那么多人需要解决这个问题，为什么不在这上面想想办法、做点文章呢？

想到就立即做，他一头扎进自己的小屋，闭门不出，开始努力思考，潜心钻研。

对于只有初中文化的他来说，要解决这样的问题并不是件容易的事，但他没有放弃，而是不分日夜反复试验。经过很多次失败后，突然有一天，试验成功了，他研制出了专门用于厕所除垢、下水道疏通的化学制剂"洁厕精"和"塞通"。

这项发明属国内首创，获得了技术专利，这名工人还用自己的房间号为产品申报了商标"406"。之后他向妻子借来几万元私房钱，开了一家公司，产品很快供不应求。

谈起自己的创业史，这名下岗工人得意地笑称自己是"厕所里淘黄金的人"。他就是温州人王麟权。

一个善于创新的人，不仅善于从问题中发现机会，而且善于从问题着手，勤于思考，最终找到解决问题的方法。

我们要想成为一个成功的创新者，就必须承认思考的价值，充分挖掘思考的力量，养成勤于思考的习惯。做到这些，相信你最后一定可以成为善于创新的创新者。

■ 独立思考打开创新力的大门

独立的思考能力是现代创新活动的基本要求。具体地说，独立的思考能力是针对具体问题进行深入分析从而提出自己独创见解的能力，它也是一种运用已经掌握的理论知识和已经积累的经验教训，独立地、创造性地分析和解决实际问题的综合能力。

我们在创新活动中，要善于根据实际情况进行独立的分析和思考，对问题的认识和解决有独创见解，不受他人暗示的影响，不依赖于他人的结论，努力防止思想的依赖性。这样我们就能够成为独立的思考者，提升我们的创新力。

不可否认，创新很多时候是一个很孤独、很痛苦的思考过程，因为没有前人的经验可以参考和借鉴。

但要想创新，思考是必不可少的，而且是解决问题的关键。因此，学会独立思考十分重要。当你通过独立思考而采摘到创新胜利之果时，请相信，那份愉悦是什么事情也比不上的。

爱因斯坦 12 岁时，一次，他的叔叔在纸上画了一个直角三角形，写了一个公式，然后对他说:"这可是著名的毕达哥拉斯定理，两千多年前就有人会证明了，要不你也试试? "

当时爱因斯坦还不懂得什么叫几何，但他很快就被迷住了，开始利用有限的知识运算、证明。

一连三个星期，爱因斯坦都在对这一问题冥思苦想，但始终没有任何进展。叔叔看不下去了，想教他，但倔强的爱因斯坦表示，自己一定可以通过思考证明出来。最终，他以三角形的相似性成功证明了这一定理。

爱因斯坦第一次体会到了独立思考带来的快乐，这种快乐让他更加痴迷于思考，也让他受益终身。

16 岁那年，他开始思考一个很有挑战性的问题：如果用某种光的接收器跟在光后面以光速奔跑，那会发生什么呢? 这个问题在当时尽管没有找到答案，但它却成为相对论的萌芽。

独立思考是如此美妙，以至于到 67 岁时，爱因斯坦还在津津乐道于 12 岁时对几何问题的思考。他说："如果那时没有学会独立解题并体验因此带来的极大快乐，我后来就难以培养出好的思维习惯。"

和爱因斯坦一样，很多伟大的科学家、发明家也是从小就养成了独立思考的习惯。

著名物理学家、诺贝尔奖获得者居里夫人为了让孩子们学到更多的科学知识，与科学界的几位朋友共同制订了一个合作教育计划——把各家的孩子集中到一起，由家长们分别授课。居里夫人的长女伊伦自然也在其中。

一次，物理学家朗之万给孩子们讲了一个实验，并故意说了一个错误的现象。

这引起了小伊伦的疑问，她觉得朗之万叔叔讲的和书上正好相反，于是马上跑去问妈妈，朗之万叔叔是不是搞错了。

居里夫人没有直接回答伊伦，而是鼓励她自己思考："孩子，你为什么不自己动手做个实验呢？这样你就能找到答案了。"

伊伦抑制不住好奇，立即动手将整个实验操作了一遍，结果她惊讶地发现：自己是对的，而朗之万叔叔错了。

于是她找到朗之万叔叔，详细讲述了自己的实验过程，并大胆地宣称："朗之万叔叔，您错啦！"

朗之万欣慰地哈哈大笑说："伊伦你是对的，叔叔确实讲错了。这么多孩子，只有你认真思考了，提出了疑问，并且通过自己动手做实验来证明，这是最难得的。"

伊伦从小养成的独立思考习惯，为她以后在科学的道路上探索和创新奠定了坚实的基础。

独立思考是一双善于发现创新机会的"慧眼"，处处都能发现问题。

你想提高你的创新力吗？那就从现在开始进行独立思考吧！

■ 创造性思考缔造奇迹

古希腊时，有一个国王颁布了一项奇特的命令：对于即将处死的犯人，要求每人说一句话。如果是真话，将被绞死；如果是假话，将被砍头。

有一次，4个犯人要被处死，国王将众大臣召集在一起，要大臣们看看他这个国王是如何智审犯人的。

第1个犯人被押上来，他恭恭敬敬地说："我热爱国王。"他以为说了这句话，国王也许一高兴就免了他的死刑，没想到国王说："胡说八道，热爱我你就不会犯罪了！假话，拉下去砍头。"

第2个犯人被押上来后，诚惶诚恐地说道："我有罪，我该死。""说得对，"国王裁决道，"你说的是真话，处以绞刑。"

第3个犯人被押上来，他心想：如果你判断不出我的话是真是假，不就没法处置我了吗？于是他说道："太阳离我们有70万千米零9米远。"国王一时还真不知如何裁决，但是马上他就生气地说："这话不能马上验明是真是假，算是假话，拉下去砍头。"

第4个犯人被押了上来，他从容地站在国王面前。

"现在轮到你了，"国王说道，"说一句话，选择你怎么死吧！"

"我将被砍头。"对方说。

这下子国王真的被难住了。国王在心中思量："如果他说的'我将被砍头'是真话，那么我就应该判他绞死；既然他被处以绞刑，那'我将被砍头'就成了假话；既然'我将被砍头'是假话，那么他应被砍头，可他被砍头又证明他说的是真话；既然他说的是真话……"

也就是说，国王既不能砍他的头，也不能对他处以绞刑。无奈，国王只好放了这位聪明的犯人。

从死亡线上捡回了一条命，这位犯人凭借的就是抓住了问题的漏洞，钻了问题的空子，去除了"非此即彼"的虚假认定。

说真话的要被处以绞刑，说假话的要被砍头，犯人如果只在真话和假话之间苦苦抉择，那么最终都避免不了一个"死"字，选择也变得毫无意义。4名犯人都为生存的最后一句话进行了思考，却只有最后一名犯人的思考和回答是带有创造性的，他为自己刑架下的生命缔造了奇迹。由此可见，创造性思考魅力无穷。

生活中很多人只注重汗水的付出，而轻视思考的力量，那些奇怪的想法往往让他们觉得不切实际。殊不知，汗水往往浇不出机会的花蕊，倒是新颖奇特的思考有可能会让机会花开满园。

威尔逊是一个商人，专门经营香烟。可是，他的运气不好，几年来商品乏人问津。困境中他学会了思考，他要在思考中找到一条新的出路。

一天，他在商店门口贴了一幅广告："请不要购买本店生产的烟卷，据估计，这种香烟的尼古丁、焦油含量比其他店的产品高1％。"另用红色大字标明："有人曾因吸了此烟而死亡。"这一广告因别具一格而引起电视台记者的注意。通过新闻节目，人们很快熟悉了这一商店。一些人专程从外地来买这种烟，称"买包抽抽，看死不死人"。另有些人抽这种烟是想表示一下自己的男子汉气概。结果，这个店的生意从此日渐兴隆，现在已成为拥有5个分厂、14个分店的大企业。

在美国，有一名收藏家名叫诺曼·沃特。看到收藏家为收购名贵物品而不惜千金，他灵机一动：为什么不收藏一些劣画呢？他收购劣画有两个标准：一是名家的"失常之作"；二是价格低于5美元的无名人士的画。没多久，他便收藏了200多幅劣画。

1974年，他在报纸上登出广告，声称要举办首届劣画大展，目的是让年轻人在比较中学会鉴别，从而发现好画与名画的真正价值。

出乎人们意料，这次画展非常成功，沃特也成为人们茶余饭后必不可少的话题。观众争先恐后参观，有的甚至从外地赶来。

沃特的成功之处在于他的"劣画大展"独树一帜，十分新奇，迎合了观众的"逆反心理"。

奇思妙想缔造奇迹，这是创造性思考的神奇之处。只要你善于"异想天开"，你也可能创造奇迹。

观察力：用双眼洞彻创新时机

观察力可以洞彻创新时机，它在科学研究、创新发明中具有非常重要的作用。没有善于观察的双眼，我们就不可能获取外界纷繁的信息；没有正确的观察，我们就不可能透过现象揭开创新的面纱。掌握正确的观察方法，我们可以提高自身的观察力，并形成强大的创新力量源。

■ 眼睛是创新的窗户

眼睛被称为"心灵的窗户",是头等重要的信息输入器官。我们也可以说,眼睛是"创新的窗户",这里的"眼睛"指的是通过眼睛的观察。

一个人的一生当中要从外界获得亿万的信息,其中 75% 以上是通过眼睛获得、通过观察摄取的。

创新者因为拥有非凡的观察力而拥有创造成果。所以,我们要善于利用双眼去观察,去发现创新的时机。

我们可能注意过这种现象:洗完澡以后放水时,浴缸里的水会产生一个个旋涡。肯定不止一个人会注意到这个问题,因为水从来都是这样旋转着从一个孔洞中漏下去的,不仅放洗澡水如此,大雨天积的雨水也是这样旋转着流入下水道的。

这种现象太普遍了,以至于人们无数次面对这种现象却一直熟视无睹。但在教授谢皮罗的眼里,这是一种奇特的现象。

美国麻省理工学院机械工程系的谢皮罗教授有着与众不同的眼睛,确切地说有着不同于常人的观察力。他注意到浴缸排水时的特殊现象,马上被吸引住了。后来,他又跑去观察水池放水,发现也有着相似的旋涡。

这是为什么呢?他想,共同的现象一定有着相似的原因。

他联想到赤道上的水,那里会不会有旋涡呢?那里的水将怎样流出?流出的时候会不会打着旋涡?会不会打着同样的旋涡?

他又想到,南半球的水将会怎样流出呢?它们又会沿着什么方向打旋涡,和赤道的情况一样吗?

为了这个问题,他不远万里来到赤道。经过认真观察,他发现赤道上的流水没有旋涡。

他又来到南半球观察,发现南半球流水有旋涡,而且旋涡的方向正好与北半球相反。北半球是顺时针方向,而南半球是逆时针方向。

他从观察中得出结论:流水旋涡可能与地球的自转有关。同时他也想到,台风、风暴都是流体的运动,空气也是流体。南半球和北半球的风暴也一定是按与水流同样的规律旋转的,北半球和南半球风暴产生的旋涡的方向也将是彼此相反的。

1962年，谢皮罗发表论文，论述了旋涡现象，并推断出其与地球自转的关系，引起了科学界的极大反响。

谢皮罗无疑是一个善于观察的人，这些不被常人所在意的现象没有逃过他敏锐的眼睛。最善于观察的人，应该是谢皮罗这样的人。

我们再来看进化论的创始人——达尔文是怎样通过观察在生物学界取得创新成果的。

1831年12月27日，青年达尔文踏上"贝格尔奖"的甲板去做环球考察的时候，当时的生物学家们顽固地认为，万物是上帝创造的，物种是不变的，从它被创造的那一刻起，就是现在这个样子。在考察途中，神创论在达尔文的心中开始动摇了，因为他那双眼睛发现了新的东西。

有一次，他从海洋中捕捞到许多浮游生物。它们非常微小，但数量非常多。达尔文在显微镜下观察一阵以后，向自己提出了一个问题：这些低等的生物在大海中只是沧海一粟，如果万物是上帝创造的，上帝创造它们究竟是出于哪种微不足道的目的？

达尔文来到南美大陆，他挖掘了许多古代动物的化石。有些动物已经灭绝，它们从地球上消失了，只以化石的形态存在于地下；有些化石所代表的生物还存在着。但是，从这些化石的特征看，它们与自己的后代也有些不同。

达尔文来到了加拉帕戈斯群岛。这里盛产海龟，每个小岛上的海龟都不完全一样。龟甲的颜色、厚度、拱形的大小都各不相同，脖子和腿也有长有短。但是，它们显然属于同一个物种。达尔文想，海龟为什么不一样？

他又考察了加拉帕戈斯群岛上的雀类。群岛共有13种雀，彼此都有亲缘关系。但是，不同的岛上的雀都有各自的特征。有的嘴粗大些，有的细小些，有的吃昆虫，有的吃种子。为什么同一物种的雀形态却如此不同呢？达尔文又陷入了思考。

达尔文能够见人所未见，并力排众议和纷扰，通过反复观察，最终发现了进化论的秘密，为自己在生物界打开了一扇创新的窗户。

爱因斯坦、巴斯德、阿基米德、开普勒等众多科学家、发明家，他们无一不具有超凡的观察力。没有他们善于观察的双眼，也就没有他们的创新成就。

科学家迈克尔·法拉第说："没有观察就没有科学。"在科学发现中，观察扮演了极其重要的角色。人们通过眼睛去观察，但"看见"并不等于"发现"，许多机会都是在我们"看见"却没有"发现"的情况下从我们的眼皮底下溜走的。只有拥有一双雪亮并善于观察的眼睛，才能在宏观的世界和微观的世界中明察秋毫，从而成就创新。

■ 观察，揭开创新的面纱

新事物或新结论不是摆在表面上的，它们往往被掩盖在层层表象之下。不善于观察的人经常会被假象所迷惑，与创新擦肩而过，而善于观察的人通常可以用观察这把"利剑"去撩开创新的"面纱"，从而有所成就。

托尔斯泰依靠他平时真切的观察经验，一眼就看出青年高尔基的小说《26个和1个》中的问题："你写的炉灶安放得不对。因为烘面包的火光不会像小说中所描写的那样照到人们的脸上去。"

法国印象派画家莫奈在一幅伦敦教堂画的背景上，把雾画成了紫红的颜色，引起了英国人的争议。他们认为伦敦的雾应当是灰色的。后来伦敦人在大街上仔细观察了雾的颜色，才发现莫奈是正确的。原来伦敦雾的紫红色是由于烟太多和红砖房建筑造成的。从此，英国人的看法改变了，不再把伦敦的雾看成是灰色的了，他们还推举莫奈是"伦敦雾的发现者"。

这些突破性的创意带来的创造成果，最需要的就是敏锐的观察能力，否则即使成功已碰到你的鼻子尖，你也会视而不见。作家托尔斯泰和画家莫奈正因为拥有超强的观察力，才能看到别人所不能看到的现象，从而提出新颖而正确的结论。

多年来，如何在实验中"捕捉"到原子尺度的电中性物体，一直是一个世界性的科学难题。

1985年，朱棣文一举攻克了这个难题，获得了诺贝尔物理学奖。他是怎样取得突破的呢？也许谁都不会想到，他的灵感竟来自观察醉酒人的蹒跚行走。

有一天，朱棣文看到一个喝醉酒的人蹒跚地走在大街上。他仔细观察，发现醉酒的人走路左摇右晃时，愈走愈往低处走，不可能往车顶上跳，这是一种惯性使然。那么在不同激光束作用下的原子，依照惯性，应该也是往能降低的地方走。所以问题的关键就是如何利用激光束的作用，设计出一个接近绝对零度的"陷阱"，来降低经过此"陷阱"原子的能阶，进而达到捕捉原子的目的。经过多次实验，朱棣文终于成功地"捕捉"到了原子尺度的电中性物体。

我们总以为，生活中有些寻常的事物或现象是毫无价值、毫无用处，也是毫无规律、毫无意义的，所以我们对它们熟视无睹、漫不经心。但朱棣文却相信，在这个世界上，没有什么事物是毫无价值、毫无意义的。所以他时时留心，处处观察，在别人司空见惯的醉酒人走路中发现了规律性的东西，并由此受到启发而解开了一道科研难题。他的成功看似偶然，其实是必然的。

法拉第曾经说过："没有观察就没有科学。科学发现诞生于仔细地观察之中。"朱棣文对醉汉的行为进行观察，受到启发，才找到了捕获原子的方法。不要小看他的不相关的观察，这里面蕴含着朱棣文长期磨炼得来的非凡观察力。

创新机遇是不随人的意愿产生的，是客观存在的东西，因此每个人都可以发现它。但是，事实上大多数人不能创新，只有少数人才能做到。这是什么道理呢？关键还是在观察力。只有少数人拥有敏锐的观察力，正是由于这种敏锐的观察力，使他们能洞穿表象，从而迸发出创造发明的火花。

如果没有敏锐的观察力，不能留意细节中的现象，那么就会错过创新机遇，不知不觉把发明权让给了别人。德国化学家维勒就是这样，他错过了创新机会，使钒的发明权落到了琴夫斯特木的手里。他的老师柏采里乌斯给他写了一封信，这是一封十分著名的信：

"在北方一所秘密的房子里，住着一位绝顶美丽的女神，她的名字叫凡娜迪斯。有一天，一位小伙子来敲她的房门，试图向她求爱。但是，这位女神听到敲门声以后，仍旧舒服地坐着，心里想：'让来的那个青年再敲一会儿吧！'但是，敲门声响了一次就停止了，敲门人没有坚持敲下去，而是转身走下台阶去了。这个人对于他是否被女神请进去显得满不在乎。'他究竟是谁呢？'女神觉得很奇怪，她匆忙地奔到窗口，想去瞧瞧那位掉头离去的小伙子。'啊！'女神惊奇地自言自语道，'原来是维勒！好吧，让他白跑一趟是应该的。如果他不那么淡漠，我会请他进来的。你看他那股劲儿，走过我窗子的时候，竟没有向我的窗口探一下头……'过了一段时间，又有人来敲门了。这次来敲门的人和维勒大不相同。他一直敲个不停，最后，女神只好开门迎客。进来的是漂亮的小伙子琴夫斯特木，他和女神相会了。他们结合以后，就生下了新元素'钒'。"

这封信中柏采里乌斯把创新机会比作女神，维勒没有重视它，结果只能把"钒"的发明权让给了琴夫斯特木。这个故事说明，在科学面前不能有半点疏忽。要善于观察，尤其当实验中出现新的现象时，绝不要随便放过。

处处留心，处处有创新。我们只有磨砺"观察"这把剑，才有可能揭开创新的面纱。

■ 观察力，可以培养的力量源

观察，人人都会，但要形成观察力，还需要正确、灵活的观察方法。否则那只是"走马观花"式的观赏，根本不会培养成强大的力量源。

要想培养观察力，我们就应该学会从不同的角度去观察所看到的对象。任何片面或主观的观察方式都不利于掌握事物的本质特征，得到客观而正确的结论。我们通常所用的观察方法有两种：一种是从全局的角度去观察事物，另一种则是从局部特征去观察事物。这两种观察事物的方法是培养观察力必不可少的。

总揽全局的观察方法，就是要能从繁杂的事物中迅速观察到其中最本质的东西，从而把握住事物演变的脉络。

局部观察是把被观察对象的各种特性、各个方面或各个组成部分一一分解开来，认真进行观察。这样的观察可以使人们对事物了解得更加精确。例如，观察圆柱体：这个物体是什么形状？有几个底面？底面是什么形状？有几个侧面？侧面展开是什么形状？两个底面之间距离相等吗？通过这样的解剖观察后，就能掌握圆柱体的主要特征：圆柱的底面是相等的圆，它的侧面展开是一个长方形。

某些事物还需要把全面观察和局部观察结合起来，从整体到局部、从宏观到微观进行观察。两种观察方法结合利用更容易掌握事物的本质。灵活运用观察法，是培养观察力的根本要求。

鲁迅先生写《阿Q正传》时，写到阿Q赌钱的时候写不下去了，因为鲁迅先生不会赌钱。于是他请了一位叫王鹤照的人来表演。这个人十分熟悉绍兴的平民生活，他将自己了解的押宝、推牌九和赌牌时的情景，津津有味地讲给鲁迅先生听，高兴之处还哼起了赌钱时人们惯唱的小曲儿，绘声绘色。鲁迅先生像学生听老师讲课一样，仔细地观察着，认真地做着记录。后来他动手写作时，就把这些调查来的素材融进了作品。于是，阿Q赌钱时的生动场面才呈现在读者面前。

鲁迅进行创作并不是道听途说，而是实事求是地进行了认真细致的观察，这种正确、可行的观察便是他观察力的体现。最后，鲁迅的观察力便成了不朽的文章《阿Q正传》的强大力量源。

观察不仅要用眼睛看，还要和思考结合起来。只有观察和思考结合起来，才能形成观察力，才能有所发现和创造。

我们来看下面一个事例：

世界上第一个发明导尿术的人，是我国唐代著名医学家孙思邈。孙思邈少时因病学医，他总结了唐以前的临床经验和医学理论，收集药方、针灸等医疗方法，写成了《千金药方》《千金翼方》。他不仅在医学上有较大贡献，而且博涉经史百家学术，是个苦心钻研、细心观察、勇于实践的大学问家。

一天，一个患了尿潴留的病人由于排不出尿来，肚子胀得疼痛难忍。生命危在旦夕，家人恳求孙思邈赶快救救他。孙思邈诊察了病情，知道吃药已来不及了。他沉思着，心想：尿流不出来，怕是管排尿的口子不通。如果想办法用根管子插进病人的尿道，也许能使病人把尿排出来。可是，到哪儿去找这种又细又软的管子呢？正在孙思邈为难之际，恰好看到邻居一小孩拿着一根烤热了的葱管吹着玩。善于观察思考的孙思邈灵机一动：不妨用葱管来试一试。他马上找来一根细葱管，切去尖的一头，小心翼翼地插进病人的尿道里，再用力一吮，尿果然顺着葱管流了出来。病人得救了！现在医院里为病人导尿的胶皮管就是由葱管演化而来的。

孙思邈如果看到葱管不进一步思考，他就不可能发明导尿术。由此可见，观察只有和思考结合起来，才能找到发明创造的奥秘。

生活中无论工作还是学习，我们都需要掌握正确的观察法，学会从不同角度进行观察，并在观察过程中进行思考，这样才能将观察培养成观察力。拥有了这种观察力，我们就拥有了改造事物的力量源。

想象力：驶向创新力的风帆

从某种程度上来讲，想象力比知识更重要。因为知识是有限的，而想象力却可触及世界上的一切。所以要引爆创新潜能，想象力必不可少。想象力是创新的源泉，是提升创新力的翅膀。通过设置想象中的标靶，我们可以锻炼自己的想象力，不断创造一个又一个奇迹。

■ 想象力是创新的源泉

老师问幼儿园的小朋友："花儿为什么会开放啊？"

一位小朋友说："花儿睡醒了，想出来看太阳。"

另一位小朋友说："花儿想跟小朋友比一下，看谁的衣服漂亮。"

还有一位小朋友说："太阳出来了，花儿想伸个懒腰，结果把花朵顶开了。"

也有小朋友说："花儿想听听小朋友唱什么歌。"

小朋友的思维中蕴含着无穷的创意、无边的想象。想象是人类独有的一种高级心理功能。它是在现实形象的基础上，通过大脑的回忆、加工和新的综合，创造生成新的形象的心理过程。通过想象，我们能把世界上许多事物联系起来，使我们的认识不再受时间和空间的限制，从而创造出一个更为广阔的世界。

爱因斯坦告诉我们："想象力比知识更加重要，因为我们了解的知识终归是有限的，而想象力却能包含整个世界，以及我们的未来和我们将来能了解的一切。"

著名的理论物理学家、1969年诺贝尔物理学奖得主盖尔曼曾经说过："作为一个出色的理论物理学家，想象力很重要。一定要想象、假设！也许事实并不是这样，但是这样可以使你接着往前研究。"

牛顿说："没有大胆的猜测，就得不出伟大的发现。"

黑格尔说："想象是最杰出的艺术本领。"

科学发现、技术发明等创造性活动都离不开想象力。只有开启想象的闸门，才能有力地伸展它的双翼，才会让我们的思想飞到成功之巅。

有人曾用一个形象的比喻来说明想象力在创新活动中的作用：创新活动犹如矫健的雄鹰，客观实际是这只雄鹰的躯体，想象力则是它的翅膀。雄鹰是因为有了翅膀才能振翅于高空，漫游于天际的。

想象力对于创新活动的影响是巨大的，它是创新的源泉。

法国著名作家儒勒·凡尔纳因表现出的惊人想象力被许多人所熟知。他在无线电还未发明之前就已经想到了电视，在莱特兄弟制造出飞机之前的半个世纪已想到了直升机和飞机。什么坦克、导弹、潜水艇、霓虹灯等，他都预先想象到了。他在《月亮旅行记》中甚至讲到了几个炮兵坐在炮弹上让大炮把他们发射到月亮上。据说齐尔斯基——宇宙航行开拓者之一，正是受了凡尔纳著作的启发，才去从事星际航行理论研究的。

俄国科学家齐奥科夫斯基青年时代就被人们称为"大胆的幻想家"，他把未来的宇宙航行分成 15 步。值得惊叹的是，在齐奥科夫斯基做出这一大胆的幻想的时候，莱特兄弟的飞机还尚未问世。当时除了冲天鞭炮以外，世界上没有什么火箭。更加令人吃惊的是，许多想象通过近几十年的航空、航天技术的发展已经成为活生生的现实。也就是说，由于火箭、喷气式飞机、人造卫星、阿波罗登月计划、航天轨道站以及航天飞机的相继成功发明，齐奥科夫斯基的前 9 步都已基本实现。

早在齐奥科夫斯基的论文《利用喷气机探索宇宙》发表前 30 年，凡尔纳就发表了《从地球到月球》《环绕月球》等科学幻想小说，提出了飞向月球的大胆设想。他想象在地球上挖一个 300 米深的发射井，在井中铸造一个大炮筒，把精心设计的"炮弹车厢"发射到月球上去。他甚至选择了离开地球的最近时刻，计算了克服地心引力所需要的速度以及怎样解决密封的"炮弹车厢"的氧气供给问题，这些对宇航研究很有启发。科学的发展以想象为先导，人们通过想象在头脑中拟定研究过程的伟业和蓝图，借助于想象在头脑中构成可能达到的预期结果。正是通过齐奥科夫斯基和凡尔纳丰富的设想，为人类登上月球在思维创造上开辟了道路。

韩信是汉朝著名的军事将领。有一天，汉高祖刘邦想试一试韩信的智谋。他拿出一块 5 寸见方的布帛，对韩信说："给你一天的时间，你在这上面尽量画上士兵。你能画多少，我就给你带多少兵。"

站在一旁的萧何心想：这一小块布帛，能画几个兵？于是他暗暗为韩信捏了一把汗，不想韩信毫不迟疑地接过布帛走了。

第二天，韩信按时交上布帛。刘邦一看，上面一个兵也没有，却不得不承认韩信的确是一个胸有兵马千万的人才，于是把兵权交给了他。

那么韩信在布帛上究竟画了些什么呢？

原来，韩信在上面画了一座城楼，城门口战马露出头来，一面"帅"字旗斜出。虽没见一兵一卒，却可想象到千军万马之势。韩信的过人想象力由此可见一斑。

在一场绘画的测试中，题目是要求考生们在一张画纸上用最简练的笔墨画出最多的骆驼。当答卷交上来时，评审发现，很多考生都在纸上画了大量的圆点，用圆点表示骆驼。但这些画都被认为缺乏想象力，因为其作画的思路都是：尽可能画更多的骆驼。而无论在纸上画多少圆点，其数量都是有限的。

唯独有一位考生的画纸上与众不同：一条弯弯的曲线表示山峰和山谷，画上有一只骆驼从山谷中走出来，另一只骆驼只露出一个头和半截脖子。谁也不知会从山谷里走出多少只骆驼，或许是一个庞大的骆驼群。因而，这位考生当之无愧夺得了冠军。

想象是创新的先导，是智慧的翅膀。想象力是人类特有的天赋，是一切创新活动最伟大的源泉，是人类进步的动力。假如你的创新之河即将干涸枯竭，那么，就请展开你的想象力吧，它将会使其奔流不息。

■ 不会想象的人难于创新

想象力是一种能力，它具有自由、开放、浪漫、跳跃、形象、夸张等心理活动的特点。想象力使思维逍遥神驰，一泻千里，超越时空。创新需要想象，想象是创新的前提。想象力概括着世界上的一切，没有想象不可能有创新。

"发挥你的想象，画出你的设计，从最简单的设计到最不可思议的想法，你可以尽情地展开想象的翅膀。"这就是1994年下半年日本索尼公司举办的国际"未来家庭娱乐产品概念设计大赛"的理念。参赛的国家和地区有澳大利亚、新西兰、新加坡、菲律宾、印度尼西亚、印度、中国及香港等，参加者主要是大、中、小学生。北京 8 所高校和 12 所中小学校的 1366 名学生参加了这项大赛，其中不乏名牌高校和重点中小学的学生，如清华大学、北京大学、北京航天大学、中央工艺美术学院、人大附中、北京实验小学、中关村一小等。

但是结果是两个组的冠军、亚军和季军都被其他国家和地区的参赛者拿走，北京赛区的设计作品仅仅只有一项勉强入围，名列少年组 8 个获奖者的最末（纪念奖）位次。这项名为"宇宙旅行健身室"的设计在国内评奖时，被评为第 2 名。

相比之下，中国学生的设计的确实让人汗颜，一是视野狭小，二是设计思维简单、片面，缺乏奇异构想。而国外学生设计的产品表现出奇思异想，让人大开眼界。如获得冠军的印尼学生的作品对家庭娱乐产品概念的想象和构思大大超出了地球的范围，专家们称之为"宇宙思维"。

中国学生的想象力哪儿去了？中国学生的创新意识和创新力哪儿去了？提出这个问题的目的当然不是找谁来承担责任，值得关注的是问题本身。

我们发现，不但是学生，在社会工作的青年人、中年人以及老年人都是如此，而且年龄越大，所学知识越多，社会阅历越丰富，想象力就越衰退，创新力也愈衰弱。

1968 年，大洋彼岸的美国内华达州曾经发生了一场诉讼案，这场诉讼关注的是学生想象力的问题。

一天，美国内华达州一个叫伊迪丝的 3 岁小女孩告诉妈妈，她认识礼品盒上"OPEN"的第一个字母"O"。这位妈妈非常吃惊，问她怎么认识的。伊迪丝说："是薇拉小姐教的。"

这位母亲表扬了女儿之后，一纸诉状把薇拉小姐所在的劳拉三世幼儿园告上了法庭，理由是该幼儿园剥夺了伊迪丝的想象力。因为她的女儿在认识"O"之前，能把"O"说成苹果、太阳、足球、鸟蛋之类的圆形东西，然而自从劳拉三世幼儿园教她识读了 26 个字母后，伊迪丝便失去了这种能力。她要求该幼儿园对这种后果负责，赔偿伊迪丝精神伤残费 1000 万美元。

诉状递上之后，在内华达立刻引起轩然大波。劳拉三世幼儿园认为这位母亲疯了，一些家长认为她有点小题大做；她的律师也不赞同她的做法，认为打这场官司是浪费精力。然而，这位母亲却坚持要把这场官司打下去，哪怕倾家荡产。

三个月后，此案在内华达州立法院开庭。最后的结果出人意料，劳拉三世幼儿园败诉，因为陪审团的 23 名成员被这位母亲在辩护时讲的一个故事感动了。

她说："我曾到东方某个国家旅行，在一家公园里见过两只天鹅，一只被剪去了左边的翅膀，一只完好无损。剪去翅膀的天鹅被放养在较大的一片水塘里，完好的一只被放养在一片较小的水塘里。当时我非常不解，就请教那里的管理人员。他们说，这样能防止它们逃跑。我问为什么，他们解释，剪去一边翅膀的天鹅无法保持身体平衡，飞起后就会掉下来；在小水塘里的天鹅虽然没被剪去翅膀，但起飞时会因没有必要的滑翔路程而老实地待在水里。当时我非常震惊，震惊于东方人的聪明。可是我又感到非常悲哀，为两只天鹅感到悲哀。今天，我为我女儿的事来打这场官司，是因为我感到伊迪丝变成了劳拉三世幼儿园的一只天鹅。他们剪掉了伊迪丝的一只翅膀，一只幻想的翅膀；人们早早地把她投进了那片小水塘，那片只有 ABC 的小水塘。"

这段辩护词后来成了内华达州修改《公民教育保护法》的依据。现在美国《公民权法》规定，幼儿在学校拥有两项权利：一是玩的权利；二是问为什么的权利。

这位年轻的母亲为了保护女儿的想象力可以站出来打一场官司。她的行为不但强调了想象力对于人类是多么的重要，而且还启示我们：要想创新，要想发展，任何时候都不能丧失想象力。我们要自觉自发地保护我们的想象力，开发想象力。

不会想象的人难于创新。一个人如果缺乏想象力，墨守成规，用标准的尺寸去衡量世界，那么，很可怕的是，他将会永远看到一个一成不变的世界。他也只能在原地踏步，不会有所创新，更不可能进步。这对于学生、家长、上班族、学校和社会都有很大的启示作用。

■ 设置想象中的标靶

想象并非信马由缰，一个善于想象的人会设置想象中的标靶。"想象的标靶"这个概念是由心理学家凡戴尔证明的，这是一个人为控制的意识：让一个人每天坐在靶子前面，想象着自己正在对靶子投镖。经过一段时间后，这种心理练习几乎和实际投镖练习一样能提高准确性。设置想象中的标靶，可以最大限度地利用想象力，以最快的速度达到创新。

许多人认为，只有爱因斯坦那样的伟大人物才能够通过想象力创造奇迹。而事实上，我们每个人都有创造奇迹的天赋，只是大多数人没有发挥出来而已。如果你怀疑这个论断，就请从下面的实验中验证一下吧！这个论断也告诉我们，倘若我们想象着自己在做某件事，脑子里留下的印象和我们实际做那件事留下的印象几乎是一样的。通过想象力完成的实践还能够强化这种印象，有些事情甚至单纯通过想象力就可以实现。

美国报刊曾报道过一项实验，从中可显示出想象力的巨大威力。实验人员以改进投篮技巧为试验方式，将被试验的学生分成三组。第一组学生在 20 天内每天练习实际投篮，把第一天和最后一天的成绩记录下来；第二组学生也记录下第一天和最后一天的成绩，但在此期间不做任何练习；第三组学生记录下第一天的成绩，然后每天花 10 分钟做想象中的投篮。如果投篮不中时，他们便在想象中做出相应的纠正。

实验结果表明：第一组的学生每天实际练习 20 分钟，20 天过去了，进球率增加了 24%；第二组的学生因为没有练习，所以也没有任何进步；第三组学生每天花 10 分钟的时间来想象练习投篮 20 分钟的情景，最后进球率增加了 26%！这表明，想象力的作用是巨大的，不可忽视的。

查理·帕罗思在《每年如何推销两万五》的书中讲到推销员设置想象中的标靶，最终提高销售业绩的事情。其具体做法是：想象自己完成了多少销售任务，然后找出实现的方法。这样反复想象，直到实际完成的任务量达到想象中完成的任务量。

事实表明，他们取得好成绩很正常，他们也越来越善于处理不同的情况。一些卓有成效的推销员通过想象力，设置想象中的标靶，并结合自己实际的操作，取得了很高的工作业绩。

他们还深刻地得出以下体会：每次他们同顾客谈话时，顾客说的话、提的问题或反对意见，都体现了一种特定的情境。倘若他们总是能估计顾客要说些什么，并能马上回答他的问题，妥善处理他的反对意见，他们就能把货物推销出去。

一个成功的推销员自己就可以想象推销时的情境，想象出客户怎样刁难自己、自己应该怎样对付，等等。由于事先想象过了，因此不管在什么情况下，你都能够做到有备无患。你可以想象和顾客面对面地站着，他提出反对意见，给你出各种难题，而你迅速而圆满地加以解决。

给自己设置想象中的标靶，是一种锻炼想象力的方法，也是一种提升创新力的方法。设置想象中的标靶，可以不断创造奇迹。下面是一名高尔夫球手身上发生过的事情，或许可以带给我们一些启示。

曾经有一个高尔夫球手，他的成绩过去常常徘徊在 90 多杆。由于环境的影响，他有 7 年时间没有再碰过球。而当他重回高尔夫球场时，他打出了 74 杆的好成绩。

在这没碰球的 7 年间，他没有上过一次高尔夫球课程，而且身体状况也在持续不断地恶化——他是战俘，被关在狭窄阴暗的牢房中，其中有 5 年半的时间他被单独关押，与世隔绝。在前几个月里，他天天祈祷以求获释。当一切已然绝望后，他决定找一个办法让自己生存下去。

在那狭小的牢笼，他决定用想象打高尔夫球。7 年间，他每天都在脑海中打一次 18 洞的高尔夫球，而且想象每一个具体细节——赛程、天气、服饰、树木、发球区、旗杆的位置。同时，他进一步想象击球的每一细节，用眼睛盯着球，背部摆动挥杆，于是球在空中飞翔，跃上果岭。

他就这样用想象的思维去打这 18 洞球，用与实际打球所花时间相同的 4 小时想象完成整个过程——这就是在 7 年未碰过球之后，他还能取得那么好的成绩的原因！

古今中外，很多知晓"想象中的标靶"威力的人曾自觉或不自觉地运用了想象力和排练实践来完善自我，获取创新力，最终取得成功。

亨利·凯瑟尔说过："事业上的每一个成就实现之前，他都在想象中预先实现过了。"人们过去总是把想象和魔术联系起来，实际上，想象力在成功学与创新领域中，确实具有难以预料的魔力。

但是，想象力并非"魔力"，它是我们每个人大脑里生来就有的一种思维能力。如果你想看看自己的想象力到底有多大能量，不妨自己试验一下。

多元思维能力：思维转换中开启创新大门

多元思维能力是提升创新力的又一个重要内容，它综合利用各种思维方式，从不同角度系统地分析、解决问题，给我们开辟创新的途径。多元思维能让人触类旁通，能让创意层出不穷。灵活运用多元思维，可以将我们的创新力提升到另一个层次。

■ 多元思维能力让创意层出不穷

多元思维是同时以多种不同组分作为思维元素的思维。在实践中，由于人们面临问题的复杂性和多样性，必须把不同类型的思维元素融合起来，应用多元思维，进一步发挥人的思维的能动性与创造性。从思维元素的角度来看，多元思维不是某一单个的元素的运用，而是围绕着一定的问题形成的元素的集合。

多元思维能力不是特指某种思维能力，而是多种思维元素的思维水平（已有的认识高度）、思维方法（归纳、演绎、推理等方法的运用）、思维品质（思维的目的性与系统性、灵活性与敏捷性、广阔性与深刻性等）的综合体现。多元思维能力侧重的是综合利用各种思维方式，从不同角度系统分析、解决问题的能力。

充分发挥多元思维能力，进一步提升思维创新力，你会发现你的创意就像雨后春笋。

米多尼公司是生产创可贴的专业厂家。由于这种橡皮膏生产工艺简单，所以市场竞争十分激烈。眼看着自己的市场占有率不断下降，米多尼的老板愁眉不展、苦思良策，终于想出了一个新招——注入情感销售。

很快，一种名为"快乐的伤口"的新式创可贴在市场上出现了。受伤本是痛苦的事，何来"快乐"？待看过新产品的包装式样，你便会惊叹于这创意的新奇了。新式创可贴摒弃了传统产品的肉色色彩，一反常态地采用了鲜艳的桃红、橘黄、翠绿、天蓝等花哨的颜色。外形也不再是单调的条状，而是采用了心形、五星形、十字形和香肠形等，还在上面印上了"花头巾""好疼啊""我快乐极了"等幽默动人的文字，让人看了忍俊不禁。这种带有情感色彩的创可贴一经推出，求购者十分踊跃，孩子们对新创可贴更是钟爱，据说还有的孩子为了贴上这种创可贴故意弄破皮肤呢！"快乐"创可贴在不到一年的时间里就售出830万盒，销售额高达15亿日元，令那些墨守成规的竞争对手们目瞪口呆。

"快乐的伤口"产生的过程得益于米多尼老板的多元思维能力：由痛苦想到快乐，他运用了逆向思维；由单一颜色想到多种颜色，由固定外形想到各种外形，他运用了发散思维；由枯燥的造型到添加各种色彩、图形、文学元素，他运用了形象思维……

总之，正是多元思维能力让米多尼创意层出不穷，开辟了创可贴的新市场。

1956年，在前苏联共产党的一次代表大会上，赫鲁晓夫做了秘密报告，揭露、批判了斯大林肃反扩大化等一系列的错误。由于赫鲁晓夫曾经是斯大林非常相信和器重的人，很多人都心怀疑问：既然你早就认识到了斯大林的错误，那么你为什么早先从未提出过不同意见？

后来，又一次党代会上，赫鲁晓夫再次批判斯大林的错误，有人便从听众席上递上去一张条子。赫鲁晓夫打开一看，上面写着："那时候你在哪里？"

这是一个非常尖锐的问题，赫鲁晓夫很难回答，但又不能回避这个问题。他的脑子飞快地转着，冒出了许多种处理办法，很快便有了主意。只见他拿起条子，大声念了一遍条子上的内容，然后望着台下，大声喊道："这是谁写的条子？请你马上站出来，走上台。"

没有人站出来，所有人的心怦怦地跳着，不知赫鲁晓夫要干什么。写条子的人更是忐忑不安，后悔不该写这张条子。

接着，赫鲁晓夫又大声重复了一遍他的话，可还是没有人站出来。

几分钟过去了，赫鲁晓夫平静地说："好吧！我告诉你，我当时就坐在你现在的那个地方。"

我们暂且不评判赫鲁晓夫的政治立场问题，从上面这个例子中我们看到的是他丰富灵活的多元思维能力：关键时刻想到解决问题的策略，他得益于灵感思维；将自身的问题抛给写字条的人来回答，他用到了换位思维；不正面回答尖锐的问题，他用到了侧向思维……最终他变被动为主动，既回答了问题，又避开了针锋相向的尴尬局面。他的这种思维能力产生的创意点子闪耀着智慧的火花，让人不禁叫好。

所以，一定要重视你的多元思维能力。它会让你的创意层出不穷，成为一个创意天才。

■ 多元思维让人触类旁通

多元思维的力量是巨大的。一个人如果不善于运用多元思维，学一点知识就是一点知识，那么他的知识将永远是量的叠加，不会有质的变化。如果他善于运用多元思维，便能举一反三，闻一知十，触类旁通，实现认识上的飞跃。

哈维在创立血液循环学说以前读了哥白尼的日心说，受益匪浅，他从"行星可以绕着太阳循环运动"思考血液是否也可以绕着心脏做循环运动。

带着这个问题，他经过多年的反复实验，终于发现：由于心脏的跳动、动脉搏动和静脉瓣结构，保证了血液在体内循环运动……就这样，哈维创立了血液循环学说。

日本的田熊常吉，原来是一位木材商。后来他革新了世界上著名的锅炉，创造了田熊式锅炉。

一次，他翻阅小学自然课本时，有关血液循环的知识引起了他的重视。他将锅炉的模型与血液循环的模型进行比较，甚至将两者重叠起来进行一一对比，从中模拟、借鉴，产生了创造性思维，确立了创造目标，实现了革新锅炉的目的。

从日心说到血液循环学说，从血液循环到锅炉革新，这种由触类旁通引发的创新靠的是多元思维能力。"行星绕着太阳循环运动"和人体好像没什么关系，但哈维却凭着敏捷的思维把它应用到人体血液循环中。血液循环和锅炉似乎风马牛不相及，但木材商田熊常吉却用它来进行锅炉革新。这些均得益于他们的灵感思维、联想思维、系统思维等多元思维能力。很多新学说、新事物的产生无不和这种同类触发、系统整合的思维方法有关。

20世纪40年代，纽扣市场的竞争越来越激烈，拉链的应用也越来越广泛。随着社会生活水平的不断提高和纺织品的不断丰富，人们对纽扣、拉链之类用品的需求量越来越大，其渴望新产品的心情也越来越强烈。

因此，许多专业人员都在探讨和研究新的产品。

1948 年秋季的一天，瑞士的马斯楚和朋友们去登山。山上风光很好，但是脚下的鬼针草却很烦人——两条裤管粘得到处都是。坐下去歇口气，臀部也会被刺得隐隐作痛。他们花了好长时间才将那些讨厌的东西拔下来，可没走几步又浑身都是，真是烦透了。

结果他们一天的兴致都让这鬼针草给弄没了，回到家里还得一根根地拔。为了搞个明白，马斯楚拿来放大镜，仔细地观察起来。他发现，这种草很特殊，长了很多细细的带钩的针毛，它们之所以到处粘人就是这些细毛在作怪。

马斯楚猛然想到，制造像这种形状的针毛，不是就可以取代纽扣、拉链了吗？经过多次研究和试验，他终于成功地制造了免扣带。这种免扣带投入市场后，受到了消费者的欢迎。

机遇来到眼前，还得有眼力去发现它，有能力去掌握它。只有这样才能快人一步，抢得先机。而这靠的就是多元思维。

在上面的例子中，马斯楚有机遇，更有眼力。鬼针草已经存在了成千上万年，但从来不被人所重视。可他却抓住了其中的奥妙，由鬼针草触发创意，先人一步，发明了免扣带。

马斯楚充分运用了联想思维、发散思维、灵感思维、整体思维等多元思维方式，不但联想到纽扣、拉链，还将两者结合思考，终于有所发现，有所发明。这就是他的精明之处，也是他成功的关键。运用多元思维，才会有新奇的想法，而新奇的想法会让我们触类旁通，由此及彼，最终实现创新。

多元思维广泛发散，广泛联系。它善于将各种思维素材与所需相关的课题联系起来，由外到内，使信息交汇，迅速融合，以寻找到切合点，借以产生新的信息、新的创意。总之，多元思维越丰富，越敏捷，创新的几率和效率就越高。

■ 活用思维，成就创新

古人曰："行成于思。"没有思维的变革就不会产生行为上的变化。也可以说，人类历史上的所有新东西都是从思维创新开始的。

确实，人类利用思维的力量，看到天然的森林大火而想到保存火种，进而钻木取火；利用思维的力量，人类只需挖一个陷阱，在陷阱口上盖些茅草，便能让最凶猛的野兽束手就擒；利用思维的力量，人类能够在头脑中设计出千万种自然界并不存在的奇妙玩意儿，并把这些玩意儿变成实实在在的东西……

人的思维是多元的，它给了我们一个自由大胆的想象空间。它的特点是不囿于一种思路，而是沿着多种思路进行。善于思考，活用思维，我们就可以在最短的时间到达创新成功的彼岸。

霍英东是中国香港杰出的运输大王和房地产巨头。有一次，他收购了一家濒临倒闭的大酒店。在重新装修时，他发现这栋仿古的中式建筑楼群有许多大圆柱。这些大圆柱其实只是作为古典的装饰而已，里面是空心的，在建筑设计上并没有起受力作用。他想，如果将这些空心的柱子挖几个"窗口"，再用玻璃罩上，就可以做陈列商品的橱窗。该酒店地处中国香港闹市区，是寸土寸金之地，也是众多商家看中的风水宝地。果然，霍英东把这些橱窗出租给中国香港几家大珠宝商和化妆品厂家，每年从中收入 5 万美元租金。

思维具有无穷的魅力。习惯于单一思维的人会一条路走到黑，发现不了路边蛰伏的创新机会。而那些成功者却往往是机灵敏捷之人，他们拥有很广阔的思维空间，善于活用思维。所以，成功的道路上他们总会左右逢源。善于思索的霍英东从看似无用的空心圆柱想到了陈列商品的橱窗，因此获得了创新的机会。

并且，善于思考、活用思维的人总不会被问题难倒。

曾经，一位和尚画家云游到北京，被招进宫里作画。慈禧让太监给他一张 5 尺长的宣纸，要他画出 9 尺高的观音菩萨的站立像。这简直是作难于人！臣子们心里紧张极了，都认为这是一件根本办不到的事。可是和尚并不着急，他借研墨的工夫冷静思考，很快就有了主意。只见他挥毫泼墨，不一会儿就完成了。原来，他笔下的观音菩萨并不是笔直站立的姿势，而是弯腰在拾地上的柳枝。"5 尺长的纸，弯着腰的人，站立起来应该就是 9 尺了吧！"慈禧看罢，点头称是。众大臣也松了一口气。和尚画家的出色表现体现出他思维敏捷的特点。

如果运用传统思维，本题无解。但和尚画家变换思维，于是观音弯腰拾柳枝的创意便产生了。这就是巧思、活思的力量。活用思维的人，总是会有创意。

既然我们被自然赋予思维——这样神奇的力量，我们就要善于活用它，让它更好地为我们服务。创造性地运用思维就能实现创新。

突破羁绊创新意识的思维定式

人们的意识中往往存在着思维定式。从众心理、迷信权威、相信经验、照搬教条等，都是思维定式的典型。思维定式使我们变得盲从、浅见，变得保守、落后。只有突破思维定式的束缚，迈出旧有的圈子，踏上创新的征程，才能向更高的人生境界迈进。

从众定式——锁在别人的头脑里

从众定式是思维定式中最常见、最重要的因素之一，它不利个人独立思考和创新意识的培养。从众有时是盲目跟随，结果只会被淘汰，因为过于屈服于大众会过早地扼杀创新力。理解了"枪不一定打出头鸟""真理往往掌握在少数人手里"，我们才能大胆地跳出从众定式，勇于挖掘创新力。

■ "跟着大家走，没错！"

你应该有过这样一些经历：

你骑着自行车来到一个十字路口，看到红灯亮着。尽管你清楚地知道闯红灯是违反交通规则的，但是你发觉周围的骑车人都没有停车，而是对红灯视而不见往前闯，于是你犹豫了一下，也跟着大家一起闯红灯。

你经过几天几夜的思考，获得了一个自以为很好的新想法。当你把这个想法告诉一位同事，那位同事说："你错了！"你又告诉第二位同事，第二位同事还是说："你错了！"于是，你告诉自己："大家都认为我是错的，看来我的确是错了。"

你与朋友们上街买衣服，在琳琅满目的商品中挑来拣去。你选中了一件自己喜欢的衣服，但朋友们普遍认为这件衣服不怎么好、不怎么适合你、不怎么实用等，罗列了一大堆意见。于是迫于多数人这种"无形的意见压力"，你最终放弃了自己的意见。

再来看一个生活中经常碰到的例子：

节假日有一家超市在搞优惠促销活动，于是发生了这样一个笑话：有一位老头，看见很多人挤着排队，自认为一定是买什么好东西，便跟在后面排了起来。排了一个多小时终于轮到他买了，一看是每人只能买两包卫生纸，真是哭笑不得。

你看到上面事例的共同点了吗？不错，就是从众。

从众就是一个人因受到群体的影响，最终放弃自己的意见，转变原有的态度，采取与多数人相一致行为的现象，也就是我们通常所说的"随大流"。它是引发思维定式的最常见也是最主要的因素之一。从众定式通常表现为在认知事物、判定是非的时候，多数人怎么看、怎么说，自己就跟着怎么看、怎么说，人云亦云；多数人做什么、怎么做，自己也跟着做什么、怎么做，缺乏独立思考的能力。

究其原因，思维上的从众定式，使得个人有一种归宿感和安全感，能够消除孤单和恐惧等有害心理。另外，以众人之是非为是非，人云亦云随大流，也是一种比较保险的处世态度。自己跟随着众人，如果说得对、做得好，那自然会分得一杯羹；如果说错了、做得不好，也无须自己一人承担责任，况且还有"法不责众"的习惯原则。所以，很多人愿意采取"从众"这种"中庸"的处世方式。

从众是人类或群体动物长期以来形成的生活方式，本来无可厚非。但有时人们的从众心理具有盲目性，大家都参与，于是自己也参与，也不问所参与事情的是非对错，这样导致的后果往往令人啼笑皆非。如果一个人做事情不独立思考、盲目跟从，那么，他一定会形成一种从众定式。从众定式是可怕的，由于人们的思想被"随大众"所局限，自己的意志和思想无法发挥作用，因而不可能做出创新之举。只有那些敢于跳出从众潮流，表现出"与众不同"行为的人，才有可能摘取创新之果。

■ 过于屈服将会扼杀创新力

在生活中，每个人都有不同程度的从众倾向，一般是倾向于大多数人的想法或态度，以证明自己并不孤立。有人做过研究，持某种意见人数的多少是影响从众的最重要的一个因素。"人多"本身就是说服力的一个证明，很少有人能够在众口一词的情况下还坚持自己的不同意见。

1952年，美国心理学家所罗门·阿希做了一个实验，研究人们会在多大程度上受到他人的影响而违心地做出明显错误的判断。他请大学生自愿做他的试验者，告诉他们这个实验的目的是研究人的视觉情况。当某个大学生走进实验室的时候，他发现已经有6个人先坐在了那里，他只能坐在第7个位置上。事实上他不知道，其他6个人是跟阿希串通好了的，只有他是受试者。

阿希要大家做一个非常容易的判断——比较线段的长度。他拿出一张画有一条竖线的卡片，让大家比较这条线和另一张卡片上的3条线中的哪一条线等长。实验共进行了18次。事实上，这些线条的长短差异很明显，正常人是很容易做出判断的。

然而，在两次正常判断之后，6个串通好的人故意异口同声地说出一个错误答案。于是那个人开始迷惑了，他是相信自己的眼力呢，还是说出一个和其他人一样但自己心里认为不正确的答案呢？

从结果看，平均有33%的人的判断是从众的，有76%的人至少做了一次从众的判断。而在正常的情况下，人们判断错的可能性还不到1%。当然，还有24%的人没有从众，他们按照自己的正确判断来回答问题。

研究表明，从众性与创新性呈负相关趋势。从众者自觉的创新意识淡漠，内在的创新动机弱化，思路窄而浅，缺乏自信心与独立性，焦虑感重，依赖性强。姑且不论其能否发现问题，即使是真的发现了，他也不敢大胆地求证和否定。

木秀于林，风必摧之；人出于群，言必毁之。压力是人们屈服于群众的一个决定因素。在一个单位内，谁做出与众不同的判断或行为，谁就会被其他成员所孤立，甚至受到严厉惩罚，因而所有成员的行为往往高度一致。美国霍桑工厂的实验很好地说明了这一点：工人对自己每天的工作量都有一个标准，因为任何人超额完成都可能使管理人员提高定额，所以没有人愿意去打破这个标准。这样，一个人干得太多就等于冒犯了众人，干得太少又有"磨洋工"的嫌疑。因此，任何人干得太多或者太少都会被提醒，而任何一个人冒犯了众人都有可能被抛弃。为了免遭抛弃，人们就不会去"冒天下之大不韪"，而采取"随大流"的做法。试想，这种时时处处屈服于大众的人，创新力从何而来呢？

从众定式不利于个人独立思考和创新意识的增强。如果人一味地"从众"，一味地屈服，那么他就会越来越不愿开动脑筋，更不可能获得创新。

对于一个团体来说，"一致同意""全体通过"并不见得是好事，可能它是集体屈从的现象，可能它的背后隐藏着"从众定式"。

在美国通用汽车公司的一次董事会议上，有位董事提出了一项决策议案，立即得到大多数董事的附和。有人说，这项决策能够大幅度提高利润；有人说，它有助于我们打败竞争对手；还有人说，应该组织力量，尽快付诸实施。

然而，会议主持人却保持了冷静的头脑。他说："我不赞同刚才那种团体思考方式，它把我们的头脑封闭在一个狭小的天地内，这会导致十分危险的结果。我建议把这项议案搁置一个月后再表决，请每位董事各自独立地想一想。"一个月后，他们重新讨论那项议案，结果被否决了，而有人提出了另一项更有创新性的议案。

会议主持人无疑是聪慧的，他嗅出了从众的气息，觉察到了从众的危险性，及时跳出了从众定式，使公司避免了一场未知的损失。同时，他给大家开辟了避开从众的创新空间，让大家的创新力得到充分发挥。

我们要想在生活中、事业上有所成就、有所创新，就要摆脱盲目从众、过分屈从的心理，善于独立思考，对事情保留自己的看法。

■ 盲从只会被淘汰

很多人都知道现代经济学上的鲶鱼效应，但是很少有人知道人类学上还有个鲦鱼启示录。如果仅将鲦鱼的实验拿来解释人类行为，可能不见得完全合理，但就人类与其他生物事实上具有某些共通性的特征而言，鲦鱼的实验为人类至少提供了一个启示。

鲦鱼是一种群居的鱼类，这是因为它们没有太大的能力去攻击其他鱼类的缘故。通常它们有一个聪明且活动力强的首领，其他的鲦鱼便追随在它后面，形成一种极有趣味的马首是瞻的生活秩序。

动物行为专家曾做了一个实验，他们将一条鲦鱼的脑部割除，然后将这条鱼放入水中。此时，它不再游回群体，而是任凭自己的喜好游向任何方向。令人惊讶的是，其他鲹鱼这时都盲目地跟随着它，使得这条无脑的鱼成为鱼群的领导者。

在这个故事中，我们关心的并不是那条无脑的鲹鱼，而是那一大群跟在后面盲目从众"随大流"的追随者。假如这条充当首领的鱼犯了某个错误，像那条被切除脑部没有判断能力的鲹鱼，不小心把后面从众者带领到大鱼活动的区域，那么等待它们的将会是"全军覆灭"。

有一个人写征婚启事，对"有意者"的身高提出要求，而且精确到小数点后两位。有人问他："身高对于婚姻有什么意义？"他回答："别人征婚都有这一条。"确实，他的回答自有他的道理。在很多场合，"别人都这么做"就是"我这么做"的最充分的理由。这似乎成了一条不言自明的公理。但很多人都没有意识到像这样盲目跟在别人后面跑实际上是没有意义的，别人失败你也会跟着失败，别人成功你已时机尽失，等待你的还是失败。就像这个征婚者，征婚启事盲目追随不成文的"规则"，毫无自己的个性，人云亦云，很大程度上他可能会被爱情所抛弃。

无论在生活上还是工作中，如果我们没有主见，一味盲从，不善于独立思考，那么，离被社会"淘汰"的结果也就不远了。

■ 枪不一定打出头鸟

一个从众定式较弱的人，常常被大家认为"不合群""好斗""古怪""鹤立鸡群"等。只要有机会，大家就会对这种人群起而攻之。

心理学家做过这样一次实验：在一个小组中，有一个经常标新立异、特立独行的"不合群"的人。心理学家请这个小组推荐一个人去参加一次令人不愉快的惩罚性实验，结果大家不约而同地推荐那位"不合群"的人；如果请同一个小组推荐一个人去参加一次有奖励的实验，结果大家谁也不愿推荐那位"不合群"的人。

这个实验充分说明，不从众的人会受到群体的排挤和攻击。尽管很多人不明白大家为什么要那么做，但越来越多的后来者加入到这个从众定式中来，而敢于"出头"的人却越来越少了。

人都是害怕被孤立的，也习惯于在众人之中找到认同感和安全感，但往往是这种从众心理使很多人不敢做"出头鸟"，不敢有和别人不一样的行为和想法，由此成为创新路上的一大阻碍。

福尔顿是一名物理学家。一次，他采取新的测量方法测出了固体氦的热传导度，但这个结果比按照过去的理论计算出来的数字高出了 500 倍。福尔顿感到这个差距太大了，如果公布了难免会被人视为哗众取宠。于是，他既没有公布自己的测量结果，也没有进行更深入的研究。

没多久，美国一个年轻的科学家在一次实验中也测出了固体氦的热传导度，其结果和福尔顿测出的一样。他如获至宝，立即公布了结果，很快就引起了科学界的广泛关注，赢得了一片赞誉，并由此发现了一种新的测量热传导度的方法。

得知这一消息后，福尔顿追悔莫及。

福尔顿的失败归根结底就是他害怕跟别人不一样，害怕自己会被别人取笑。

枪不一定打出头鸟。一个真正的创新者，不仅是独特的，更是无惧的，敢于冒尖的。他们的无惧表现在不被别人的言行所左右，不被大众的习惯所束缚，勇于做一个面临各种危险的"出头鸟"。

很多奇迹都是由"出头鸟"来创造的。

"别人能做的事，我也能做。"一个小男孩这样说。他就是后来成为英国著名首相的比肯斯菲尔德。"我不是一个奴隶，我不是一个俘虏，凭我的力量，再大的困难我也能征服。"他的血管里流着犹太人的血，有着那个种族特有的精神气质。

当首相麦尔本问他将来想干什么时，这位活泼、大胆的年轻人回答说："我要当英国首相。"刹那间，讽刺、挖苦、嘲笑的声音回响在众议院的大厅里。比肯斯菲尔德却平静地宣称："那样的时刻总有一天要到来，那时你们将在这里听见我的声音。"在议会选举中三次失败，他丝毫没有动摇。他不断拼搏，从社会下层到中间阶层，再到上流社会，直到最后成为英国首相，镇定自若地站在政治和社会权力的中心位置，领导着那些对他的种族带有强烈偏见的人——他们曾极其轻视这位完全靠自我奋斗、没有任何背景的人。

想做一个创造奇迹的"出头鸟"，首先可能面对的就是人们不理解的目光和嘲讽的压力，但下定决心想要成功的人就应该像英国著名首相比肯斯菲尔德一样，敢于顶住各种压力，勇于做一个冒尖的"出头鸟"。

除了人们的冷嘲热讽，做"出头鸟"也许会冒一些风险，但冒险往往是成功的开始。很多创新者、科学家，他们的成功凭的就是一个"敢"字，一种敢为"出头鸟"的精神。所以我们要时刻警醒自己：不管别人如何得过且过、如何平庸，我们都不要随波逐流，要大胆地站出来，做一只勇敢的"出头鸟"。

权威定式——被专家的理论迷惑

有群体就会有权威，权威对社会的正常运转起着重要的作用。但权威不一定完全正确，专家说的也会错。所以我们要敢于跳出权威定式，不要总被权威牵着鼻子走。当我们拥有了挑战权威的勇气，敢于质疑权威，我们的创新力才能被充分释放出来。

■ 专家说的也会错

无论人类还是动物，只要有群体，就会有权威。权威是任何时代、任何社会都实际存在的现象，权威人士的渊博学识和不容置疑的地位对维持人类社会的正常运转具有重要意义。

在某些专业领域，专家的建议一般有很强的指导意义，所以形成了一种专家权威。对专家的意见，人们总是点头称是，坚决遵循。比如："菠菜的含铁量最高，经常食用能防治贫血""恐龙灭绝的原因是一颗小行星撞上了地球"，等等。

在多数情况下，人们按照专家的意见办事，能够取得预想中的成功；如果不慎违反了专家的意见，还有可能招致或大或小的失败。如此久而久之，人们便习惯了以专家的是非为是非，总是想当然地认为"专家不可能出错"。于是，在大家的思维模式当中，专家就形成了权威，头脑中也形成了一种权威定式。

然而，专家说的就一定对吗？

公元前2世纪罗马时代伟大的医学家盖伦，一生写了256本书。在长达1000多年的时间里，西方医学家、生物学家们都一直把他的书及他本人视为至高无上的权威。

盖伦说人的大腿骨是弯的，大家也就一直相信人的大腿骨是弯的。后来有人通过实际解剖，发现人的大腿骨不是弯的，而是直的。按理说，这时就该纠正盖伦所说的错误，还事物以本来面目。可是因为人们太崇拜盖伦了，所以仍然深信他说的不会有错，但又明明与事实不符，这该如何解释呢？最后，大家终于找到了一种说法：这是因为在盖伦那个时代，人们都穿长袍，不穿裤子，人的弯曲的大腿骨得不到矫正，所以就都是弯的。后来人们开始穿裤子，不再穿长袍，这样长期穿裤子才逐渐把人的大腿骨弄直了。

显而易见，由于专业狭隘性等众多原因，很多专家不可避免地也会犯错误。但人们对专家权威的盲目崇拜竟可以达到为他们的错误找借口的程度，即便这个借口是那么的荒唐可笑。

联通在 21 世纪初委托一家著名的专业咨询策划公司为联通 CDMA 手机做策划方案。

这家公司成立于 20 世纪 20 年代，在全世界拥有 70 多家分支机构，被美国《财富》杂志誉为"世界上最著名、最严守秘密、最有声望、最富有成效、最值得信赖和最令人仰慕的企业咨询公司"。这家专业权威公司的策划方案让联通人笃信不疑，大家相信方案的实施会很快取得成效。

但是，2002 年秋季，在中国移动的强力阻击下，中国联通 CDMA 的销售在全国范围内陷入了历史性低谷。尤其是福州的市场，从 5 月份到 11 月份，福州 CDMA 销量才 2 万多用户，其中数千部还是靠员工担保送给亲朋好友的。与国内其他城市相比，这个成绩实在是惨不忍睹。

当时杨少锋所在的广告公司正在为福州联通做策划方案。当杨少锋看过那家全球著名策划公司的方案后，得出了 4 个字——"不切实际"。

年仅 24 岁、大学刚毕业两年的杨少锋，竟然大胆否定了这家权威公司的方案！因为他自己已经有了一套完整周密的营销计划。中国联通福建省公司的领导经再三权衡后还是接受了他的计划。

杨少锋首先通过福州媒体对 CDMA 进行包装，做足广告，提高了 CDMA 在当地的认知度；其次向全国首次公开提出"手机不要钱"的概念，吊足了媒体和群众的胃口，通过赠机方案打开了一片市场；然后迅速整合条件资源，通过银行、证券公司组成 CDMA 战略联盟体，完善足额话费送手机方案。

这一系列的计划制订和方案实施，彻底扭转了福建通信市场的格局，联通荣登宝座。

权威的企业咨询公司以其专业性、正确性和影响力被大众所推崇和信任，但一些事例也证明：再权威的专家也会犯错。如果一味盲从专家，不及时去发现、不迅速去纠正错误，那么后果是不堪设想的。所以，我们要做的是像案例中的杨少锋一样，敢于否定专家错误的结论，这样才能为自己的发展打开另一片天地。

■ 不要总被权威牵着鼻子走

每一种事物都有两面性，同样，权威有益处也有害处。权威能为我们节省很多时间和精力，我们不必再从头研究几何学，只需学一学阿基米德的理论就行了；我们不必等几百年后看资本主义是怎样灭亡的，只需读一读马克思的著作就行了；我们不必亲自去"看云识天气"，只需听一听中央气象台的天气预报就行了……所有这些都是简便而有效的方法。

因此，在现实社会中必须有权威存在。但权威说的话也并非句句都是真理，权威也会说错话、做错事。世上没有永远的权威，再大的权威的学说也会陈旧，它的力量也会消逝，我们不能对权威产生迷信，被权威牵着鼻子走，否则人类社会将不会向前迈进。

有人牵了一匹马到集市上去卖。过了好几个早晨，连一个问价的都没有。

有一天，伯乐来到集市朝这匹马看了几眼，在马颈上拍了两下，赞叹道："好马，好马！"

于是，人们纷纷抢购，马的价格一下抬高了 10 多倍。

人们盲目迷信权威，连好马孬马都没区分，就被权威牵着鼻子走了。

当我们面对新事物、新问题需要开拓创新时，权威定式就会变成"思维枷锁"，阻碍新观念、新理论的产生，甚至将人引入歧途。我们总是有意无意地沿着权威的思路走，被权威牵着鼻子走。

一群猴子抬着一大筐西瓜来孝敬美猴王。美猴王从未吃过西瓜，不知该如何下口。

忽然，他灵机一动，说道："小的们，我来考考你们，这西瓜该吃瓤，还是吃皮？答对的有赏。"

一只小猴子抢着说道："吃西瓜得吃西瓜瓤，西瓜皮不好吃。"

话音未落，一只德高望重的老猴子说道："不对，吃西瓜当然得吃西瓜皮，哪有吃西瓜瓤的？"

众猴子一齐点头称是。

美猴王拍了拍老猴子的肩膀，笑道："姜还是老的辣！"

于是，那只小猴子受"罚"吃西瓜瓤，西瓜皮则被美猴王等"分享"了！

在猴子们的眼里，老猴子无疑是德高望重、不可超越的权威。于是猴子们就形成了以老猴子的是非为标准来处理问题的习惯，而失去了独立思考能力，甚至连练就了一双"火眼金睛"的美猴王都不能幸免。权威定式的危害性可见一斑。

当然，这只是一个故事。可在现实生活，人们的思维往往难以摆脱权威定式的束缚，有意无意地被权威牵着鼻子走，于是引发了一个又一个"美猴王吃西瓜皮"的故事。

有所不同的是，猴子们不突破思维定式，只是享受不到西瓜的美味；而人类迷信权威，头脑为权威定式所束缚，则会造成极大的危害，甚至产生难以想象的恶果。比如，布鲁诺因为坚持"地球绕着太阳转"这一与权威"地心说"相违背的新学说而被烧死在罗马鲜花广场上；挪威数学家阿贝尔写的关于高等函数的论文由于遭到了数学权威们的否定而被打入冷宫，在他死后10多年才重见天日，并被公认为19世纪最出色的论文之一……

在权威的鼻息下生活惯了的人们，习惯于听从权威而失去了独立思考的能力。一旦失去了权威，他们常常会感到手足无措。只有经过较长的一段时间，等到自我思维的能力完全恢复之后，那种"没妈的孩子像棵草"的焦虑状态才能完全消失。

所幸的是，古今中外有不少人能够意识到权威定式的危害。他们敢于挣脱权威的牵绊，充分发挥自己的创造性，为自己的创新之旅做好铺垫。

敢于推翻权威，这本身就是一种创新行为。因而，我们必须时常提醒自己：不要被权威牵着鼻子走。只有做到这点，我们才能在创新的道路上快步前进。

■ 敢于质疑权威

日本的小泽征尔是世界著名的音乐指挥家。在他成名前，有一次去欧洲参加音乐指挥家大赛。决赛时，他被安排在最后一位。小泽征尔拿到评委交给的乐谱后，稍做准备，便开始全神贯注地指挥起来。

忽然，他发现乐曲中有一点不和谐。开始他以为是演奏错了，就让乐队停下来重新演奏，但仍觉得不和谐。

于是，小泽征尔认为乐谱有问题。可是在场的作曲家和评委会的权威们却郑重声明，乐谱不会有问题，是他的错觉。

面对几百名国际音乐界的权威人士，小泽征尔也对自己的判断产生了犹豫，但他考虑再三，坚信自己的判断是正确的。于是，他斩钉截铁地说："乐谱肯定错了。"他的声音刚落，评委席上的评委们立即站起来，向他报以热烈的掌声，祝贺他大赛夺魁。

原来这是评委精心设计的一个圈套，以试探指挥家们在发现错误而权威人士又不承认的情况下，是否能坚持自己的正确判断。因为只有具备这种素质的人，才真正称得上是世界一流的音乐指挥家。而小泽征尔正是凭着自己对音乐造诣的信心和敢于质疑权威的胆识，获得了这次世界音乐指挥家大赛的桂冠。

中国古语云："学贵有疑，小疑则小进，大疑则大进。"杰出的地质学家李四光也有句名言："不怀疑不能见真理。"打开科学史册，凡是有所作为的科学家无一不具有敢于质疑权威的精神。一部人类新历史的诞生、成长以及发展，实际上就是一个不断质疑、推翻、否定权威的过程。

现实生活中，很多人笃信权威，没有自己的个性和见解，没有自己的独立思维，专家说什么就是什么，专家说什么就信什么，认为专家说的话、做的事永远是对的。但是，世界上最伟大的定理都有可能被推翻，就连牛顿、达尔文等科学家也有犯错误的时候。因此，权威的结论有可能对，也有可能错。我们要敢于质疑权威，以严谨求真的态度对待身边的一切问题。

上小学时，伽利略是班上最聪明的学生，老师对他很满意。他的心中充满了各种各样的疑问，他总是问父亲：为什么烟雾会上升？为什么水面会起波浪？为什么教堂要造得顶上尖、底层大？晚上，他经常坐在室外观看星星，心里充满了各种奇妙的想法，有的问题连他的老师都回答不了。

随着年龄的增长，他的疑问更多了。

他17岁的时候，以优异的成绩考上了比萨大学医科专业。有一次上医学课，讲胚胎学的比罗教授照本宣科地说："母亲生男孩还是女孩，是由父亲身体的强弱决定的。父亲身体强壮，母亲生男孩，反之便生女孩。"

"老师，你讲得不对，我有疑问！"多疑好问的伽利略又举手发言了。

比罗教授自觉有失尊严，便神色不悦地说："你提的问题太多了！你是个学生，应该听老师讲，不要胡思乱想。"

"这不是胡思乱想。我的邻居，男的身体非常强壮，从没见他生过什么病，可他老婆一连生了5个女儿，这该怎么解释？"伽利略反问道。

"我是根据古希腊著名学者亚里士多德的观点讲的，不会错！"比罗教授搬出了理论根据。

"难道亚里士多德讲的不符合事实，也要硬说他是对的吗？"伽利略继续反驳。

比罗教授无以对答，只好怒气冲冲地威胁说："上课只能听老师讲！你再胡闹下去，我们就要处罚你！"

事后，伽利略果然受到了学校的训斥。但他勇于坚持真理，丝毫没有屈服，并从这时起，开始了对亚里士多德学说的质疑与探讨。

他深入钻研亚里士多德的著作，常常陷入沉思中。他想，亚里士多德的许多理论并没有经过证明，为什么要把它们看作是绝对真理呢？

抱着这样的疑问态度，伽利略开始了自己的探索之路。少年时代提出的种种疑问，后来都由他自己找到了答案。

检验真理的唯一标准是实践，而不是权威。任何以权威自居的人都旨在凭着自己的地位去压制反对意见，所以，权威不一定就是对的，反对意见也不一定就是错的。认识到这些，我们就要敢于以自己不同的意见去质疑权威，这样才有可能跳出权威定式，获取更大的进步。

不轻信权威，敢于质疑权威，这是众多科学家取得成功的原因。正如韩愈告诫过我们的："业精于勤，荒于嬉；行成于思，毁于随。"我们在学习过程中一定要积极思考，有疑而问。一味地跟从于他人，就永远走不出自己的路。

■ 你需要挑战权威的勇气

挑战权威不是说出来的，而是做出来的。挑战权威的人可能会遭到权威的打压和权威拥护者的反对，因而，挑战权威需要勇气。

16 世纪的欧洲，研究科学的人都信奉亚里士多德，把这位 2000 年前的希腊哲学家的话当作不容更改的真理。谁要是怀疑亚里士多德，人们就会责备他："你是什么意思？难道要违背人类的真理吗？"

可是，伽利略却敢于"冒天下之大不韪"，大胆质疑亚里士多德的"物体下落的速度和重量成正比"的论断。1590 年，年轻的伽利略登上比萨斜塔的最高层，面对塔下人群热切的目光，自信地松开托球的双手，两只重量不同的铁球以相同的速度迅速地向下坠落，同时砸在地面上。伴着铁球撞地的响声，一个大胆挑战权威的真理诞生了，塔下响起了如雷鸣般的掌声！

在权威的"丰碑"面前，很多人会不由自主地失去挑战和超越的勇气："那么多权威和专家都没能成功，就凭我，能行吗？"

但一个真正有勇气的人，不会这么想。

微软是计算机软件领域绝对的权威，但让人难以置信的是，微软居然也有自己解决不了的难题：它所开发的 Word 软件不能处理所有的科技文档。在科学和信息技术高度发达的今天，这可是一个大问题。

微软集中了精兵良将想解决这一难题，但苦攻多年，仍然没有结果。连微软都无法攻克的难题，偏偏就有一个中国人勇敢地发起了挑战，他就是湖北恩施的廖兆存。最终他将这一难题一举攻破，这个被誉为"补天石"的技术填补了软件世界的一个空白。

只要具有挑战权威的勇气，普通人也能取得辉煌的成绩。

2005 年风靡中国的《大长今》中的主人公长今就是一个勇于挑战、总是会有超出常规想法的女孩。正因如此，她从一个被放逐的罪人做到皇帝最信任的御医。

《大长今》中有这样一段故事：

百本对人体的药效极好，几乎所有的汤药之中都要加入百本。早在燕山君时代，百本种子就被带回了朝鲜，其后足足耗费了 20 年的时间，想尽各种办法栽培，可是每次都化为泡影。

当时在多栽轩有资历的御医告诉长今，朝鲜的土壤不适合种植百本。

但是得知百本的价值以后，长今决定要成功种植百本。

多栽轩的人听后说："百本种植了 20 年都没有成功，你怎么可能种植成功呢？"

长今心中不服气：朝鲜真的不适合种百本吗？他们没有试过怎么知道不可以呢？

她开始了不断地尝试和探索。她不仅一遍遍地用不同方法种植，而且开始翻阅所有关于百本与种植方面的书。

经过不懈努力，长今终于成功地种植出了百本，创造了种植百本的方法，攻破了这个 20 年都没有人攻破的难题。

长今的成功是因为她没有盲目接受颇为资深的御医的思想，没有轻信权威人士的劝告。所有关于百本不适宜种植的惯性思维在她这里停止，并拐了一个 180 度的弯。

无论是"权"还是"威"，都让人既感到压迫又无比威严。在大多数人眼里，权威给出的结论就是盖棺定论。但事实上，权威并不见得就完全正确，也不意味着高不可攀。权威只是说明暂时还没有人走得比他更远。

所以，鼓起你挑战权威的勇气吧，你可能比任何人都走得更远。

经验定式——受制于历史的行为

经验是前人给我们留下的宝贵财富，用好经验，我们可以少走弯路，快速达到目的。但鞋子总有磨破的一天，经验也会有"老化"和"过时"的一日。尤其在今天这个信息爆炸、瞬息万变的时代里，一味遵循过去的经验往往就是此刻失败的最大原因。因此，我们不要笃信"经验之谈"，要有"初生牛犊不怕虎"的勇气，敢于跳出经验，独辟蹊径。

■ 经验也会"一叶障目"

哥伦布在横越大西洋的航程中，船上带了很多经验丰富的老水手。一天傍晚，一位老船员看见一群鹦鹉朝东南方向飞去，便高兴地说："我们快要到陆地了！因为鹦鹉要飞到陆地上过夜。"于是，哥伦布指挥船队向鹦鹉的方向追去，很快发现了美洲大陆。

我们生活在一个经验无处不在的世界里。从小到大，我们看到的、听到的、感受到的、亲身经历过的各种各样的大小事件和现象，都成了我们人生的智慧和资本。常听人说："我吃的盐比你吃的米都多，我过的桥比你走的路都长"。于是，人们常以自身经验多而自豪。

一般情况下，经验是我们处理日常问题的好帮手。只要具有某一方面的经验，那么在应付这一方面的问题时就能得心应手。特别是一些技术和管理方面的工作，丰富的经验显得更加重要。老司机比新司机能更好地应付各种路况，老会计比新会计能更熟练地处理复杂的账目。所以，很多时候，经验成了我们行动所依靠的拐杖。但经验不是放之四海而皆准的真理，经验也给我们带来不少沉痛的教训。因为经验是相对稳定的东西，是属于过去式的"历史"，而现实又是一直在不断变化发展的。所以，只凭借经验并不一定能解决所有的问题。

例如下面这个故事：

在一间酒吧，甲、乙两人站在柜台前打赌，甲对乙说："我和你赌100元钱，我能够咬我自己左边的眼睛。"乙伸出手来，同意跟他打赌。于是，甲就把左眼中的玻璃眼珠拿了出来，放到嘴里咬给乙看，乙只得认输。

"别泄气，"提出打赌的甲说，"我给你个机会，我们再赌100元钱，我还能用我的牙齿咬我的右眼。"

"他的右眼肯定是真的。"乙在仔细观察了甲的右眼后，又将钱放到了柜台上。可结果乙又输了。原来甲从嘴里将假牙拿了出来，咬到了自己的右眼！

乙连输两次的原因就在于他陷入了由经验造成的思维定式中。所以，经验也会"一叶障目"。

还有一个关于小虎鲨的故事，它告诉我们：有时我们会被经验所缚。

小虎鲨长在大海里，当然很习惯大海中的生存之道。肚子饿了，小虎鲨就努力找大海中的其他鱼类吃。虽然有时候要费些力气，却也不觉得困难。有时候，小虎鲨必须追逐很久才能猎到食物。然而这种难度随着小虎鲨经验的增加越来越不是问题，因此并不对小虎鲨的生存造成影响。

很不幸，小虎鲨在一次追逐猎物时被人类捕捉到。离开大海的小虎鲨还算幸运，一个研究机构把它买了去。关在人工鱼池中的小虎鲨虽然不自由，却不愁猎食，研究人员会定时把食物送到池中。

有一天，研究人员将一片又大又厚的玻璃放入池中，把水池分隔成两半，小虎鲨看不出来。研究人员把活鱼放到玻璃的另一边，小虎鲨等研究人员放下鱼之后，就冲了过去，结果撞到玻璃，疼得眼冒金花，什么也没吃到。小虎鲨不信邪，过了一会儿，看准了一条鱼，"咻"地又冲过去，撞得更痛，差点没昏倒，当然这次也没吃到鱼。休息10分钟之后，小虎鲨饿坏了。这次看得更准，盯住一条更大的鱼，"咻"地又冲过去。情况没改变，小虎鲨撞得嘴角流血。它想，这到底是怎么回事？小虎鲨趴在池底思索着。

最后，小虎鲨拼着最后一口气，再冲！但是它仍然被玻璃挡住，这回撞了个全身翻转，鱼还是吃不到。小虎鲨终于放弃了。

不久，研究人员来了，把玻璃拿走，又放进小鱼。小虎鲨看着到口的鱼食，却再也不敢去吃了。

人类也很容易像小虎鲨一样被过去的经验所限制。如果你不想没有食物吃，那就勇敢地跨过经验这道门槛。

经验告诉我们的只是过去成功或失败的过程，而不是未来如何成功的方法。你千万不要以为在人生这个广袤的大海里，只能抱着那些曾经的经验在祖辈开辟的领海中游弋。其实只要转一个方向，说不定就会发现另一片更加适宜的水域。

■ 经验有时候会变成桎梏

相信很多人都听过跳蚤的故事，以跳得高著称的跳蚤被装在盖了玻璃的器皿一段时间后，竟然只跳到低于器皿的高度。因为屡次的碰撞让它们形成了这样的经验定式：我的头顶有障碍物，我是跳不出去的。

由此可见，经验定式是多么可怕，它可能会把你本来可以发挥的潜能磨掉甚至扼杀。

一块玻璃就把跳蚤给框住了，很多人以为这只是动物试验，我们人类并没有什么框框，也不会受什么束缚，可以海阔天空地思考、无拘无束地做事情。然而实际情况并非如此。下面这个故事就证明了这一点。

一代魔术大师胡汀尼有一手开锁的绝活，他曾为自己定下一个富有挑战性的目标：无论多么复杂的锁，都要在 60 分钟之内打开。

有一个英国小镇的居民决定向胡汀尼挑战。他们特意打制了一间坚固的铁牢，配上了一把非常复杂的锁，向胡汀尼挑战。

胡汀尼接受了挑战，他走进铁牢，牢门关了起来。胡汀尼用耳朵紧贴着锁，专注地工作着。

30 分钟过去了，45 分钟过去了，1 个小时过去了，锁还未打开，胡汀尼头上开始冒汗了。

2 个小时过去了，胡汀尼还未听到锁簧弹开的声音。他筋疲力尽地将身体靠在门上坐了下来，结果牢门却开了！

原来牢门根本没上锁，是胡汀尼心中的门上了锁！

经验让开锁大师形成了这样的思维定式：按着步骤来，只要听到锁簧弹开的声音便大功告成。这种固定的思维模式在以往或许十分管用，但在情况发生变化时它就像一把枷锁，牢牢地把大师的思维给套住了。

只要大师抛下以往的经验定式，没有上锁的牢门用力一推，便会打开。

一个小孩在看完马戏团精彩的表演后，随着父亲到帐篷外拿干草喂表演完的动物。

小孩注意到一旁的大象群，问父亲："爸，大象那么有力气，为什么它们的脚上只系着一条小小的铁链？难道它无法挣开那条铁链逃脱吗？"

父亲笑了笑，耐心为孩子解释："没错，大象挣不开那条细细的铁链。在大象还小的时候，驯兽师就是用同样的铁链来系住小象。那时候的小象，力气还不够大。小象起初也想挣开铁链的束缚，可是试过几次之后，知道自己的力气不足以挣开铁链，也就放弃了挣脱的念头。等小象长成大象后，它就甘心受那条铁链的限制，不再想逃脱了。"

正当父亲解说之际，马戏团里失火了。大火随着草料、帐篷等物燃烧得十分迅速，蔓延到了动物的休息区。

动物们受火势所逼十分焦躁不安，大象更是频频踩脚，却仍不试着挣开脚上的铁链。

炎热的火势终于逼近大象，只见一只大象将被火烧着，它灼痛之余，猛然一抬脚，竟轻易将脚上铁链挣断，迅速奔逃至安全的地带。

有一两只大象见同伴挣断铁链逃脱，立刻模仿它的动作，用力挣断铁链。其他的大象则不肯去尝试，只顾不断地焦急转圈跺脚，最后遭大火席卷，无一幸存。

在大象成长的过程中，人类聪明地利用一条铁链就限制了它，虽然那样的铁链根本系不住有力的大象。

在我们的成长过程中，也有许多肉眼看不见的链条在系着我们，这些无形的链条就是经验、教诲、教训与世俗。它们编成一张大网，牢牢地把我们禁锢在里面。于是，我们像大象一样很自然地将这些链条当成习惯，没有试过也没想过要去挣脱它。这种经验定式的限制使我们失去了很多创新的机会，抹杀了很多丰富的创意，使我们没有突破性进展，最终无法成为一个开拓进取的人……

难道我们只有等候生命中的那场大火逼得我们走投无路然后想要死里逃生时才选择挣断那些链条吗？如果那场大火燃不起来，我们是否也将被这些无形的链条束缚终生？

现在，尝试用力地抬一下脚，说不定你马上可以挣脱经验"链条"的羁绊。

■ 不要笃信"经验之谈"

我们先来看下面一个小故事：

艾伯特·卡米洛是一个著名的心算家，他的心算既神速又准确。多年以来，他从来没被难倒过。在一次心算擂台挑战会上，一位先生上台出题，想要挑战这位心算家。他的题目是这样的：

"一列火车，载有823位旅客进站，下去50人，上来72人。"

心算家心想：这也算挑战的题目？他轻蔑一笑，正欲说出答案，却被挑战者的补充内容打断了。

"在下一站，上来51人，下去85人。"挑战者像是故意搅浑水，想打断心算家的思路，他一口气连续报题：

"下一站下去34人，上来32人；再下一站上来97人，下去45人；再下一站上来19人，下去2人；再下一站上来123人，下去75人。"

"完了吗？"心算家心想：你累不累呀，这种小儿科的题目也拿来出丑？

"没说完。"挑战者认真地说了一通："火车继续开，下一站上来 42 人，下去 78 人；再下一站下去 87 人，上来 55 人……"

台下的观众也开始觉得烦了。

"好了，我的题目说完了。"挑战者说道。

心算家闭上眼睛，洋洋得意地说："那好，你是不是马上就想知道结果？"

"是的，不过我对车上还有多少人没兴趣，我只想知道这列火车一路上到底停靠了几个站？"

"啊？！"心算家愣住了，他的脑袋一片空白。

读完这个故事，你有什么感悟？在故事刚开始，你认为这位挑战者的问题是什么？你是否像那位心算家一样，以为是问列车上还有多少人？

其实这并不奇怪，绝大多数人都会这么想，因为过去的经验告诉人们，在那样的情境之下问题应该是那样。但事实是，恰恰是过去的经验让心算家输掉了这轮比赛。所以，与其说他是输在挑战者手里，不如说是输在自己以往的经验中。

不可否认，经验有时真是个好帮手，它帮我们迅速绕过潜在的困难，快捷地达到目标。俗话说："不听老人言，吃亏在眼前。"因而，人们往往相信经验。

我们可以借鉴经验，但不要"笃信"经验。因为经验具有时间、空间和主体的狭隘性，还有很多不确定因素。这要求我们在参考前人的经验时，最好也加上自己的求实精神。

从前，有一个卖草帽的人，每天他都很努力地卖着帽子。有一天，他叫卖得十分疲累，刚好路边有一棵大树，他就把帽子放下，坐在树下打起盹儿来。等他醒来的时候，发现身旁的帽子都不见了，抬头一看，树上有很多猴子，每只猴子的头上有一顶草帽。他十分惊慌，因为如果帽子不见了，他将无法养家糊口。突然，他想到，猴子喜欢模仿人的动作，于是他就试着举起左手，果然猴子也跟着他举手；他拍拍手，猴子也跟着拍手。他想，机会来了，于是赶紧把头上的帽子拿下来，丢在地上。猴子也学着他，将帽子纷纷扔在地上。卖帽子的人高高兴兴地捡起帽子，回家去了。回家之后，他将这件奇特的事情告诉了他的儿子和孙子。

多年后，他的孙子继承了家业。有一天，在卖草帽的途中，他也跟爷爷一样，在大树下睡着了，而帽子也同样被猴子拿走了。孙子想到爷爷曾经告诉他的方法，于是，他举起左手，猴子也跟着举左手；他拍拍手，猴子也跟着拍拍手。他想，爷爷所说的话果然很管用。最后，他脱下帽子，丢在地上。可是，奇怪了，猴子竟然没有跟着他做，还直瞪着他，看个不停。不久之后，猴王出现了，把孙子丢在地上的帽子捡了起来，还很用力地朝着孙子的后脑勺打了一巴掌，说："开什么玩笑！你以为只有你有爷爷吗？"

这个故事告诉我们，再好的经验也会成为过去。今天十分时尚、潮流的东西，明天就可能成为博物馆里的陈列品。

现在我们要做的是在听取经验之谈后，先用发展的眼光去验证和判断，然后再去运用，这样才能避免不必要的损失发生。

■ 跳出经验，独辟蹊径

古希腊有一个"戈迪阿斯之结"的故事。

凡是来到弗里吉亚城朱庇特神庙参观的人，都会被引导去看戈迪阿斯王的牛车。人们都交口称赞戈迪阿斯王把牛轭系在车辕上的技巧。

"只有很了不起的人才能打出这样的结。"有人这样说。

"你说得很对，但是能解开这结的人更加了不起。"庙里的神使说。

"为什么呢？"

"因为戈迪阿斯不过是弗里吉亚这样一个小国的国王，但是能解开这个结的人，将成为亚细亚之王。"神使回答。

此后，每年都有很多人来看戈迪阿斯打的结。各个国家的王子和政客都想打开这个结，可总是连绳头都找不到，他们根本就不知从何处着手。戈迪阿斯王死了几百年之后，人们只记得他是打那个奇妙结子的人，只记得他的车还停在朱庇特神庙里，牛轭还是系在车辕的一头。

有一位年轻国王亚历山大，从隔海遥远的马其顿来到弗里吉亚。他曾征服了整个希腊，他曾率领不多的精兵渡海到达亚洲，并且打败了波斯国王。

"那个奇妙的戈迪阿斯结在什么地方？"他问。

于是他们领他到朱庇特神庙，那牛车、牛轭和车辕都还原封不动地保留着

278

原样。

亚历山大仔细察看这个结。他对身边的人说："过去许多人打不开这个结，都是陷入了一个窠臼，都认为只有找到绳头才能将结打开。我不相信，我不能打开这个结。我也找不到绳头，可是那有什么关系？"说着，他举起剑来一砍，把绳子砍成了许多节，牛轭就落到地上了。

亚历山大说："这样砍断戈迪阿斯打的所有结子，有什么不对？"

接着，他率领军队征服亚洲，缔造了一个从希腊到印度的空前庞大的帝国。

为什么"戈迪阿斯之结"成了无人能解的结？因为经验告诉企图尝试的人们，解结的方式就是要在不把绳子弄坏弄断的情况下将绳头找到，才能打开死结，但亚历山大却大胆跳出这种传统的经验，采取了违反常规的做法。新的想法、新的创造，成就了一个亚细亚之王。

因此，做事情的时候，我们也可以这样问自己："这样做有什么不对呢？"

很多人都听过诸葛亮出师的故事。

诸葛亮少年时，曾和徐庶、庞统等人同拜水镜先生为师。三年拜师期满，这天早上，先生把大家召集起来说："从现在起到午时三刻，谁能想出好主意，得到我的许可，走出水镜庄，谁就算学成出师了。"

弟子们陷入了深深的思索之中。

有的弟子说："庄外失火了！我得出去救火。"先生微笑着摇摇头。

有的弟子谎称："家有急事，要速归。"先生毫不理睬。

庞统说："先生，如果你能让我出去，我一定能想出办法。请先生允许我到庄外走走。"先生不为之所动。

眼看午时三刻就要到了。诸葛亮脑子一转，计上心来。只见他怒气冲冲地奔到堂前，指着先生的鼻子破口大骂："你这先生太刁钻，尽出歪题害我们，我不当你的弟子了！还我三年的学费！快还我三年的学费！"

这几句话把先生气得脸色发青，浑身颤抖，厉声喝道："快把这个小畜生给我赶出去！"

诸葛亮却执意不走，徐庶、庞统好说歹说把他拉了出去。

但是一出水镜庄，诸葛亮哈哈大笑。他捡起一根柴棒，跑回庄内，跪在水镜先生面前说："刚才为了考试，不得已冒犯恩师，弟子甘愿受罚！"说着，送上柴棒请罪。

先生这才恍然大悟，立即转怒为喜，拉起诸葛亮高兴地说："为师教了这么多徒弟，只有你真正出师了。"

在上面的例子中，我们不难看出诸葛亮的智慧。"一日为师，终身为父"，尊重恩师是千百年来前人留给后人的经验、教诲，违背的人就是大逆不道，甚至被世人所唾弃。但在解决问题的时候，为什么不对这种经验定式善加利用呢？水镜先生也深受这种经验的束缚，面对学生的不敬自然是怒火冲天，岂知中了诸葛亮的"圈套"。诸葛亮善用经验，跳出经验，为自己的出师开辟了一条新路。

经验本身没有错，它是前人留下的宝贵财富，对我们来说有很大的指导意义。但我们要在合适的时机用好经验，因为经验会让我们形成一种思维定式。有时候这种思维定式会变成一种枷锁，妨碍我们打开新思路，寻找新方法，时间长了还会削弱我们的创新力。

勇敢跳出经验定式吧，为自己的创新开辟新路。

唤醒创新意识的四种黄金心态

主动进取、积极愉快是积极心态的表现，这种心态能够催人奋进，唤醒人们潜在的创新意识。拥有积极心态的人能够不断自我激励，始终保持积极进取的精神，始终向更高的目标前进。

创新路上或许会有挫折、痛苦、迷茫，但即使再大的困难，在乐观心态面前都会被克服，因为这些磨难在乐观自信、豁达开朗者的眼中是攀登人生高峰的必经之路。

创新贵在坚持，具有强大的毅力才能坚守到创新成功。拥有执着心态的人在创新的进程中，越是困难的时候，越会坚持不懈。

空杯心态就是归零、谦虚，就是放下包袱、放低自己的位置轻装上阵。只有持空杯心态，创新者才能盛到更多的"水"，才能进行新一轮的创新。

积极心态：创新力涌现的源流

主动进取、积极愉快是积极心态的表现，这种心态能够催人奋进，唤醒人们潜在的创新意识。拥有积极心态的人能够不断自我激励，始终保持积极进取的精神，始终向着更高的目标前进。拥有这种心态的人往往能坚持到底，从而走出困境，摘取创新之果。

■ 积极是创新的动力

成功学大师拿破仑·希尔在数十年的研究中发现，人与人之间之所以有成功与失败的巨大反差，心态起了很大的作用。他认为，我们每个人都佩戴着隐形护身符，护身符的一面刻着 PMA（积极的心态），一面刻着 NMA（消极的心态）。

PMA 可以创造成功、快乐，使人到达辉煌的人生顶峰；而 NMA 则使人终生陷于悲观沮丧的谷底，即使爬到巅峰，也会被它拖下来。这个世界上没有任何人能够改变你，只有你能改变你自己；没有任何人能够打败你，能打败你的也只有你自己。

很多人将自己能不能创新归于外界的因素，认为是环境决定了他们的创新成果。但事实并非如此。心态是一个人创新成败的关键因素，而拥有积极的心态是十分重要的。积极是成功者进行创新的动力，积极是人们创新的助推器。

古代波斯（今伊朗）有位国王，想挑选一名官员担当一个重要的职务。他把那些智勇双全的官员全都召集了来，想看看他们之中究竟谁能胜任。

官员们被国王领到一座大门前。面对这座来人中谁也没有见过的国内最大的大门，国王说："爱卿们，你们都是既聪明又有力气的人。现在，你们已经看到，这是我国最大最重的门，可是一直没有打开过。你们中谁能打开这座大门，帮我解决这个久久没能解决的难题？"

不少官员远远地望了一下大门，连连摇头。有几位走近大门看了看，退了回去，没敢去试着开门。另一些官员也都纷纷表示，没有办法开门。这时，有一名官员走到大门下，先仔细观察了一番，又用手四处探摸，用各种方法试探开门。几经试探之后，他抓起一根沉重的铁链，没怎么用力拉，大门竟然开了！

原来，这座看似非常坚固的大门并没有真正关上。任何一个人只要仔细察看一下，并有胆量去试一试，比如拉一下看似沉重的铁链，甚至不必用多大力气推一下大门，都可以打得开。如果连摸也不摸，看也不看，自然会对这座貌似坚牢无比的庞然大物感到束手无策了。

国王对打开了大门的大臣说："朝廷那重要的职务，就请你担任吧！因为你不局限于你所见到的和听到的，在别人感到无能为力时，你却会想到仔细观察，并有勇气冒险试一试。"接着，他又对众官员说："其实，对于任何貌似难以解决的问题，都需要我们开动脑筋，仔细观察，并有胆量冒一下险，大胆地试一试。"

那些没有勇气试一试的官员们，一个个都低下了头。

并不是其他官员没有能力打开那扇大门，只不过他们一开始就败给了消极的心态。他们因恐惧失败而退却，从而放弃了成功的机会。那位能成功推开大门的官员却拥有积极向上的心态，无论成功还是失败，他都积极地去尝试。创新领域也一样，它就像那扇虚掩的大门，只要你积极一点，多一点前进的动力，你就可以推开创新的大门。

科尔刚到报社当广告业务员时，经理对他说："你要在一个月内完成 20 个版面的销售。"

20 个版面，1 个月内？科尔认为这太难了。因为他了解到报社最好的业务员一个月最多才销售 15 个版面。

但是，他不相信有什么是"不可能"的。他列出一份名单，准备去拜访别人以前拜访不成功的客户。去拜访这些客户前，科尔把自己关在屋里，把名单上客户的名字念了 10 遍，然后对自己说："在本月之前，你们将向我购买广告版面。"

第一个星期，他一无所获；第二个星期，他和这些"不可能的"客户中的 5 个达成了交易；第三个星期他又成交了 10 笔交易；月底，他成功地完成了 20 个版面的销售。在月度的业务总结会上，经理让科尔与大家分享经验。科尔只说了一句："不要惧怕被拒绝，尤其是不要惧怕第 1 次、第 10 次、第 100 次甚至第 1000 次的拒绝。只有这样，才能将不可能变成可能。"

报社同事给予他最热烈的掌声。

科尔用积极的实际行动创造了销售的奇迹。

在积极者的眼中，永远没有"不可能"，取而代之的是"不，可能"。积极者用他们的意志和行动证明了只要积极地迈开第一步，就有创新下去的动力和勇气。

■ 进取心让创新遍地开花

进取心是一种追求成功创新的积极心态，它能让创新遍地开花。

进取心是激发人们改写命运的力量，是完成崇高使命和创造伟大成就的动力。一个具备了进取心的人，就会像被磁化了的指针那样显示出矢志不渝的创新力量，展示他生命中阳光的一面。

在创新中，进取心让我们不满足于现有的位置，它是我们走出创新之路的第一步。

到 NBA 去打球，是每一个美国少年最美好的梦想，因为他们渴望像乔丹一样飞翔。

当年幼的博格斯说出自己同样的梦想时，同伴们竟然把肚子都笑痛了。因为博格斯的身高只有 160 厘米，在 2 米都算矮个的 NBA 里，他充其量只是一个侏儒。

但博格斯并没有因为别人的嘲笑而放弃自己的梦想。"我热爱篮球，我决心要到 NBA 去打球。"他把所有的空余时间都花在篮球场上。其他人回家了，他仍然在练球；别人都去沐浴夏日的阳光，他还坚持在篮球场上练球。

他每日都告诫自己：我要到 NBA 去打球。他让自己的血液里都流淌着进取的精神。他深知，像他这样的身高，要到 NBA 去必须得有自己的"绝活"。他努力锻炼自己的长处：像子弹一样迅速，运球不发生失误，比别人更能奔跑。

博格斯是夏洛特黄蜂队中表现最优秀、失误最少的后卫队员，他常常像一只小黄蜂一样满场飞奔。他控球一流，远投精准，在巨人阵中也敢带球上篮。而且，他是整个 NBA 中断球最多的球员。

博格斯是 NBA 中有史以来创纪录的矮子。他把别人眼中的不可能变成了现实。博格斯曾经自豪地说："我的血液中流淌着进取的精神，所以，我能实现我的梦想。"

比尔·盖茨对年轻人说得最多的一句话就是："永不知足。"他之所以会取得如此大的成功，就是因为他不满足于所取得的成绩，不断进取，始终激励自己向前发展，最后终于实现了自己的理想，到达了他所向往的地位。

其实，创新也一样。人类的发明与创造、社会的进步与创新，都是因为有了进取心和意志力——这两种永不停息的自我推动力，才激励着人类社会取得一个又一个的创新成就的。

向上的力量是每一种生命的本能，它不仅存在于所有的动物身上，埋在地里的种子也存在着这样的力量。正是这种力量刺激着它破土而出，推动它向上生长，向世界展示美丽与芬芳。

■ 主动是追赶创新的脚步

主动是一种积极的心态，也是创新的一种方法，主动的人总能用最快的脚步追赶创新。

工作中，那些获得创新成就的人都是积极主动的人，他们确信自己有能力完成任务。这种人的主动性和积极性是发自内心的，而不是来自他人的嘱咐。也就是说，他们不是凭一时冲动做事，也不是只为了得到老板的称赞而工作，而是自动自发地、不断地追求完美。

罗伯是一家大公司的业务经理，在他的办公桌上满是签条、函电、合同和资料。他正在电话里跟两个人商谈，还有两个客户坐在他对面，等着和他谈话。他看了看约会的登记本，记下他要参加的另一个重要会议。此外，他还得口授几封信，并且……这样大的工作压力，对一般人来说，实在是令人难以想象。

让我们看看罗伯是怎么做的吧！

罗伯热忱地对待他的来宾，凝神地聆听他们的陈述，尽其所能地回应他们的需求。他拿起电话，立即与相关的人进行沟通。然后他又转向他的来宾，告诉他们，他对所谈的事情将采取怎样的行动。他对通话机口授一封信，然后回过头来问他的来宾对他的决定是否感到满意。得到满意的答复之后，他把他们送至大门口，和他们亲切握手道别。

把握今天就等于拥有两倍的明天。你必须抱着把今天的事情做完、做好的心态来对待你现在的工作。如果你现在已经在想了，那就立即行动，只有现在是可以把握的，只要做下去就好。在做的过程中，你的心胸会越来越开阔，并获得创新的可能。只要是以这种主动的态度开始，不久之后你就可以成功地追赶上创新的脚步。

自动自发、具有主动进取心态的人，在任何地方都能获得创新成就。那些消极、被动地对待生活、工作，任何事情都要寻找种种借口的人，是注定与创新无缘的。

我们常常认为只要准时上班，按点下班，不迟到，不早退就是完成工作了，就可以心安理得地去领工资了。而实际上，工作首先是一个心态和态度问题，工作需要热情和行动，工作需要努力和勤奋，工作需要一种主动进取、自动自发的创新精神。积极主动的员工将获得更多的创新机会。

麦迪和罗斯一起进入一家快餐店，当上了服务员。他俩的年龄一样大，也拿着同样的薪水。可是工作时间不长，麦迪就得到了老板的嘉奖，很快被加薪，而罗斯仍然在原地踏步。面对罗斯和周围人士的牢骚与不解，老板让他们站在一旁，看着麦迪是如何完成服务工作的。

在冷饮柜台前，顾客走过来要一杯麦乳混合饮料。麦迪微笑着对顾客说："先生，您愿意在饮料中加入 1 个还是 2 个鸡蛋呢？"

顾客说："哦，1 个就够了。"

这样快餐店就多卖出 1 个鸡蛋。在麦乳饮料中加 1 个鸡蛋通常是要额外收钱的。

看完麦迪的工作后，经理说道："据我观察，我们大多数服务员是这样提问的，'先生，您愿意在您的饮料中加 1 个鸡蛋吗？'而这时顾客的回答通常是，'哦，不，谢谢！'对于一个能够在工作中主动发现问题、主动解决问题的员工，我没有理由不给他加薪。"

要创造性地完成任务，最重要的一条就是要克服被动工作的习惯。拿破仑·希尔曾经说过："自觉自愿是一种极为难得的美德，它能驱使一个人在不被吩咐应该去做什么事之前，就能主动地去做应该做的事。"拿破仑·希尔还说过："这个世界愿对一件事情赠予大奖，包括金钱与荣誉，那就是自觉自愿。"拥有自觉自愿美德的人肯定会获得世界赠予他的创新成就奖。

任何公司都需要那些主动寻找任务、主动完成任务、主动创新的员工。所谓主动，指的是随时准备把握机会，展现超乎他们要求的工作能力，以及拥有"为了完成任务，必要时不惜打破陈规"的智慧判断力和创新精神。

主动积极的程度决定着创新的指数。那些取得创新成就的人和业绩平庸的人之间最大的区别就在于，善于创新的人总是能够主动做事，并愿意为自己的一切行为负责。所以，如果想登上创新之梯的最高处，就得永远保持主动率先的精神，拥有一种主动进取的良好心态。

■ 愉快的心情是承载创新力的轻舟

愉快的心情是一个人幸福和快乐的源泉，愉快的心情不仅是心态问题，也不仅是一个人的问题，它会影响到身边的很多人，产生令人意想不到的效果。愉快的心情可以创造奇迹，它是承载创新力的一叶轻舟。

在宾夕法尼亚的一家杂货铺里，富兰克林（18 世纪美国著名的政治家、科学家）目睹了一件事。

在这家杂货铺受理顾客投诉的柜台前,许多女士排着长长的队伍,争着向柜台后的那位年轻女郎诉说她们的遭遇。在这些投诉的妇女中,有的十分愤怒且蛮不讲理,有的甚至讲出很难听的话。柜台后的这位年轻小姐脸上带着微笑,一一接待了这些愤怒而不满的妇女,丝毫未表现出任何憎恶。她的态度优雅而镇静。

站在她背后的是另一位年轻女郎,她在一些纸条上写下一些字,然后把纸条交给站在前面的那位女郎。这些纸条很简要地记下了妇女们抱怨的内容,但省略了那些尖酸而愤怒的话语。

原来,站在柜台后面、面带微笑聆听顾客抱怨的这位年轻女郎是位聋子,她的助手通过纸条把所有必要的事实告诉她。

富兰克林站在那儿观看那群排成长队的妇女,发现柜台后面那位年轻的女郎脸上亲切的微笑对这些愤怒的妇女产生了良好的影响。她们来到她面前时,个个像咆哮怒吼的野狼,但当她们离开时,却个个像温顺的绵羊。事实上,她们之中的某些人离开时,脸上甚至露出羞怯的神情,因为这位年轻女郎愉快的心情已使她们对自己的行为感到惭愧。

看,愉快的心情竟然拥有那么大的魅力。生活是这样,工作也一样。在职场中,对自己所从事的事业始终保持愉快心情的人并不是太多,他们不是把工作当作乐趣,而是视工作为苦役。早上一醒来,头脑里想的第一件事就是:痛苦的一天又开始了……磨磨蹭蹭地到公司以后,无精打采地开始一天的工作,好不容易熬到下班,立刻就高兴起来;和朋友花天酒地之时总不忘诉说自己的工作有多乏味,有多无聊。如此周而复始。这种对生活、对工作抱着一种痛苦、厌恶心态的人,他们如何去发挥自己的创新力呢?

诗人弥尔顿说过:"一切皆由心生,天堂和地狱只不过一念之间。"拥有愉快的心情,你可以登上快乐创造的天堂。下面这个故事生动地说明了这一点。

有一个叫卢克的年轻人,他的工作是煎汉堡。他每天都很快乐地工作,尤其在煎汉堡的时候,他更是专心致志。许多顾客对他如此开心感到不可思议,十分好奇,纷纷问他:"煎汉堡的工作环境不好,又是件单调乏味的事,为什么你可以如此愉快地工作并充满热情呢?"

卢克自豪地回答道:"在我每次煎汉堡时,我便会想到,如果点这汉堡的人可以吃到一个精心制作的汉堡，他就会很高兴。所以我要好好地煎汉堡，使吃汉堡的人能感受到我带给他们的快乐。看到顾客吃了之后十分满足并且神情愉快地离开时，我便感到十分高兴，心中仿佛觉得又完成了一件重大的工作。因此，我把煎汉堡当作是我每天工作的一项使命，要尽全力去做好它。"

顾客听了他的回答之后，对他能用这样的工作态度来煎汉堡都感到非常钦佩。他们回去之后，把这件事情告诉周围的同事、朋友或亲人，一传十、十传百，于是很多人都来这家快餐店吃他煎的汉堡，同时看看"快乐地煎汉堡的人"。

顾客纷纷把他们看到的卢克认真、热情的表现反映给卢克的公司，公司主管在收到许多顾客的反映后也去了解情况。公司有感于卢克这种热情、积极的工作态度，认为值得奖励并给予栽培。没几年，他便升为分区经理了。

卢克把煎好每一个汉堡并让顾客吃得开心当作自己的工作使命。对他而言，煎汉堡是一件有意义的工作。他把愉快的心情融入制作汉堡的过程中，透过汉堡，把这种愉快传递到每个顾客的手中，从而得到越来越多顾客的认可与赞同。对工作十分认真、热情，而又能时刻保持着愉快心情的人，我们还会怀疑他在工作中的创新力，怀疑他开拓事业的创新精神吗？

人生的价值之一就是在工作中找到乐趣。爱迪生说："在我的一生中，从未感觉是在工作，一切都是对我的安慰……"不要把工作当作一件苦差事，不要抱怨工作本身太枯燥。如果你能够积极地对待自己的工作，从工作中发掘出自身的价值，并始终保持一种愉快的心情，你就会像卢克一样，在无形中提升自己的创新力。

乐观心态：创新力前进的灯塔

创新路上或许会有挫折，或许会有失败，或许会有痛苦，或许会有迷茫，但即使再大的困难，在乐观心态面前都会望而却步。因为这些磨难在乐观自信、豁达开朗者的眼中是前进道路上的垫脚石，是攀登人生高峰的必经之路。他们的信念是：不经历风雨，怎能见彩虹。

■ 乐观是指引创新的灯塔

创新不会是一帆风顺的，创新的过程就是不断面对挫折和失败的过程。如果我们碰到挫折就悲观消极，轻言放弃，那么我们永远也摘不到创新的果实。放眼历史上那些创新成功的人士，他们在失败的时候无不是乐观的"灯塔"在指引他们勇往直前。

伟大的科学家爱因斯坦小时候曾遭受到同学们和老师的取笑甚至辱骂。有一次上手工课，老师从学生做的一大堆泥鸭子、布娃娃、蜡水果等作品中拿出一只很不像样的小木板凳，气愤地问："你们谁见过这么糟糕的板凳？我想，世界上不会有比这更糟糕的凳子了。"爱因斯坦回答道："有的。"然后他从书桌里拿出两只更不像样的凳子说："这是我第一次和第二次做的。现在交给老师的是第三次做的，它并不使人满意，但总比这两只强些吧！"

正是这种不畏惧挫折与失败的乐观心态，让爱因斯坦在今后的人生道路上获得了更大的创新成就。

20世纪80年代中期，美国某保险公司曾雇佣了5000名推销员，并对他们进行了培训，每名推销员的培训费高达3万美元。谁知，雇佣后的一年就有一半的人辞职，4年后这批人只剩下了1/5。

该公司的老板向宾夕法尼亚大学心理学家——以提出"在人的成功中乐观情绪的重要性"的理论而闻名的马丁·塞里格曼讨教，希望他能为公司的招聘工作提供帮助。

塞里格曼教授认为，当乐观主义者失败时，他们会将失败归于某些他们可以改变的事情，而不是某些固定的、他们无法克服的困难。因此，他们会努力去改变现状，以争取成功。

塞里格曼教授对公司招聘的1.5万名新员工进行了两次测试，一次是用该公司常规进行的以智商测验为主的甄别测试，另一次是塞里格曼教授自己设计的对被测试者乐观程度的测试。而后，他对这些员工进行了分类的跟踪研究。

在这些新员工当中，有一组人没有通过甄别测试，但在乐观测试中，他们却取得了"超级乐观主义者"的成绩。跟踪研究的结果表明：通过乐观测试的这一组人在所有的人中工作任务完成得最好。第一年，他们的推销额比"一般悲观主义者"高出21%，第二年高出57%。从此，通过塞里格曼教授的"乐观测试"成了该公司录用推销员的一个重要条件。

乐观的人能冷静、客观地面对挫折。他们会认真分析失败的原因，探索新的方法，只要是能够战胜的困难，他们绝不回避；以一己之力无法战胜或即便取胜了也得不偿失的障碍，他们会考虑其他更有利于自己发展的创造性的方法。总之，在反思失败的过程中，乐观者的创新力得到进一步的提升。

哈佛大学医学院曾进行过104项科学研究工作，研究对象达15000人。研究结果证明，乐观能帮助人变得更幸福、更健康，并且更富创造性；悲观则正好相反，能导致人绝望、罹患疾病和步入失败。心理学家克雷格·安德森教授说："如果我们能引导人们更乐观地去思考，这就好比为他们注射了能防止精神疾病的预防针。"研究人员解释说："你的才能当然重要，但相信自己必定能成功的想法，常常是决定成败的关键因素。"

乐观是一种积极的人生心态，乐观是一种有效的创新态度。

乐观的人在遭受挫折打击时，仍坚信情况会好转，坚信前途是光明的，创新的希望就在前方。乐观的人身处困境时不心灰意冷、不绝望或意志消沉，他们始终与创新同行。

因此，乐观是指引创新的灯塔。乐观的心态可以为失败的人提供前进的方向，乐观的心态能让人勇敢地面对一切，勇敢地迎接人生的挑战，乐观的心态可以使人战胜一切而获得创新。

■ 在逆境中遥望创新之光

创新的路途不可能总是阳光灿烂，既有成功的喜悦，也有失败的烦恼；既会经历波澜不惊的坦途，更有布满荆棘的险境。在挫折和磨难面前，畏缩不前的是懦夫，奋而前行的是勇者，攻而克之的是英雄。

逆境是一片惊涛骇浪的大海，你既可以在那里锻炼胆识、磨炼意志，获取创新宝藏，也有可能因胆怯而后退，甚至被吞没。这一切就看你采取何种态度面对创新路上的种种逆境。

对具有乐观心态的人来说，逆境算什么！在挫折和失败面前，他们有永不言败的心态：惭愧而不气馁，内疚而不失望，自责而不伤感，悔恨而不丧志，在失败中踏出一条新路，在逆境中看见创新之光。

一天夜里，一场雷电引发的山火烧毁了美丽的"万木庄园"，这座庄园的主人迈克陷入了一筹莫展的境地。面对如此大的打击，他痛苦万分，闭门不出，茶饭不思，夜不能寐。

转眼间，一个多月过去了，年已古稀的外祖母见他还陷在悲痛之中不能自拔，就意味深长地对他说："孩子，庄园成了废墟并不可怕，可怕的是，你的眼睛失去了光泽，一天一天地老去。一双老去的眼睛，怎么能看得见希望呢？"

迈克在外祖母的劝说下决定出去转转。他一个人走出庄园，漫无目的地闲逛。在一条街道的拐角处，他看到一家店铺门前人头攒动。原来是一些家庭主妇正在排队购买木炭。那一块块躺在纸箱里的木炭让迈克的眼睛一亮，他看到了一线希望，急忙兴冲冲地向家中走去。

在接下来的两个星期里，迈克雇了几名烧炭工，将庄园里烧焦的树木加工成优质的木炭，然后送到集市上的木炭经销店里。

很快，木炭就被抢购一空，迈克因此得到了一笔不菲的收入。他用这笔收入购买了一大批新树苗，一个新的庄园初具规模了。

几年以后，"万木庄园"再度绿意盎然。

"山重水复疑无路，柳暗花明又一村。"世间没有死胡同，就看你如何去寻找出路。正视逆境，不在困难面前退缩，才能开辟新路。人生之路如此，创新之道亦如此。

创新是从不断的挫折和失败中建立起来的，它是一种结果，也是一种不怕失败、在磨难中永不屈服的能力。松下幸之助说："成功是一位贫乏的教师，它能教给你的东西很少；而我们在失败的时候，学到的东西最多。"因此，不要害怕逆境，逆境是创新之母。没有逆境，就不可能有创新。那些创新不成功的人大多数是没有经历过逆境的人。

创新之路难免坎坷和曲折，有些人把痛苦和不幸作为退却的借口，也有人在痛苦和不幸面前寻得复活和再生。只有勇敢地面对不幸和超越痛苦，永葆青春的朝气和活力，用理智战胜不幸，用坚持战胜失败，我们才能真正成为创新机遇的主宰，成为获得创新成就的强者。

第二次世界大战刚刚结束的时候，德国到处是一片废墟。有两个美国士兵访问了一家住在地下室的德国居民。离开那里之后，两个人在路上谈起感受。

甲问道："你看他们能重建家园吗？"

乙说："一定能。"

甲就问："为什么回答得这么肯定呢？"

乙反问道："你看到他们在黑暗的地下室的桌子上放着什么吗？"

甲说："一瓶鲜花。"

乙接着说："任何一个民族，如果处于这样困苦的境地还没有忘记鲜花，那就一定能够在这片废墟上重建家园。"

在逆境面前不忘记鲜花，昂首面对困苦，这样的民族必然会重新崛起。

威廉·詹姆斯说："我们所谓的灾难很大程度上归结于人们对现象采取的态度，受害者的内在态度只要从恐惧转为奋斗，坏事就会变成令人鼓舞的好事。在我们尝试过避免灾难而未成功时，如果我们勇敢面对灾难，乐观地接受它，它的毒刺往往就会脱落，变成一株美丽的花。"

只有经历了风雨的彩虹才会放出美丽的光彩，只有在逆境中做出的创新才最弥足珍贵。"宝剑锋从磨砺出，梅花香自苦寒来。"在逆境中奋起是获得创新成功的一种方式，不断突破逆境的创新是最甘美的果实。所以，遭遇逆境时，不要灰心，不要绝望，我们要学会在逆境中遥望创新之光。

■ 豁达之人才能俘虏创新

豁达是一种人生态度，是一种明智的处世方式，同时，它也是俘虏创新的人性之网。

三伏天，寺院的草地枯黄了一大片。"春天时撒点种子吧！"小和尚说。

师父挥挥手道："随时！"

中秋节，师父买了一包草籽，叫小和尚去播种。

秋风起，草籽边撒边飘。"不好了！好多种子都被吹走了。"小和尚喊。

"没关系，吹走的多半是空的，撒下去也发不了芽。"师父说，"随性！"

撒完种子，跟着就飞来几只小鸟啄食。"怎么办？种子都被鸟吃了！"小和尚急得跺脚。

"没关系！种子多，吃不完！"师父说，"随遇！"

半夜一阵骤雨，小和尚早晨冲进禅房："师父！这下真完了！好多草籽被雨冲走了！"

"冲到哪儿，就在哪儿发芽！"师父说，"随缘！"

一个星期过去了，原本光秃秃的地面居然长出许多青翠的草苗，一些原来没播种的角落也泛出了绿意。小和尚高兴得直拍手。师父点头："随喜！"

"随"是豁达的一种表现形式，它不是随便，而是顺其自然，是不过度、不强求、不忘形。拥有豁达的胸怀，便拥有洒脱的人生。

一颗豁达的心犹如久旱后的甘霖，使人从琐碎的烦恼中挣脱，变得坦荡，变得清灵，变得心胸开阔。正所谓"心无芥蒂，天地自宽"，容纳需有一个豁达的胸襟，创新也需要有一个豁达的心态。

具有豁达心态的人，他们眼睛里流露出来的光彩会使整个人都溢彩流光。在这种光彩之下，寒冷会变成温暖，痛苦会变成舒适，创新的挫折也会随风而去。这种心态使美德更加崇高，使智慧更加熠熠生辉，使创新成功的可能性稳步提高。

比尔·盖茨曾说过："没有豁达就没有宽容。无论你取得多大的成功，无论你爬过多高的山，无论你有多少闲暇，无论你有多少美好的目标，没有宽容心，你仍然会遭受内心的痛苦。"法国大作家雨果的名言为我们所熟悉："世界上最宽广的是海洋，比海洋更宽广的是天空，比天空更宽广的是人的胸怀。"

豁达是一种超脱，是自我精神的解放。豁达是一种宽容，恢宏大度，胸无芥蒂，肚大能容，汇纳百川。

豁达好比一张宽大的人性之网，它大到足以俘虏任何创新的思想。

我们常形容豁达、大度者"宰相肚里能撑船"，这里面其实有一段相当有趣的典故。

相传，宋朝有一宰相中年丧妻，后娶名门才女姣娘为继室。婚后，宰相忙于国事，常不回家。而姣娘正值妙龄，难耐寂寞，便与家中一书童偷情。事情很快传到宰相的耳朵里。一天，他假称外出办事，悄悄藏在家中，让轿夫抬着空轿子出了门。深夜，他蹑手蹑脚地溜到居室的窗外，听到俩人正在调情，就很生气。但他并没有惊动屋里的人，而是拿起一根竹竿朝树上的老鸹窝捅了几下，老鸹惊叫着飞了。屋里偷情的书童闻声忙从后窗逃走了。

转眼到了中秋，宰相想借饮酒赏月之时婉言相劝姣娘，便趁着酒兴说："饮空酒无趣。我吟诗一首你来作答如何？""是。"姣娘答。

宰相吟道：

"日出东来还转东，乌鸦不叫竹竿捅。鲜花搂着棉蚕睡，撇下干姜门外听。"

姣娘一听就脸红了，"扑通"跪在丈夫面前答道：

"日出东来转正南，你说这话整一年。大人莫见小人怪，宰相肚里能撑船。"

宰相见她诚心认错，心也就软了。他想：自己已经花甲，而姣娘正值花季，不能全怪她，与其责怪他们不如成全他们。中秋节后，宰相赠白银千两，让书童与姣娘成了亲。事情传开后，人们对宰相的宽宏大量赞不绝口，"宰相肚里能撑船"也就成了千古美谈。

一个人若肚量大，心胸豁达，方能纵横驰骋；若纠缠于无谓鸡虫之争，非但有失儒雅，而且会终日郁郁寡欢，神魂不定。这种心态又怎么会利于创新活动的开展呢？唯有对世事时时心平气和、宽容大度，才能处处契机应缘、赢取创新成就。

豁达是一种宠辱不惊的平和，一种任云卷云舒、去留无意的洒脱。它能够使你视功名如粪土，视成败为过眼烟云。拜伦说："真正有血性的人，绝不乞求别人的重视，也不怕被人忽视。"爱因斯坦用支票当书签，居里夫人把诺贝尔奖章给女儿当玩具。莫笑他们的"荒唐"之举，这正是他们淡泊名利的豁达心胸的表现，是他们崇高精神的折射。正是这样，他们才能抛下所有的成败得失，在科学创新的道路上走得更远。

执着心态：创新力迸发的支柱

创新贵在坚持，只有拥有强大的毅力才能坚守到创新成功。拥有执着心态的人就会有不屈不挠、百折不回的执着精神和锲而不舍、苦苦坚持的坚韧品质。在创新的过程中，越是困难的时候，越是要坚韧不拔、坚持不懈，创新机会的获得就在于再坚持一下。

■ 执着才能坚守创新

在人生的历程中，我们总会遇到很多困难。正因为这些困难和挫折的存在，我们内在的创新潜能才能得到更深层次的挖掘和利用。如果生活总是一帆风顺，那我们自身就不会获得更大的创新进步。所以，逃避困难的行为不仅是不现实的，而且不利于我们自身的进步和发展。因此，我们不应逃避困难，而应以积极的心态主动迎接困难，通过自己坚持不懈的努力最终克服困难、实现创新，这就是执着心态。

坚持到底是执着的必备要素，也是创新成功的重要条件。如果失去了这一条件，即使你才识渊博、技能娴熟，也无法成功地获得创新成果。

卡勒先生说："许多人的失败都应归咎于他们没有恒心。"的确如此。大多数人虽然颇有才情，也具备成就创新的能力，但他们缺少恒心、缺少耐力，只能做一些平庸安稳的事情。一旦遭遇些微的困难、阻力，就立刻退缩，裹足不前。可见，不屈不挠、百折不回的执着精神是获得胜利的基础，拥有执着精神的人才能坚守创新。

我们来看一则关于小草的寓言。

一棵小草努力地在人生道路上行走。

"我还要走多久？"它大声地问命运之神。

"只要你还活着，只要你还有一口气，就要走。"命运之神用平静的声音回答它。

"可是我已经走累了。我真的想躺下，永远不再起来。"小草哀求着，有气无力地说。

"如果你愿意，你可以选择死亡。"命运之神仍然很平静，而且平静中又多了几分冰冷。

小草的心被命运之神的态度深深刺痛了。它继续哀求着："你为什么对我这么不公平？为什么不给予我健康和平安？为什么要让我饱受摧残和折磨？"小草的声音愁苦、悲凉……

"因为我是命运之神。任何生物的命运都由我来决定。我想让谁快乐，谁就快乐；我要让谁受苦，谁就受苦。这是我的特权，没人能改变，也不会提前和任何人言明。没有人能战胜我。除非选择死亡，否则休想摆脱我的操纵。"命运之神生硬、傲慢的回答分明带着嘲弄的意味。

小草的嘴唇咬出了血，心如刀绞。它跌倒在路上，泪水无声地滑落，它愤怒，它怨恨，然而换来的是内心的疲惫和更深的绝望。

小草注视着夜空，残月悲凉，星光冰冷。

忽然一颗流星横空滑过。小草的耳边响起父母慈爱的叮咛："孩子，振作起来。命运可以对你不公，但是你不能向命运低头屈服。去看那颗流星。"

"打起精神，别被命运左右。自暴自弃不是你的性格，更不是你以后的人生路，鼓起勇气去寻找生活的真谛。"朋友真挚的话语在耳畔响起。

流星的飞逝，父母的深情，朋友的真诚，这一切使小草的内心思潮翻涌，有一种神奇的力量油然而生，小草终于重新燃起对生活的希望。

它仰天长啸，一种生命的尊严、一种生存的态度依声而生：是的，我有生命，生命就应该有尊严和理想。

是的，比起那些无所事事、已经丧失尊严和理想的健全人，积极生活、乐观向上的残障人是受人尊重的。它的心中产生了洪钟般的共鸣。

终于，它用尽所有力气站起身，向人生之路艰难地前进。命运之神露出嘲笑的目光，断定它不会坚持多久。

它跌倒，爬起；又跌倒，再爬起来……

它艰难地走着。它走过的地方，留下了血与泪的痕迹，还有和死神搏斗的迹象。

的确，它曾经迷茫困惑，曾经放弃和失落。但它仍在执着地走，为尊严，为理想。

命运之神给它金钱，给它名利，也给它一句话："只要你放弃尊严，放弃理想，这些东西都是你的。"

它毫不犹豫地将这一切唾弃。

"你不喜欢金钱和名利？"有人问它。

"我知道金钱可以让我安逸地生活，知道名利可以让我获得虚荣。但是我绝不用尊严和理想去交换。"

"你是要为你的顽固付出代价的。"命运之神再一次威胁。

"就算如此，我仍然坚持我的理想！"小草的话掷地有声。

"你还能走多久？"命运之神大声地问它，语气中分明充满了畏惧。

"只要我还活着，只要我还有一口气，就要走。"小草的平静让命运之神良久无语。

忽然，小草惊奇地发现它的身体健壮了很多，它没有了病痛的折磨，它不停地长高，长大，更加强健，更加有活力。小草的朋友来了，大声说："小草，恭喜你，命运之神终于帮助你了！"

这时命运之神的声音在空旷中清晰地响起："战胜我的不是小草本身，而是小草执着的人生态度！"

小草的故事告诉我们：执着能够改变命运，执着能够战胜困难。无论生活中还是工作中，只要我们保持一种积极的态度，坚守一份执着的精神，我们就能战胜困难，改写我们的命运。

创新领域也一样：多一份执着心态，我们就多一份取得创新成功的可能，只有执着才能坚守创新。

■ 坚韧是创新的脊梁

坚韧是一种锲而不舍、苦苦坚持的执着精神，很多创新成功的人靠的就是这种坚韧不拔的精神。坚韧是支撑创新成功的脊梁。

老约翰是一家大公司的董事长，每年利润有上百万。他已年过七旬，却不愿意在家里享清福，每天都要到公司去巡视。

老约翰对员工很和善，从不发脾气。看见有人工作没做好，他就会拔出含在嘴里的大雪茄，说："伙计，没关系，别灰心，坚持下去，准能成功。"说完他还拍拍对方的肩膀。他这种做法很得人心，全公司上下都十分卖力地工作，谁也不偷懒。

一天，新产品开发部经理菲尔向老约翰汇报："董事长，这次试验又失败了。我看就别搞了，都第23次了。"菲尔皱着眉头，瘦削的脸上神情十分沮丧。办公室里温暖如春，各种装饰品闪闪发光，米黄色的地板一尘不染。看到这些，菲尔就想起自己经常停暖气的公寓，什么时候自己也能拥有这样的房子？再瞧瞧歪靠在皮椅上的董事长，脑门被阳光照得泛着亮光。这老头有啥本事成为这么大家业的主人？菲尔心里暗想。

"年轻人，别着急，坐下。"老约翰指了指椅子，"有时候事情就是这样，你屡干屡败，眼看没有希望了，但这时如果你能保持一种坚韧不拔的意志，没准就能成功。"老约翰将一支雪茄塞进他的嘴里。

"董事长，我真没办法了，您是不是换个人？"菲尔的声音有些沙哑。

"菲尔，你听我说，我让你做，就相信你能成功。来，我给你讲个故事。"老约翰吸了一口雪茄，缕缕青烟在他脸旁袅袅上升，他眯着眼睛开始讲起来：

"我也是个苦孩子，从小没受过教育，但我不甘心，一直在努力，终于在我31岁那年，我发明了一种新型节能灯。这在当时可是个不小的轰动。但我是个穷光蛋，要进一步完善还需要一大笔资金。我好不容易说服了一个私人银行家，他答应给我投资。可我这个新型节能灯一投放市场，其他灯就会没销路，所以有人暗中千方百计阻挠我成功。可谁也没想到，就在我要与银行家签约的时候，我突然得了胆囊炎，住进了医院。大夫说必须做手术，不然就有危险。那些灯厂的老板知道我得病的消息后就在报纸上大造舆论，说我得的是绝症，骗取银行的钱来治病。这样一来，那位银行家也半信半疑，不准备投资了。更严重的是，有一家机构也正在加紧研制这种节能灯，如果他们抢在我前头，我就完蛋了！当时我躺在病床上万分焦急，没有办法，只能铤而走险，先不做手术，仍如期与那位银行家见面。

"见面前，我让大夫给我打了镇痛药。在我的办公室见面时，我忍住疼痛，装做没事似的，和银行家拍肩握手，谈笑风生，但时间一长，药劲过去了，我的肚子跟刀割一样疼，后背的衬衣都湿透了。可我咬紧牙关，继续和银行家周旋。我心里只剩下一个念头：再坚持一下，成功与失败就在于能不能挺住这一会儿。病痛终于在我强大的意志力下低头了。自始至终，在银行家面前，我一点破绽也没露，完全取得了他的信任，最后我们终于签了约。我送他到电梯门口，脸上还带着微笑，挥手向他告别。但电梯门刚一关上，我就"扑通"一下倒在地上，失去了知觉。隔壁的医生早就准备好了，他们冲过来，用担架将我抬走。后来据医生说，当时我的胆囊已经积脓，相当危险！知道内情的人无不佩服我的这种精神。

我，就靠着这种精神一步步走到了现在。"

老约翰一口气将故事讲完，他的头靠在皮椅上，手指夹着仍在冒烟的半截雪茄，闭起了双眼，仿佛沉浸在对往日的回忆中。这时屋里静极了，只有墙上大挂钟的滴答声。菲尔被老约翰的故事感动了。他望着董事长那油光发亮的前额，眼眶里闪动着晶莹的泪花，感到万分羞愧。唉！和董事长相比，自己这点困难算什么？从董事长身上他看到一种精神，而这精神就是创造财富的真谛！董事长无愧于这个庞大公司的主人，无愧于这间高大宽敞、摆放着高级硬木家具房屋的拥有者。

"董事长，您刚才讲得太动人了，从您身上我真的体会到了再坚持一下的精神。我回去重新设计，不成功，誓不罢休！"菲尔挺着胸，攥着拳，脸涨得通红，说话的声音都有些颤抖了。

事实是最好的证明，在试验进行到第 25 次的时候，菲尔终于取得了成功。

靠着坚韧不拔，老约翰赢得了银行家的投资；靠着坚韧不拔，菲尔获得了 24 次失败后的成功。坚韧不拔让他们开拓了工作上的创新之旅。

不管我们的人生道路上有多少个难题等待着我们去解决，我们都要有锲而不舍、坚韧不拔的毅力和战胜困难的决心，相信阳光总在风雨后。

有位伟人说过："世上绝大多数人的失败，其实就败在距创新一步之遥上，败在他的意志力和耐力上。"

人的创新成就主要是由自身的努力程度决定的，努力七分和努力十分的人生注定会有天壤之别。我们做任何事情也一样，创新的成功与失败只在一步或半步之差，起决定作用的往往是最后那一关键时刻。中场退出的人注定难以取得创新成就，创新的光环只垂青于坚持到底、永不放弃的人。

■ 创新就在于再坚持一下

创新的成功往往是从坚持最后一秒中得来的。但是很多人往往不懂坚持的意义，在离创新只有一步之遥时放弃努力，半途而废，结果造成了巨大的损失和无法挽回的遗憾。

一艘客轮在海上遇难，有个人在波浪中很幸运地抱住了一根木头，并和木头一起漂到一个荒岛上。他把岛上所有能吃的东西通通都搜集起来，并用木头搭了一个小棚子以储放这些食物，然后他静下心来等待救援的船只。

他每天都爬到岛上的一座小山坡上，向海上张望，却没有等到一艘船的到来。一天，他又去张望，忽然天阴了下来，雷电大作。

他看见自己的木棚的方向冒起了浓烟，于是急忙跑过去，原来是雷电点燃了木棚。他希望能赶快下一场雨把火浇灭，因为木棚里有他所有的食物啊！可是，直到木棚化为灰烬，也没下一滴雨。

没有了食物，他绝望了，心想这一定是天意，就心灰意冷地在一棵树上结束了自己的生命。

就在他停止呼吸后不久，一艘船经过这里。船上的人来到岛上，船长看到灰烬和吊在树上的尸体，明白了一切。他对船员们说："这个可怜的人没有想到失火后冒出的浓烟会把我们的船引到这里。其实，只要他再坚持一下，就会获救的。"

人生总有低潮，失去希望的人会因此失去信念，把自己击垮；而执着努力的人能够转移和排遣痛苦，迎接光明的到来。其实成功与否只在于能否再多坚持一下。

创新贵在坚持，强大的毅力会使我们创新成功。其实，很多创新的取得不是由才智决定的，而在于我们能否坚持到最后。

探究一些人创新失败的原因，并不是他们没有能力、没有诚心、没有希望，而是他们没有坚持到底的恒心。他们怀疑自己是否有创新的能力，有时他们看中了一个创新机会，以为绝对有成功的把握，但在成功的前一分钟却放弃了，这种人到头来总是以创新失败告终。一个下定决心就不再动摇的人，无形之中能给人一种最可靠的保证。他做起事来一定肯于负责，一定有创新成功的希望。因此，我们想创新，就应该遵照已经制订好的计划坚持不懈地去努力，不达目的绝不罢休。

真正发明电灯并使之大放光明的是美国发明家爱迪生。他是铁路工人的孩子，小学未读完就辍学了，靠在火车上卖报度日。爱迪生是一个异常勤奋的人，喜欢做各种实验，制作出许多巧妙的机械。他对电器特别感兴趣。自从法拉第发明电机后，爱迪生就决心制造电灯，为人类带来光明。

爱迪生在认真总结了前人制造电灯的失败经验后，制订了详细的试验计划，分别在两方面进行试验：一是分类试验多种不同耐热的材料；二是改进抽空设备，使灯泡有高真空度。他还对新型发电机和电路分路系统等进行了研究。

为了研制电灯，爱迪生在实验室里常常一天工作十几个小时，有时连续几天做试验。试验了 100 多种材料，没有找到合适的；200 多种，没有找到合适的；600 多种，还是没有找到合适的；1000 种，还是没找到；1500 种，仍然没有找到；然而在第 1600 多种的时候，他终于找到了：碳丝适合用来做灯丝！他把一截棉丝撒满碳粉，弯成马蹄形，装到坩埚中加热，做成灯丝放到灯泡中，再用抽气机抽去灯泡内的空气。电灯亮了，竟能连续使用 45 个小时。就这样，世界上第一批碳丝的白炽灯问世了。1879 年伊始，爱迪生电灯公司所在地洛帕克街灯火通明。爱迪生碳丝电灯的发明，使黑暗化为光明，使大千世界变得更光彩夺目、绚丽多姿。

试想，假如爱迪生遇到失败便灰心、气馁，甚至放弃，没有顽强的毅力，没有坚持到底的决心，那么电灯的出现还不知要推迟多少年。

在创造事业的过程中，越是困难的时候越需要坚持不懈的精神。很多时候，创新机会的获得就在于再坚持一下。如果爱迪生没有坚持到底，在试验了 1500 种甚至 1600 种材料的时候放弃了，那么他能发明出用碳丝做灯丝的电灯吗？显然是不可能的。历史上的种种发明创造告诉我们，创新者的特征就是：绝不因受到任何阻挠而颓丧，只盯住目标，勇往直前，坚持到底。

在创新的道路上，我们应该时刻保持坚持到底的执着心态。请相信，创新就在于再坚持一下。

空杯心态：创新力成长的沃土

空杯的心态就是归零、谦虚的心态，就是卸下成败包袱、放低自己的位置轻装上阵的心态。只有持空杯心态才能盛到更多的"水"，才能接触更多的知识，才能得到快速成长，才能学到更多的成功方法，才能进行新一轮的创新。保持空杯心态，才能不断发展，创造新的辉煌。

■ 不要背着包袱去创新

空杯的心态就是归零、谦虚的心态，简单说就是重新开始。

人们常常有这样一个疑问：第一次成功相对比较容易，而第二次却不容易了。

这是为什么？

一位国内著名的集团老总曾经说过这样意味深长的话："往往一个企业的失败，是因为它曾经的成功，过去成功的理由是今天失败的原因。任何事物发展的客观规律都是波浪式前进，螺旋式上升，周期性变化。中国有句古话叫'风水轮流转'，用经济学讲就是资产重组。"

你可能有过杰出的才能，做出过多次创新成就，但是当你想要取得更大的成功，取得下一轮新的成功的时候，你一定要有一个空杯心态。空杯心态就是要我们把以前所有成败得失的包袱扔掉，轻装上阵。只有具有了这种空杯心态，我们才能快速成长，才能学到更多的成功方法，从而进行新一轮的创新。

有一年，哈佛校长向学校请了3个月的假，然后告诉自己的家人，不要问他去什么地方，他每个星期都会给家里打个电话，报个平安。

校长只身一人去了美国南部的农村，尝试着过另一种全新的生活。他到农场去打工，在田地做工时，背着老板躲在角落里抽烟，或和工友偷懒聊天，都让他有一种前所未有的愉悦。

最有趣的是，最后他在一家餐厅找到一份刷盘子的工作。干了4个小时后，老板把他叫来，跟他结账。老板对他说："可怜的老头，你刷盘子太慢了，你被解雇了。"

"可怜的老头"重新回到哈佛，回到自己熟悉的工作环境后，觉得以往再熟悉不过的东西都变得新鲜有趣起来，他此后的工作变得更富创新性。

归零的心态让校长今后的工作变得更富创新成效。

从某种意义上讲，当一个人的创新活动遭遇某种阻碍时，可以像哈佛校长那样以内心"空杯"的方式扔下以前的包袱，寻找另一片精神的"后花园"，从而唤醒创新的激情和乐趣。

现代社会，人在职场，职业倦怠、创新力丧失等似乎已习以为常，每过一段时间，每到一定阶段，如果感到一种难以摆脱的压抑和烦躁，可以采用适当地将现状"空杯"的方式去前进，或许是种不错的选择。

空杯心态是一种谦虚的心态。它让我们以一种更加纯粹的方式去生活。正如我们要喝一杯咖啡，就必须把杯子里的茶先倒掉，否则把咖啡加进去之后，就茶也不是，咖啡也不是，成了四不像。毛泽东说："学习的敌人是自己的满足，要想认真学一点东西，必须从不自满开始。"

一切从头再来，保持谦虚心态就像大海一样把自己放在最低点来吸纳百川。虚心使人进步，骄傲使人落后。谦虚是人类最大的成就。谦虚能让我们得到他人的尊重。

保持一种空杯心态对于一个人长期的发展至关重要。海尔集团首席执行官张瑞敏说："我们主张产品零库存，同样主张成功零库存。只有把成功忘掉，才能面对新的挑战。"海尔的年销售额达数百亿元，但张瑞敏从未有过一丝飘飘然的感觉。相反，他时时处处向员工灌输危机意识，要求大家面对成功始终要保持一种如履薄冰的谨慎。正是如此，才有海尔产品的不断创新与进步。

创新成就仅代表过去，如果一个人沉迷于以往成功的回忆，那他将很难做出下一个创新。对于有远大志向的追求者来说，创新永远在下一次。

人们问球王贝利哪一个进球是最精彩、最漂亮的，他的回答永远是"下一个"！冰心说："冠冕是暂时的光辉，是永久的束缚。一个人只有摆脱了历史光辉的束缚，才能不断地向前迈进。"

空杯心态，其实就是一种虚怀若谷的精神。有了这种精神，人才能够不断进步，不断走向新的成功。保持空杯心态，我们才能不断发展，不断创造新的辉煌。

■ 空杯能盛更多的水

一个杯子若装满了水，稍一晃动，水便会溢出来。同样，如果一个人心里装满了骄傲，便再也容纳不了新知识、新经验和别人的忠言了。长此以往，他的事业或者止步不前，或者受挫。古人云"满招损，谦受益"，这其实就是要求人们有一种空杯心态。

文艺复兴时期的大师达·芬奇在《笔记》中感叹道："微少的知识使人骄傲，丰富的知识则使人谦逊；所以空心的禾穗高傲地举头向天，而充实的禾穗低头向着大地，向着它们的母亲。"谦逊就像跷跷板，你在这头，对方在那头。只要你谦逊地压低了自己这头，对方就高了起来。

有人问苏格拉底是不是生来就是超人，他回答说："我并不是什么超人，我和平常人一样。但有一点不同的是，我知道自己无知。"这就是一种谦卑。无怪乎古罗马政治家和哲学家西塞罗会说："没有什么能比谦虚和容忍更适合一位伟人了。"

爱因斯坦是科学界的泰斗，有一次他的学生问他："老师的知识那么渊博，为何还能做到学而不厌呢？"爱因斯坦很幽默地解释道："假如把人的已知部分比作一个圆的话，圆外便是人的未知部分，所以说圆越大，其周长就越长，他所接触的未知部分就越多。现在，我这个圆比你的圆大，所以，我发现自己尚未掌握的知识自然是比你多，这样的话，我怎么还懈怠得下来呢？"正是由于这种空杯心态，爱因斯坦从不认为自己是一个伟人，他在科学的道路上孜孜不倦地探索，做出了很多造福人类的创新发明。

"空杯"是一种积极崇高的品质。如果妥善运用，就能够使人类在物质上和精神上不断地提升与进步，取得更大的创新成就。

一颗空杯的心是自觉成长的开始，也就是说，在我们承认自己并不知道一切之前，是不会学到新东西的。许多年轻人都有这种通病，只学了一点点就自以为已经学到一切，自以为是万事通。

西方哲学家卡莱尔说："人生最大的缺点，就是茫然不知自己还有缺点。"因为人们只知道自我陶醉，一副自以为是、唯我独尊的态度，殊不知这种态度会遭到多数人的排斥，使自己处于不利地位。

谦虚是空杯心态的一种表现。谦虚是人性中的美德，也是让人不断取得更多创新进步的要领。

如果你想获得创新，谦虚就是必要的品质。在你到达创新的顶峰之后，你会发现谦虚更重要。只有谦虚的人才能得到智慧，聪明的人最大的特征是能够坦然地说"我错了"。真正的谦虚是自己毫无成见，思想完全解放，不受任何束缚，对一切事物都能做到具体问题具体分析，采取实事求是的态度正确对待，对于来自任何方面的意见都能听得进去，并加以考虑。这样的人能做到在成绩面前不居功，不重名利；在困难面前敢于迎刃而上，主动进取。这样的人才能从零开始，学到更多的知识，从而有利于创新。

空杯心态是通往创新之路必备的心态。没有空杯心态，我们就会太过自满，以致不想去面对今后的挑战。没有空杯心态，我们就不善于发现，不会去探索新的领域，进行新一轮创新。如果不能保持空杯心态，我们就不敢承认错误，找出解决问题的方法，重新开始。空杯心态是我们对人类文明的未来以及我们在其中所处的地位表示关注的应有的心态，也是那些对世间一切事物不肯放任自流，希冀以奋斗不息的努力，实现人类更大创新发明的人应有的心态。

人生有涯，知识无涯。不管你多有才能，曾经有多么辉煌的成绩，如果你一味沉溺于对昔日表现的自满当中，那么学习就会受到阻碍。要是没有终身学习的空杯心态，不能不断学习各个领域的新知识，不断开发自己的创造力，你终将丧失自己的创新力。因为，一旦拒绝学习，创新力就会迅速贬值，所谓"不进则退"，转眼之间你就会被时代淘汰。

▉ 放低自己的位置，得到的创新成果会更多

如果把创新成果比喻成海滩上那些零星散布的贝壳，那么只有那些低下头、弯下腰、放低自己位置的人才有捡到贝壳的可能。

无论你的学识多么深厚，无论你的经验多么丰富，不放低自己的位置，你永远摘取不到布满脚边的创新成果。下面这个故事可以给我们这种启示。

这是美国东部一所大学期终考试的最后一天。在教学楼的台阶上，一群工程学高年级的学生挤成一团，正在讨论几分钟后就要开始的考试。他们的脸上充满了自信。这是他们参加毕业典礼和工作之前的最后一次测验。

一些人在谈论他们现在已经找到的工作，另一些人则谈论他们将会得到的工作。带着经过4年的大学学习所获得的自信，他们感觉自己已经准备好了，并且能够征服整个世界。

他们知道，这场即将到来的测验将会很快结束。因为教授说过，他们可以带他们想带的任何书或笔记。要求只有一个，就是他们不能在测验的时候交头接耳。

他们兴高采烈地冲进教室。教授把试卷分发下去。当学生们注意到只有5道评论类型的问题时，脸上的笑容更加灿烂了。

3个小时过去了，教授开始收试卷。学生们看起来不再自信了，他们的脸上是一种恐惧的表情。没有一个人说话。教授手里拿着试卷，面对着整个班级。

他俯视着眼前那一张张焦急的面孔，问道："完成5道题目的有多少人？"

没有一只手举起来。

"完成 4 道题的有多少？"

仍然没有人举手。

"3 道题？ 2 道题？"

学生们开始有些不安，在座位上扭来扭去。

"那 1 道题呢？当然有人会完成 1 道题的。"

但是整个教室仍然很沉默。教授放下试卷，"这正是我期望得到的结果。"他说，"我只想给你们留下一个深刻的印象，告诉你们，即使你们已经完成了 4 年的工程学习，关于这项科目仍然有很多的东西你们还不知道。这些你们不能回答的问题是与每天的普通生活实践相联系的。"然后他微笑着补充道："你们都会通过这门课程，但是记住——即使你们现在已是大学毕业生了，你们的教育仍然只是刚刚开始。"

这是一次难忘的毕业考试。虽然在时间的流逝中，教授的名字已经渐渐被人们淡忘，但所有参加那次考试的毕业生都牢牢记住了教授那意味深长的话。

人生每一阶段的结束都意味着下一阶段的开始，在人生每个阶段总有无数的东西要我们去学习。学习如此，创新亦如此。一个创新成果的取得，也意味着下一个创新任务的开始。只有放低自己的姿态，才能做到成功不息、创新不止。

有很多学生，包括本科生、硕士生和博士生，都自以为是天之骄子，理所应当拥有一个锦绣前程。以为进了大学，拥有了专业知识，就能够为社会、为自己创造相应的价值。毕业后，他们以一种高姿态走进社会。但残酷的现实环境明确地告诉他们，学校里所学的专业文化知识不足以让他们在如今激烈的市场竞争状态下顺利地生存与发展。有许许多多毕业生进入社会以后，很难认清自我，很难找到相应的位置，很难在一个岗位上较长期地发展，更别提在工作中有所创新、有所成就了。

这些都值得我们深思。一个人在社会当中的生存与发展，到底靠的是什么？难道就是学校里所学的专业知识吗？当然不是！如果我们想很好地在社会上生存，仅凭薄弱的课本知识是不够的。对我们来讲，走进社会后最重要的就是要放低自己的位置，用归零心态去面对社会与工作，这样才能取得更大的成就。如果想在生活、工作中有所创新，那么我们更应该放低自己的心态，不断学习创新的知识，不断学习创新的方法，不断积累创新的智慧。只有这样，我们得到的创新成果才会更多。

其实，不仅仅是大学毕业等于零，人生处处可为零。一个新的工作，一个新的领域，都需要我们抱着一颗归零心态，努力学习新的知识。这样我们才能够不被时代抛弃，不断走向人生的前方。

■ 虚心用知识打造自己

许多人以为，学习知识只是青少年时代的事情，自己已经是成年人，并且早已走上社会了，因而没有必要进行学习。这种看法乍一看似乎很有道理，其实是不对的。在学校里自然要学习，难道走出校门就不必再学了吗？在学校里学的那些东西就已经够用了吗？其实，学校里学的知识十分有限，工作中、生活中需要的相当多的知识和技能是课本上所没有的，老师也没有教给我们。而且想在工作或生活中创新需要具备的东西还很多，这些东西完全要靠我们在实践中边摸索边学习。

在知识经济迅猛发展的今天，我们赖以生存的知识、技能时刻都在折旧。在风云变幻的职场中，脚步迟缓的人瞬间就会被甩到后面。根据剑桥大学的一项调查，现在半数的劳工技能在 1～5 年内会变得一无所用，而以前这些技能的淘汰期是 7～14 年，特别是在工程界，毕业后所学的知识还能派上用场的不足 1/4。

近 10 年来，人类的知识大约是以每 3 年增加 1 倍的速度向上提升。知识总量在以爆炸式的速度急剧增长，知识就像产品一样频繁更新换代，使企业持续运行的期限和生命周期受到最严厉的挑战。据初步统计，世界上 IT 企业的平均寿命大约为 5 年，尤其是那些业务量快速增加和急功近利的企业，如果只顾及眼前的利益，不注意员工的培训学习和知识更新，就会导致整个企业机制和功能老化，成立两三年就"关门大吉"！现代社会越来越明确地告诉我们：培训和学习是我们强化"内功"和发展的主要原动力。只有通过有目的、有计划地培养自己的学习和知识更新能力，不断调整我们的知识结构，我们才能应付这样的挑战，才能开拓自己的创新之路。

因此，虚心用知识打造自己已变成必要的选择，虚心求学才是百战百胜的利器。

在社会上奋斗的人的学习必须以积极主动为主，要想在当今竞争激烈的商业环境中生存，要想成为创新型人才并在社会中脱颖而出，我们就必须学会从工作中吸取经验、探寻智慧以及了解有助于提升效率的资讯。

彼得·唐宁斯曾是美国 ABC 晚间新闻的当红主播，他虽然连大学都没有毕业，但是他把事业作为他的教育课堂。在当了 3 年主播后，他毅然决定辞去人人艳羡的职位，到新闻第一线去磨炼，干起记者的工作。他在美国国内报道了许多不同路线的新闻，并且成为美国电视网第一个常驻中东的特派员。后来他搬到伦敦，成为欧洲地区的特派员。经过这些历练后，他重新回到 ABC 主播的位置。此时，他已由一个初出茅庐的年轻小伙子成长为一名成熟稳重而又受大家欢迎的记者。

当今社会，知识、技能的更新越来越快，如果我们不通过学习、培训进行更新，适应性将越来越差，而众多企业又时刻把目光盯向那些掌握新技能、有创新力、能为企业带来经济效益的人，由此，不虚心求学的人将被淘汰。

新世纪的发展已经表明，未来的社会竞争将不只是知识与专业技能的竞争，更是学习能力的竞争。一个人如果善于学习，他的前途就会一片光明。一个良好的企业团队，要求每一个组织成员都是那种迫切要求进步、努力学习新知识而富有创新精神的人。

"活到老，学到老"是我们虚心用知识打造自己的有力武器。这不是一句空口号，而是需要我们认真去执行的。

所以，我们每个人都要做到时时刻刻都在学习。因为只有这样，我们才能跟得上时代的步伐；只有这样，我们才能在这个知识更新速度飞快的社会立足，进行创新活动；也只有这样，我们的创新才是真正的创新，才是高水平的创新。